中等职业教育国家规划教材
全国中等职业教育教材审定委员会审定

无机物定量分析基础

第二版

主　　编　凌昌都　顾明华
责任主审　戴猷元
审　　稿　张　瑾　戴猷元

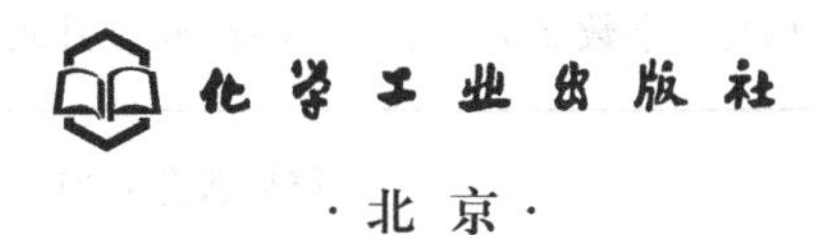

·北京·

内容提要

本书是根据全国中等职业教育教材审定委员会审定的工业分析与检验专业 CBE 模式教学计划和无机物定量分析课程教学大纲所规定的内容编写的。全书对常用的各种化学分析方法的基本原理及应用技术作了简明扼要的阐述，基础知识部分设有学习指南、本章小结和复习思考题，技能训练部分选编了 27 个训练项目，涵盖了 37 个专项能力模块，充分体现了以能力为本的教学模式特点。

本书是中等职业教育工业分析与检验专业的专业必修课教材，也可作为工矿企业职业培训教材，还可作为初中以上文化水平的分析检验人员自学参考书。

图书在版编目（CIP）数据

无机物定量分析基础/凌昌都，顾明华主编．—北京：化学工业出版社，2010.8（2025.3 重印）

中等职业教育国家规划教材．全国中等职业教育教材审定委员会审定

ISBN 978-7-122-09087-4

Ⅰ. 无…　Ⅱ. ①凌…②顾…　Ⅲ. 无机分析：定量分析-专业学校-教材　Ⅳ. O655

中国版本图书馆 CIP 数据核字（2010）第 130622 号

责任编辑：王文峡　　文字编辑：向　东

责任校对：边　涛　　装帧设计：于　兵

出版发行：化学工业出版社（北京市东城区青年湖南街 13 号　邮政编码 100011）

印　　装：北京盛通数码印刷有限公司

787mm×1092mm　1/16　印张 13¾　字数 337 千字　　2025 年 3 月北京第 2 版第 11 次印刷

购书咨询：010-64518888　　售后服务：010-64518899

网　　址：http://www.cip.com.cn

凡购买本书，如有缺损质量问题，本社销售中心负责调换。

定　　价：35.00 元

第二版前言

《无机物定量分析基础》（第一版）于 2002 年发行，作为中职化工类学校化学分析课程的教材，在教学过程中发挥了较好的作用，受到了大家的好评。若干年过去了，随着新技术、新方法的出现，第一版教材中的某些内容已经显得陈旧，不能适应新形势的要求了，因此，我们对《无机物定量分析基础》第一版进行了适当修订。这次修订工作本着“立足实用、强化能力、注重实践”的职教特点，在第一版的基础上进行了适当的调整和修改，主要更新了以下内容：

一、增加了分析测试过程中有关试样的采取和制备，试样的分解、分离及测定等实用性较强的内容。

二、实验室基本常识方面也作了适度的增减，使内容更加实用。

三、使用了最新的分析化学术语和国家标准方法。

四、对知识窗的内容进行了调整，删掉了部分不适合的内容，使本书在内容上更简明、更清晰。

五、增加了部分实验项目。本次修订增加了部分比较常见的源于生产、生活实践的实验项目，使学生能充分应用所学知识分析解决实际问题。

书中用“*”标出的为深入提高的内容，可供选学或选做。

本书由顾明华、凌昌都和张小康编写。本次修订由徐州工业职业技术学院凌昌都执笔完成。于淑萍、黄一石、袁红兰、盛晓东、章世袆、刘德生对本书修订提出了宝贵意见和建议。

由于编者水平所限，时间也较仓促，修订工作中难免存在疏漏和不足之处，恳请专家和读者批评指正，不胜感谢。

编　者

2010 年 6 月

第一版前言

本书是根据中等职业教育教材审定委员会审定的《工业分析与检验》专业 CBE 模式教学计划和《无机物定量分析基础》课程教学大纲所规定的内容编写的。适用于具有初中以上文化程度、掌握了该专业的文化基础课的中等职业学校学生使用，也可供从事分析检验工作的有关人员参考。

该课程是学生学完无机化学，又经两周化学分析基本操作实习之后开设的一门专业必修课。本教材包括了基础知识和技能训练。基础知识涉及无机物定量分析所需的基础知识，技能训练涵盖了教学计划中的 37 个模块（包括溶液的配制、无机物测量技术基础及无机物含量的测定等）各章均有"学习指南"，以引导学生有目的地进入新知识的学习；章末有"本章小结"，简要地指出了重点、难点问题及规律性的结论；"复习思考"及"练习"则便于学生消化理解和融会贯通所学知识。附录中的数据供大家查阅。全书内容分为三个层次：第一层次是教学的基本内容；第二层次是深入提高的内容，书中用"*"号标出；第三层次是拓宽知识的内容，书中用小号字排印，供读者阅读参考。总教学时数为 140 学时。

本教材是在面向 21 世纪教学改革的进程中诞生的，编者力求使它既有较高的科学性、系统性，又能适合学生的知识、能力水平。在内容的编排上做到简明扼要、深入浅出，注意知识的准确性、实践性和应用性，使学生学完本课程后，了解和掌握无机物定量分析的基础知识，并有较强的独立工作能力，能从事生产第一线的分析检验工作，最终在理论和操作技能方面达到化学分析中级工水平。

本书由徐州化工学校顾明华（第 0、5、6、7、8 章）、凌昌都（第 1、2、3、4、9 章）和张小康（第 10 章）编写。全书由顾明华统稿，由清华大学戴猷元教授主审，参加审稿的还有清华工业开发研究院张瑾教授、天津渤海职业技术学院于淑萍等。在编写过程中得到了本单位领导和老师们的大力支持，徐州师范大学邹毓良教授为本书的编写做了大量的工作，在此谨向所有关心支持本书的朋友致以衷心感谢。

由于编者水平有限，时间仓促，书中不当之处在所难免，恳请读者批评指出。

编　者

2002 年 2 月

目　录

0 绪 论

学习指南 无机物定量分析是研究无机化合物（如酸、碱、盐、金属、非金属等物质）中有关组分相对含量的测定方法及相关理论的一门学科，是分析化学的重要组成部分，因此，同学们在学习本课程时，应对分析化学有一个全面系统的了解，同时对分析化学在国民经济各个领域的重要作用有足够的认识，从而激发同学们学好本课程的积极性。在学习方法上应重视基本知识和技能训练的紧密结合，在学习过程中培养严谨、求实的工作作风，提高分析问题和解决问题的能力，为使自己成为高素质的分析检验专业人才打下良好的基础。

0.1 无机物定量分析的任务和作用

0.1.1 无机物定量分析的任务

随着时代的变迁、社会的进步、科学的发展，在不同时期人们对于分析化学所下的定义有所不同。根据分析化学的现状，可以这样定义：分析化学是研究物质的化学组成、含量、结构和形态等化学信息的分析方法及有关理论的一门科学，是一门独立的化学信息科学。

从分析化学的任务看，分析化学可以分为定性分析、定量分析和结构分析：定性分析的任务是鉴定物质由哪些元素、原子团或化合物所组成；定量分析的任务是测定物质中有关组分的含量；结构分析的任务是研究物质的分子结构或晶体结构。

按测定的对象不同，分析方法又可分为无机分析和有机分析：无机分析的对象是无机物，通常要求鉴定物质的组成和测定各组分的含量；在有机分析中，分析的重点是官能团分析和结构分析。

按分析原理和操作方法不同，又可分为化学分析和仪器分析。

由此可见，无机物定量分析是分析化学中的一部分，它的任务是研究无机化合物（如酸、碱、盐、金属和非金属等物质）中有关组分的相对含量测定方法及其相关理论，所用方法属于化学分析法。

0.1.2 无机物定量分析的作用

分析检验是人们获得各种物质的化学组成和结构信息的必要手段。它就像人的眼睛一样，人们用分析手段去观察物质世界的存在和变化。它渗透到化学的各个学科，并对环境科学、材料科学、生命科学、能源、医疗卫生的发展具有十分重要的作用。可以毫不夸张地说，几乎任何科学研究，只要涉及化学现象，分析检验就要作为一种手段而被运用到研究工作中去。

分析化学在国民经济的各个部门及各行各业的生产中都发挥着重要作用，所有工业生产中资源的勘探、原材料的选择、工艺流程的控制、成品的检验，新技术、新工艺、新方法的探索和推广以及新产品的开发研究都需要分析检验。

实践证明，科学理论和生产技术的进步与分析化学的发展是紧密相关、相互促进的。分析化学的理论已渗透到各个科学技术领域，它的水平已成为衡量一个国家科学技术水平的重要标志之一。在人们日常生活的各个方面也都离不开分析检验，分析化学的发展，给人们生活质量提高所做的贡献和实用意义是非常明显的。

0.1.3 分析化学的发展概况

分析化学有着悠久的历史，它是研究化学的开路先锋，它对元素的发现、原子量的测定、许多化学基本定律的确立以及矿产资源的勘测利用等都做出过重要贡献。20世纪分析化学的发展，经历了三次巨大的变革。第一次是在世纪初，物理化学基本概念的发展（如溶液理论）为分析方法提供了理论基础，使分析化学从一种技术变成一门科学。第二次是第二次世界大战之后，由于物理学和电子学的发展，仪器分析（光谱、质谱、核磁共振等）改变了经典化学分析为主的局面，使分析化学有了一个飞跃。目前分析化学正处于第三次变革，生命科学、信息科学和计算机技术的发展，使分析化学进入了一个崭新的阶段，它不只限于测定物质的组成和含量，还要对物质的状态（氧化-还原态、各种结合态、结晶态）、结构（一维、二维、三维空间分布）、微区、薄层和表面的组成与结构以及化学行为和生物活性等作出瞬时追踪，无损失和在线监测等分析及过程控制，甚至要求直接观察到原子和分子的形态与排列。在科学技术飞跃发展的21世纪，分析化学将会更广泛地吸取当代科技的最新成就，在国民经济的各个领域发挥越来越大的作用，成为当代富有活力的学科之一。

0.2 定量分析方法

根据测定原理、分析对象、待测组分含量、试样用量的不同，定量分析方法有如图0-1所示的不同分类方法。

0.2.1 化学分析法

化学分析法是对物质的化学组成进行以化学反应为基础的定量（或定性）的分析方法。它是使待测组分X在溶液中与试剂R反应

$$\underset{\text{(待测组分)}}{X} + \underset{\text{(试剂)}}{R} = \underset{\text{(反应产物)}}{XR}$$

由反应产物XR的质量或消耗试剂R的量来确定待测组分的含量。

化学分析法历史悠久，是分析化学的基础，又称经典分析法。根据具体测定方法的不同，化学分析法又可分为以下两类。

(1) 重量分析法　重量分析是将待测组分转变为一定形式的难溶化合物，通过称量该化合物的质量来计算待测组分的相对含量的方法。例如要测定 $BaCl_2$ 的含量，就可以将其中的 Ba^{2+} 用 H_2SO_4 沉淀为 $BaSO_4$，并通过一定的方法称出 $BaSO_4$ 的质量，最后换算出 $BaCl_2$ 的含量。

(2) 滴定分析法　滴定分析是通过滴定操作，根据所需滴定剂的体积和浓度，以确定试样中待测组分含量的一种分析方法。按滴定反应的类型可分为：酸碱滴定法、氧化还原滴定法、配位滴定法和沉淀滴定法等。

0.2.2 仪器分析法

仪器分析法是使用光、电、电磁、热、放射能等测量仪器进行的分析方法，是以物质的物理性质和物理化学性质为基础的分析方法。由于这类分析都要使用特殊的仪器设备，所以一般称为仪器分析法。常用的仪器分析方法有以下几类。

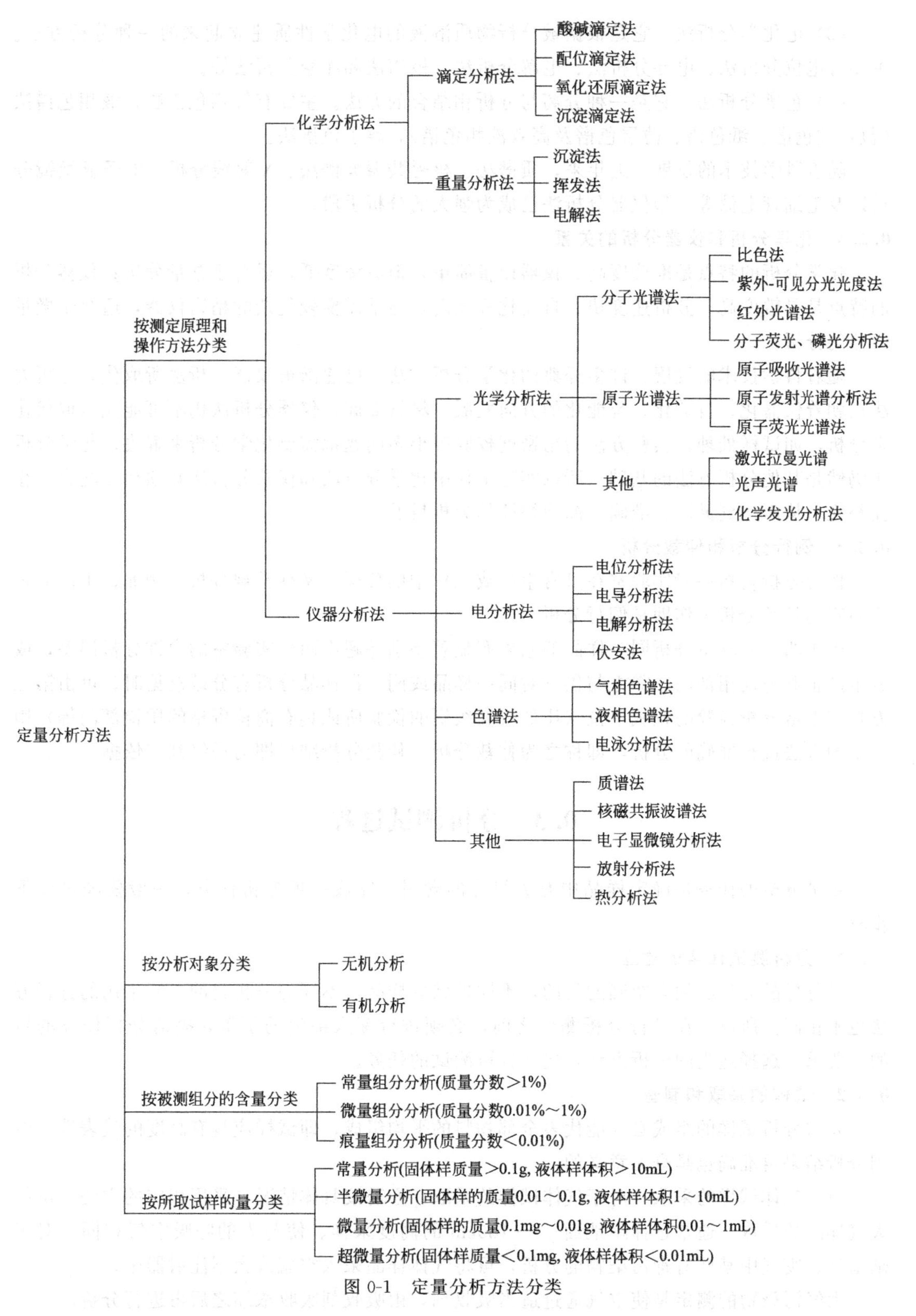

图 0-1　定量分析方法分类

（1）光学分析法　它是根据物质的光学性质建立起来的一种分析方法。主要有分子光谱法、原子光谱法、激光拉曼光谱法、光声光谱法、化学发光分析法等。

（2）电化学分析法　它是根据被分析物质溶液的电化学性质建立起来的一种分析方法。主要有电位分析法、电导分析法、电解分析法、极谱法和库仑分析法等。

（3）色谱分析法　它是一种分离与分析相结合的方法。主要有气相色谱法，液相色谱法（包括柱色谱、纸色谱、薄层色谱及高效液相色谱），离子色谱法。

随着科学技术的发展，近年来，质谱法、核磁共振波谱法、X射线分析、电子显微镜分析以及毛细管电泳等大型仪器分析法已成为强大的分析手段。

0.2.3　化学分析和仪器分析的关系

化学分析的特点是准确度高、仪器设备简单，但灵敏度低，适合于常量分析；仪器分析的特点是灵敏度高、分析速度快、自动化程度高，通常需要较复杂的精密仪器，适合于微量组分的分析。

随着科学技术的发展，许多经典的化学分析方法，已逐渐被仪器分析法所取代，分析方法正朝着仪器化、自动化、智能化的方向发展。尽管如此，仪器分析法仍不可能完全取代化学分析，如试样处理、实验方法的精密度校验等很多问题都需要化学分析来解决，化学分析法仍然是其他分析方法的基础。所以实际工作中化学分析法和仪器分析法必须相互配合、相互补充，从而达到灵敏、准确、简便快捷的分析目的。

0.2.4　例行分析和仲裁分析

例行分析是指一般实验室在日常生产或工作中的分析，又称常规分析。例如，工厂质量检验室的日常分析工作即是例行分析。

由于两个实验室分析同一样品的结果有显著差别并超出两个实验室的允许分析误差，或者生产企业与使用部门、需方与供方对同一样品或同一批样品分析有分歧意见时，可由第三方具有丰富分析经验的权威单位（比如较高级别的检验所或具有商检资格的质检部门等）用指定的方法进行准确的分析，即称之为仲裁分析。仲裁分析结果即为最终判定依据。

0.3　分析测试过程

定量分析的任务是确定样品中有关组分的含量。完成一项分析任务，一般要经过以下步骤。

0.3.1　分析测试任务的建立

进行样品分析必须有明确的目的，不同性状的样品、不同的分析目的，所采用的分析方法也不相同。所以，在进行分析测试之前，必须进行深入细致的了解，搞清分析任务的目的、要求，选择适当的分析方法，建立分析测试的任务。

0.3.2　试样的采取和制备

要求分析试样的组成必须能代表全部物料的平均组成，即试样应具有高度的代表性。否则分析结果再准确也是毫无意义的。

（1）气体试样的采取　对于气体试样的采取，亦需按具体情况，采用相应的方法。例如大气样品的采取，通常选择距地面50～180cm的高度采样、使与人的呼吸空气相同。对于烟道气、废气中某些有毒污染物的分析，可将气体样品采入空瓶或大型注射器中。

大气污染物的测定是使空气通过适当吸收剂，由吸收剂吸收浓缩之后再进行分析。

在采取液体或气体试样时，必须先把容器及通路洗涤，再用要采取的液体或气体冲洗数次或使之干燥，然后取样以免混入杂质。

(2) 液体试样的采取　装在大容器里的物料，只要在贮槽的不同深度取样后混合均匀即可作为分析试样。对于分装在小容器里的液体物料，应从每个容器里取样，然后混匀作为分析试样。

如采取水样时，应根据具体情况，采用不同的方法。当采取水管中或有泵水井中的水样时取样前需将水龙头或泵打开，先放水 10～15min，然后再用干净瓶子收集水样至满瓶即可。采取池、江、河中的水样时，可将干净的空瓶盖上塞子，塞上系一根绳，瓶底系一铁铊或石头，沉入离水面一定深处，然后拉绳拔塞，让水流满瓶后取出，如此方法在不同深度取几份水样混合后，作为分析试样。

(3) 固体试样的采取和制备　固体试样种类繁多，经常遇到的有矿石、合金和盐类等，它们的采样方法如下。

① 矿石试样　在取样时要根据堆放情况，从不同的部位和深度选取多个取样点。采取的份数越多越有代表性。但是，取量过大处理就会麻烦。一般而言应取试样的量与矿石的均匀程度、颗粒大小等因素有关。通常试样的采取可按下面的经验公式（亦称采样公式）计算：

$$m=Kd^a$$

式中，m 为采取试样的最低质量，kg；d 为试样中最大颗粒的直径，mm；K 和 a 为经验常数，可由实验求得，通常 K 值在 0.02～1，a 值在 1.8～2.5。地质部门规定 a 值为 2，则上式为：$m=Kd^2$。

制备试样分为破碎、过筛、混匀和缩分四个步骤。

大块矿样先用压碎机破碎成小的颗粒，再进行缩分。常用的缩分方法为“四分法”，将试样粉碎之后混合均匀，堆成锥形，然后略微压平，通过中心分为四等份把任何相对的两份弃去，其余相对的两份收集在一起混匀，这样试样便缩减了一半，称为缩分一次。每次缩分后的最低质量也应符合采样公式的要求。如果缩分后试样的质量大于按计算公式算得的质量较多，则可连续进行缩分直至所剩试样稍大于或等于最低质量为止。然后再进行粉碎、缩分，最后制成 100～300g 左右的分析试样，装入瓶中，贴上标签供分析之用。

② 金属或金属制品　由于金属经过高温熔炼，组成比较均匀，因此，对于片状或丝状试样，剪取一部分即可进行分析。但对于钢锭和铸铁，由于表面和内部的凝固时间不同，铁和杂质的凝固温度也不一样，因此，表面和内部的组成是不很均匀的。取样时应先将表面清理，然后用钢钻在不同部位、不同深度钻取碎屑混合均匀，作为分析试样。

对于那些极硬的样品如白口铁、硅钢等，无法钻取，可用铜锤砸碎，再放入钢钵内捣碎，然后再取其一部分作为分析试样。

③ 粉状或松散物料试样　常见的粉状或松散物料如盐类、化肥、农药和精矿等，其组成比较均匀，因此取样点可少一些，每点所取之量也不必太多。各点所取试样混匀即可作为分析样品。

(4) 湿存水的处理　一般样品往往含有湿存水（亦称吸湿水），即样品表面及孔隙中吸附了空气中的水分。其含量多少随着样品的粉碎程度和放置时间的长短而改变。试样中各组分的相对含量也必然随着湿存水的多少而改变。例如，含 SiO_2 60%的潮湿样品 100g，由于湿度的降低质量减至 95g，则 SiO_2 的含量增至 60/95=63.2%。所以在进行分析之前，必须先将分析试样放在烘箱里，在 100～105℃烘干（温度和时间可根据试样的性质而定，对于受热易分解的物质可采用风干的办法）。用烘干样品进行分析，则测得的结果是恒定的。对于水分的测定，可另取烘干前的试样进行测定。

0.3.3 试样的分解

在一般分析工作中，通常先要将试样分解，制成溶液。试样的分解工作是分析工作的重要步骤之一。由于试样的性质不同，分解的方法也有所不同。

(1) 无机试样的分解　采用适当的溶剂将试样溶解制成溶液，这种方法比较简单、快速。常用的溶剂有水、酸和碱等。溶于水的试样一般称为可溶性盐类，如硝酸盐、醋酸盐、铵盐、绝大部分的碱金属化合物和大部分的氯化物、硫酸盐等。对于不溶于水的试样，则采用酸或碱作溶剂的酸溶法或碱溶法进行溶解，以制备分析试液。

① 溶解法　溶解法的特点是简单、快速。常用的溶剂有水、酸和碱等。硝酸盐、铵盐、绝大部分的碱金属化合物和大部分的氯化物及硫酸盐等能溶于水。

钢铁、合金、部分氧化物、硫化物、硫酸盐矿物和磷酸盐矿物等，常采用酸溶解。常用的酸溶剂有盐酸（HCl）、硝酸（HNO_3）、硫酸（H_2SO_4）、磷酸（H_3PO_4）、高氯酸（$HClO_4$）和氢氟酸（HF）。实际工作中还使用混合酸，它具有比单一酸更强的溶解能力。例如，由 3 份 HCl 和 1 份 HNO_3 组成的王水就是常用的混合酸溶剂。

碱溶法的溶剂主要有氢氧化钠和氢氧化钾。它常用于溶解两性物质，如铝、锌及其合金，以及它们的氧化物和氢氧化物等。

② 熔融法　当用溶解法不能将试样完全分解时，可采用熔融法分解试样。熔融法是将试样与固体熔剂混合，在高温下加热，进行复分解反应，使试样转化为易溶于水或酸的化合物。根据熔剂的性质，熔融法分为酸熔法和碱熔法。

酸熔法常用的熔剂有焦硫酸钾（$K_2S_2O_7$）和硫酸氢钾（$KHSO_4$），后者加热后脱水也生成焦硫酸钾，两者是同一作用物。这类熔剂在300℃以上可与碱性或中性氧化物作用，生成可溶性的硫酸盐。Fe_3O_4、ZrO_2、Al_2O_3、Cr_2O_3 以及钛铁矿、铬矿、中性和碱性耐火材料等，都可以用这种方法分解。

酸性试样则采用碱熔法。如土壤、酸性矿渣、酸性炉渣和酸不溶试样，可用此法转化成易溶于酸的氧化物或碳酸盐。常用的熔剂有碳酸钠（Na_2CO_3）、碳酸钾（K_2CO_3）、氢氧化钠（NaOH）、过氧化钠（Na_2O_2）和它们的混合物等。

熔融时，为了使分解反应完全，常加入 6～12 倍试样量的过量的熔剂并在高温下进行。因熔剂具有极大的化学活性，所以在选择坩埚时，要考虑坩埚不受损坏并避免试样中引入坩埚物质。

(2) 有机试样的分解

① 干式灰化法　将试样置于马弗炉中加热（400～1200℃），以大气中的氧作为氧化剂使之分解，然后加入少量浓盐酸或浓硝酸浸取燃烧后的无机残余物。

② 湿式消化法　用硝酸和硫酸的混合物与试样一起置于烧瓶内，在一定温度下进行煮解，其中硝酸能破坏大部分有机物。在煮解的过程中，硝酸逐渐挥发，最后剩余硫酸。继续加热使产生浓厚的 SO_3 白烟，并在烧瓶内回流，直到溶液变得透明为止。

(3) 注意事项　在分解试样时，应注意以下几点：

① 待测组分不应该有任何损失；

② 不应引入待测组分和干扰物质；

③ 分解方法的选择顺序一般为水→酸→混合酸→碱→熔融；

④ 分解试样最好与分离干扰物质相结合；

⑤ 试样的溶解必须完全。

0.3.4 分离与测定

经过采集、制备和分解等步骤后，原始试样变成了试样溶液。一般来说，试样溶液不大可能只含有被测的几种组分，它还会存在多种杂质。如果不消除杂质的影响而直接进行分析，则可能得到错误的分析结果。所以在分析之前要选择适当的方法来消除杂质的影响。

控制分析条件或采用适当的掩蔽剂，是消除干扰的比较简单而有效的方法，但在很多情况下，这两种方法还不能解决问题，这就需要把干扰组分分离出来。

分离方法有许多种，如沉淀分离法、萃取分离法、离子交换分离法、挥发性和蒸馏分离法以及液相色谱分离法。

在选择分离方法前，应了解试样的各种组分中哪些是干扰组分，哪些组分不干扰测定，以便选择与分析方法相配合的适当的分离方法。

选择分析方法可从下面各方面考虑。

（1）测定的具体要求　如测定的目的、组分、准确度和时间上的要求等。例如，对于相对原子质量的测定、标样分析或成分分析，准确度是主要的；而对于生产过程中的控制分析，则应选择快速分析方法。所以测定的具体要求不同，采用的方法就不一样。

（2）被测组分的含量范围　适于测定常量组分的方法，一般不适于微量组分的测定，反之亦然。重量法和容量法的相对误差为0.1%左右，适于常量组分的测定；而对微量组分的测定，应选用灵敏度较高的仪器分析法，允许有1%～5%的相对误差。

（3）被测组分的性质　各种分析方法，都是根据被测组分的性质而定的。如对于碱金属，它们的大部分盐类的溶解度较大，不具有氧化还原性质，它们的配合物一般都很不稳定，但能发射或吸收一定波长的特征谱线，因此火焰光度法及原子吸收光谱法是较好的测定方法。又如农药残留量的测定，由于待测物组分较多、性质又相近，应采用选择性好、灵敏度高的色谱分析法。

（4）共存组分的影响　在选择分析办法时，必须考虑其他组分对测定的影响，尽可能采用选择性较好的分析方法，以提高测定的准确度和速度。如果没有适当的方法，则应改变测定条件以避免干扰，需要时应分离共存的干扰组分。

综上所述，分析方法很多，各种方法均有其特点和不足之处，一个完整无缺适宜于任何试样、任何组分的方法是不存在的。因此，必须根据试样的组成、组分的性质和含量、测定的要求、存在的干扰组分和实验室实际情况出发，选用合适的测定方法。

0.3.5 分析结果的计算及对结果的评价

整个分析过程的最后一个环节是计算待测组分的含量，并同时对分析结果进行评价，判断分析结果的准确度、灵敏度、选择性等是否达到要求。

随着科学技术的快速发展，分析化学在各方面的作用越来越凸显，应用也越来越广泛。作为一门重要的基础课程，不仅要使学生学习分析化学的基本理论基础和分析测试技术，还要培养学生实事求是、一丝不苟、严肃认真的科学态度，提高自我分析问题、解决问题的能力。分析化学是一门实践性很强的学科，因此在学习过程中，必须注意理论与实践的结合，在注重理论课学习的同时，加强基本操作技术的培养和锻炼。只重视理论，忽视实验，是学不好分析化学的。通过实验课的实际动手实践，提高操作技能，并加深对理论知识的理解和掌握，准确地树立“量”的概念。为后续课程的学习和将来的工作及科学研究奠定基础。

0.4 无机物定量分析学习指南

0.4.1 本教材特点

本教材内容安排上采用理论与实践紧密结合的方式，将有关理论和技能训练融为一体。力求做到深入浅出、通俗易懂，便于学生的个体学习。

在编排顺序上，分基础知识和技能训练两部分。教材中每一章都设有学习指南、本章小结、复习思考和练习，帮助同学及时巩固所学知识。

0.4.2 基本要求

基本知识部分要求掌握滴定分析和重量分析的方法及其基本原理；理解无机物定量分析中的基本概念；了解定量分析中的误差及数据处理方面的基础知识；牢固树立量的概念，学会无机物定量分析中的有关计算方法。

技能训练部分要求能熟练使用和规范操作定量分析仪器；能熟练掌握滴定分析和重量分析操作技能，并能按国家技术标准准确地测定无机化合物的含量。

0.4.3 学习方法

无机物定量分析是一门实践性很强的课程，它的基础是实践，但是对实践中出现的问题又要从理论上得到解决。所以在学习过程中必须弄清楚各种方法的基本原理，要求能在理论的指导下完成每一个技能训练项目。

① 无机化学中学习过的四大平衡（酸碱平衡、氧化还原平衡、配位平衡和沉淀平衡）是无机物定量分析的理论基础，应不断复习和巩固所学过的知识，善于思考并灵活地加以运用。

② 实验室是本课程重要的教学场所，技能训练前一定要认真阅读基本原理和操作步骤；技能训练时要独立操作，仔细观察、积极思考，及时记录数据，实事求是地做好每一个实验，培养严谨求实的科学态度和良好的职业道德；技能训练结束后，要及时写出完整规范的实验报告。

③ 要重视每一章后面的复习思考和练习题。它不仅能培养独立思考能力，还能巩固消化理论知识，而且能够提高分析问题和解决问题的能力。

④ 每项技能训练结束后，要正确应用能力考核表进行自测，检查自己的学习效果和衡量掌握操作技能的程度。

本章小结

无机物定量分析是研究无机物中有关组分相对含量的测定方法及相关理论的一门学科。主要任务是定量分析。定量分析方法又分化学分析法和仪器分析法两类。本课程讨论的是化学分析法，它是以物质的化学反应为基础的一类分析方法。

化学分析法根据操作方式的不同可分为滴定分析法和重量分析法。滴定分析法根据反应的类型不同又可分为酸碱滴定法、氧化还原滴定法、配位滴定法和沉淀滴定法等。

无机物定量分析的步骤为：

任务的建立→取样→试样的分解→测定→结果计算及评价

无机物定量分析是理论与实践紧密结合、实践性很强的一门课程，希望同学们通过基础知识的学习及技能训练，能按国家标准得心应手地独立完成无机物定量分析的任务。

复习思考题

1. 无机物定量分析的任务是什么？学习本课程有何意义？
2. 对无机物进行定量分析有哪些方法？
3. 简述进行定量分析有哪些步骤。
4. 举例说明为什么说在日常生活中是离不开分析检验工作的。

1　实验室基本常识

学习指南　作为一名分析工作者，除了必须掌握有关分析的理论知识和基本操作外，还应掌握实验室的一些基本常识，因为还有许多诸如试剂的选择、实验室用水的制备、溶液的配制甚至仪器的洗涤等准备工作要你自己去完成。通过本章的学习，你应该学会正确地选择和使用实验室用水、化学试剂、洗涤剂，了解有关标准物质、标准溶液方面的知识。这样，可以为今后进行测定方法的选择、综合实验、考试提供必要的分析化学实验室知识，增强你在信息加工综合能力方面的培养。

最后，通过学习本章内容还可以增强你的环境意识、树立经济观念、建立全新的分析质量观念、了解现代化分析实验室质量管理知识、更新扩展分析实验室知识。

1.1　分析实验室用水

分析化学实验用水是分析质量控制的一个因素，影响到空白值及分析方法的检出限，尤其是微量分析对水质有更高的要求。分析者对用水级别、规格应当了解，以便正确选用，并对特殊要求的水质进行特殊处理。

通常在分析实验室洗涤仪器总是先用自来水洗再用去离子水或蒸馏水洗。进行无机微量分析要用二次去离子水，而有机微量分析又强调用重蒸馏水，所以应该了解有关实验室用水的知识。

中华人民共和国国家标准 GB/T 6682—2008《实验室用水规格和试验方法》中规定了实验室用水规格、等级、制备方法、技术指标及检验方法。

1.1.1　外观

分析实验室用水目视观察应为无色透明液体。

1.1.2　级别

分析实验室用水的原水应为饮用水或适当纯度的水。分析实验室用水共分三个级别：一级水、二级水和三级水。

1.1.2.1　一级水

一级水用于有严格要求的分析试验，包括对颗粒有要求的试验。如高效液相色谱分析用水。

一级水可用二级水经石英设备蒸馏或离子交换混合床处理后，再经 0.2μm 膜过滤来制备。

1.1.2.2　二级水

二级水用于无机痕量分析等试验，如原子吸收光谱分析用水。

二级水可用多次蒸馏或离子交换等方法制取。

1.1.2.3　三级水

三级水用于一般化学分析试验。

三级水可用蒸馏或离子交换等方法制取。

1.1.3 规格

分析实验室用水的规格见表 1-1。

表 1-1 分析实验室用水规格

指标名称	一级	二级	三级
pH 值范围(25℃)	—	—	5.0～7.5
电导率(25℃)/mS·m^{-1}	≤0.01	≤0.1	≤0.5
可氧化物质含量(以 O 计)/mg·L^{-1}	—	≤0.08	≤0.4
吸光度(254nm、1cm 光程)	≤0.001	≤0.01	—
蒸发残渣(105℃±2℃)含量/mg·L^{-1}	—	≤1.0	≤2.0
可溶性硅(以 SiO_2 计)含量/mg·L^{-1}	≤0.01	≤0.02	—

注：1. 由于在一级水、二级水的纯度下，难于测定其真实的 pH 值，因此，对一级水、二级水的 pH 值范围不做规定。

2. 由于在一级水的纯度下，难于测定可氧化物质和蒸发残渣，对其限量不做规定，可用其他条件和制备方法来保证一级水的质量。

1.1.4 蒸馏水与去离子水的比较

1.1.4.1 蒸馏法

蒸馏法制纯水，由于绝大部分无机盐不挥发，因此水较纯净，适于一般化验室用。若用硬质玻璃或石英蒸馏器制取重蒸馏水时，加入少量 $KMnO_4$ 碱性溶液破坏有机物，可得到电导率低于 1.0～2.0μS·cm^{-1}的纯水，适用于有机物分析。

1.1.4.2 离子交换法

用离子交换法制取的纯水也叫“去离子水”或“无离子水”，所制纯水纯度高，比蒸馏法成本低、产量大，为目前各种规模化验室所采用，适用于一般分析及无机物分析。

应当说明的是所谓的纯水只是个相对的概念，纯水不是绝对纯净的水，只是将其中会对分析测试产生影响的杂质含量降低至可以忽略的水平。

1.2 化学试剂

实验室中所使用的试剂质量，直接影响分析结果准确度。分析者应当对试剂分类、规格有所了解。分析测定时正确选用化学试剂，既能保证测定结果的准确性，也符合节约原则，而不应盲目选用高纯试剂。

1.2.1 化学试剂的分类和规格

1.2.1.1 化学试剂的规格

化学试剂的规格反映试剂的质量，试剂规格一般按试剂的纯度及杂质含量划分为若干级别。为了保证和控制试剂产品的质量，国家或有关部门制订和颁布了国家标准（代号 GB）、化学工业行业标准（代号 HG）和化学工业行业暂行标准（代号 HGB），没有国家标准和行业标准的产品执行企业标准（代号 QB）。近年来，一部分试剂国家标准采用了国际标准或国外先进标准。

我国的化学试剂规格按纯度和使用要求分为高纯（有的叫超纯、特纯）、光谱纯、分光纯、基准试剂、优级纯、分析纯、化学纯七种。国家及相关主管部门颁布质量标准的主要是后三种，即优级纯、分析纯、化学纯。

国际纯粹化学和应用化学联合会（IUPAC）对化学标准物质分级的规定如表 1-2 所示。

表 1-2　IUPAC 对化学标准物质的分级

A 级	原子量标准
B 级	和 A 级最接近的基准物质
C 级	含量为 100%±0.02%的标准试剂
D 级	含量为 100%±0.05%的标准试剂
E 级	以 C 级或 D 级试剂为标准进行的对比测定所得的纯度或相当于这种纯度的试剂，比 D 级的纯度低

下面介绍各种规格试剂的应用范围。

(1) 基准试剂　是一类用于标定滴定分析中标准溶液的标准物质，可作为滴定分析中的基准物用，也可精确称量后用直接法配制标准溶液。我国试剂标准的基准试剂（纯度标准物质）相当于 C 级和 D 级。基准试剂主成分含量一般在 99.95%～100.05%，杂质略低于优级纯或与优级纯相当。

(2) 优级纯　主成分含量高，杂质含量低，主要用于精密的科学研究和测定工作。

(3) 分析纯　主成分略低于优级纯，杂质含量略高，用于一般的科学研究和重要的测定工作。

(4) 化学纯　品质较分析纯差，用于工厂、教学实验的一般分析工作。

(5) 实验试剂　杂质含量更高，但比工业品纯度高。主要用于普通的实验和研究。

(6) 高纯、光谱纯及纯度 99.99%（4 个 9 也用 4N 表示）以上的试剂　主成分含量高，杂质含量比优级纯低，且规定的检验项目多。主要用于微量及痕量分析中试样的分解及试液的制备。高纯试剂多属于通用试剂，如 HCl、$HClO_4$、NH_3、H_2O、Na_2CO_3、H_3BO_3 等。

(7) 分光纯试剂　要求在一定的波长范围内干扰物质的吸收小于规定值。

1.2.1.2　化学试剂的标志

我国国家标准 GB 15346—94《化学试剂的包装及标志》规定用不同颜色的标签来标记化学试剂的等级及门类，见表 1-3。

表 1-3　化学试剂的标签颜色

级别（沿用）	中文标志	英文标志	标签颜色（沿用）	级别（沿用）	中文标志	英文标志	标签颜色（沿用）
一级	优级纯	G. R.	深绿色	三级	化学纯	C. P.	中蓝色
二级	分析纯	A. R.	金光红色		基准试剂		深绿色
					生物染色剂		玫红色

1.2.1.3　化学试剂的包装

化学试剂的包装单位是指每个包装容器内盛装化学试剂的净重（固体）或体积（液体）。包装单位的大小根据化学试剂的性质、用途和经济价值而决定。

我国规定化学试剂以下列 5 类包装单位包装。

第一类：0.1g、0.25g、0.5g、1g、5g 或 0.5mL、1mL；

第二类：5g、10g、25g 或 5mL、10mL、25mL；

第三类：25g、50g、100g 或者 25mL、50mL、100mL，如以安瓿包装的液体化学试剂增加 20mL 包装单位；

第四类：100g、250g、500g 或者 100mL、250mL、500mL；

第五类：500g、1～5kg（每 0.5kg 为一间隔），或 500mL、1L、2.5L、5L。

1.2.2　试剂的选用和注意事项

1.2.2.1　试剂的选用

选用试剂应综合考虑对分析结果的准确度要求，所选方法的灵敏度、选择性、分析成本等，正确选用不同级别的试剂。因为试剂的价格与其级别关系很大，在满足实验要求的前提下，选用的试剂的级别就低不就高。

痕量分析要选用高纯或优级纯试剂，以降低空白值和避免杂质干扰，同时对所用的纯水的制取方法和仪器的洗涤方法也应有特殊的要求，化学分析可使用分析纯试剂。有些教学实验，如酸碱滴定也可用化学纯试剂代替。但配位滴定最好选用分析纯试剂，因试剂中有些金属离子杂质会封闭指示剂，使终点难以观察。

高纯试剂和基准试剂价格比一般试剂要高许多倍。若分析方法对 Fe^{3+} 要求高，在溶样、配制溶液时，应选用优级纯 HCl，因为 HCl 的各级试剂差别主要在 Fe^{3+} 含量。通常滴定分析配制标准溶液用分析纯试剂；仪器分析一般使用专用试剂或优级纯试剂；而微量、超微量分析应选用高纯试剂。

对分析结果准确度要求高的工作，如仲裁分析、进出口商品检验、试剂检验等，可选用优级纯、分析纯试剂。车间控制分析可选用分析纯、化学纯试剂。制备实验、冷却浴或加热浴的药品可选用工业品。

1.2.2.2 化学试剂的取用方法和注意事项

化学试剂一般在准备实验时分装，把固体试剂装在易于取用的广口瓶中，液体试剂或配制成的溶液则盛放在易于倒取的细口瓶或带有滴管的滴瓶中。见光易分解的试剂（如硝酸银等）则应盛放在棕色瓶中。每一试剂瓶上都应贴上标签，上面写明试剂的名称、浓度（若为溶液时）和日期。在标签外面涂一薄层蜡来保护标签。

（1）固体试剂的取用规则

① 要用干净的试剂勺（药勺）取试剂。用过的试剂勺必须洗净并擦干后才能再使用，以免沾污试剂。

② 取出试剂后应立即盖紧瓶盖，千万不能盖错瓶盖。

③ 称量固体试剂时，注意不要取多，取多的试剂不能放回原瓶，可放在指定容器中另作它用。

④ 一般的固体试剂可以称量在干净的称量纸或表面皿上。具有腐蚀性、强氧化性或易潮解的固体试剂不能称在纸上，不准使用滤纸来盛放称量物。

⑤ 有毒试剂要在教师指导下取用。

（2）液体试剂或溶液的取用

① 从滴瓶中取用液体试剂时，滴管绝不能触及所使用的容器器壁，以免沾污。滴管放回原瓶时不要放错。不能用滴管到试剂瓶中取用试剂。

② 取用细口瓶中的液体溶液时，先将瓶塞反放在桌面上，不要弄脏。把试剂瓶上贴有标签的一面握在手心中，逐渐倾斜瓶子，倒出试液。试液应沿着洁净的试管壁流入试管或沿着洁净的玻璃棒注入烧杯。取出所需量后，逐渐竖起瓶子，把瓶口剩余的一滴试液碰到试管或烧杯中去，以免液滴沿着瓶子外壁流下。

③ 定量取用时可根据要求分别使用量筒（杯）或移液管。取多的试液不能倒回原瓶，可倒入指定容器内另作它用。

④ 在夏季由于室温高试剂瓶中易冲出气液，最好把瓶子在冷水中浸一段时间再打开瓶塞。取完试剂后要盖紧塞子，不可换错瓶塞。

⑤ 如果需要嗅试剂的气味时，可将瓶口远离鼻子，用手在试剂瓶上方扇动，使空气流吹向自己而闻出其味。绝不可去品尝试剂。

1.2.3 化学试剂效能的简易判断

化学试剂如果包装不良或保管不当、存放时间过长，由于自身的性质及环境因素的影响，其纯度将会降低，甚至变质失效。因此，在使用化学试剂前应进行检查，以免给分析工作造成不应有的失误。以下是化学试剂效能判断的一些简单、粗略的方法。

（1）根据颜色判断　许多化学试剂均有一定的颜色，如其颜色发生改变，往往会反映出质量的变化，如化学试剂 $FeSO_4 \cdot 7H_2O$ 是一种淡蓝色结晶，若晶体表面呈现黄色或棕色，则表明 Fe^{2+} 已被空气氧化为 Fe^{3+}。又如，化学试剂无水 $CuSO_4$ 为白色粉末，若其呈现蓝色，则表明已吸收了水分。

（2）根据形态判断　某些化学试剂的质量变化，常常伴随着形态的改变。如一些晶体试剂可能因风化、脱水或潮解变成粉末或糊状，甚至变成液体状态；一些液体试剂或溶液试剂也可能因聚合等原因变成固体。例如，$MgCl_2 \cdot 6H_2O$ 很容易吸收空气中的水分并溶解在其中而变成溶液；甲醛的水溶液在9℃以下或储存过久则发生聚合形成白色的三聚甲醛沉淀。

（3）根据气体的产生判断　有些化学试剂变质后产生气体，这通常可以从有无气味和气泡出现加以判断。例如，无水 $FeCl_3$ 吸水后水解产生刺激性气体 HCl；过氧化氢分解后瓶内壁附有氧气泡。

（4）根据定性分析实验判断　当通过化学试剂的外观不易判断其质量状况时，可通过定性分析实验的结果进行判断，详见有关定性分析内容。

化学试剂概况

化学试剂是科学研究和分析测试必备的物质条件，也是新技术发展不可缺少的功能材料和基础材料。它具有品种多、质量规格高、应用范围广、用量小等特点。被各行业用来探测和验证物质的组成、性质及变化，是“科学的眼睛”和“质量的标尺”。在现代科学技术的发展中，无论是材料科学、电子技术、激光材料、空间技术、海洋工程、高能物理、生物工程及医学临床诊断等无一不与化学试剂有着密切的关系。它的发展程度是衡量一个国家科技发展水平的重要因素之一。

20世纪80年代中后期以来，世界现代科学技术的发展日新月异，带动了化学试剂的快速发展。在品种方面已由一般的通用试剂向生化试剂、诊断试剂、超净高纯试剂、特种试剂、分析试剂等专用试剂方向发展。化学试剂规格也由原来的“化学纯”、“分析纯”及“优级纯”向“高纯”、“超高纯”及“超净高纯”方向发展。在工艺技术方面，在利用传统工艺技术基础上，采用了高效精馏、超净过滤、基因工程、膜分离、离子交换等新技术，使得化学试剂的发展上了新的台阶。

随着科学技术的发展，化学试剂的市场需求在不断增长，相应的化学试剂门类和品种也不断增加。目前，在国际市场流通领域的化学试剂品种，已经由数年前的2万多种增加到现在的5万多种，国际上著名的化学试剂公司（如德国 E. Merck 公司和 Serva Boehringer 公司、美国 Sigma 公司及 Aldrich 公司、日本和光纯药等）生产的品种都在1万种以上，而且全部系列化配套供应。世界化学试剂的年销售额以10%左右的速度递增，销售规模最大的依次是美国、西欧和日本，其中销量最大的品种是临床诊断试剂、超净高纯试剂、实验试剂和制剂。

根据国家统计局资料，截至2008年2月，我国化学药品制剂行业共有企业1151家，其中大型企业16家，中型企业263家，小型企业872家。从企业类型来看，我国化学药品制剂行业集中在小型企业，其占全行业企业数的75.8%。从各类型企业销售收入看，2008年1～2月，中型企业实现销售收入148.1亿元，占据了化学药品制剂行业销售总收入的半壁江山。大型、小型企业销售收入分别为78.1亿元、73.8亿元。

我国化学试剂产品结构按用途可分为11个大类48个小类，主要以通用试剂为主，约占全国试剂产量的66%以上。目前国内市场上大约需要1万种试剂，才能满足正常的市场需求，而我国目前现有试剂种类累计达6000～7000种，但是常年能够正常生产的仅有2600种左右，因而市场供需矛盾十分突出。尤其是对近年来国内市场需求增长较快的高纯试剂、生化试剂等缺口较大，有相当一部分品种尚属空白，市场需求只能长期依赖进口解决。目前，我国化学试剂的质量水平仅相当于国际上20世纪80年代甚至是70年代末的水平，因而严重影响了市场前景和经济效益。国外控制化学试剂中杂质的指标已达到ppb～ppt（10^{-9}～10^{-12}）的水平，而我国尚处于ppm～ppb（10^{-6}～10^{-9}）的水平。仪器分析试剂中色标含量，国外已达到99.9%～99.95%的水平，我国尚处于99.6%～99.5%的水平。

从品种发展上看，随着科学技术的发展，为满足科学实验及新技术工艺的要求，经营化学试剂的各公司（以下简称试剂公司）都在竞相开发新品种，以改进服务，扩大市场，增加销售。在开发的新品种中，以可直接使用的各种配套试剂（包括工具）、生化试剂（特别是与生命科学相关的）和有机合成试剂（尤其是与新材料、药物研究相关的试剂，如手性化合物）等较多。全世界经常流通的品种大约在50000种。

1.3 实验室常用的洗涤液（剂）

在进行实验及分析测定过程中，必须使用洁净的仪器，否则仪器中的杂质会影响实验的进行及测定的准确性。所以对实验所用的各种仪器进行洗涤并洗净，是最基本的也是很重要的一项工作，在实验中一定要做好。

实验室中用于洗涤各种类型仪器的洗涤液（剂）种类很多，现将它们的有关知识介绍给大家。

1.3.1 实验室常用洗涤液（剂）的种类

1.3.1.1 合成洗涤剂

生活中经常用到的洗洁精、餐洗剂和洗衣粉等，是洗涤仪器时首选的洗涤剂，具有较强的去污能力，能将玻璃仪器壁上的一般油污洗净，而且使用安全。

用途：只用于洗涤较少的、一般性油脂沾污的器皿的外壁及瓶口较大可用刷子刷洗内壁的玻璃器皿。对于一些重油污及难洗涤的油污，应采用其他洗涤剂洗涤。

配制：用热水配成1%～2%的水溶液，若用洗衣粉，则可配成5%的热水溶液。

使用方法：先用自来水冲洗玻璃仪器，查看一下仪器的洁净程度，在油污较少时，用刷子蘸取配好的洗衣粉或稀释好的洗洁精、餐洗剂等刷洗玻璃仪器，然后再用自来水冲洗仪器，检查仪器是否洗净。若器壁不挂水珠，用少量蒸馏水涮洗三次，以除去自来水中带来的杂质，控干水备用。

安全及注意事项：现配现用。

1.3.1.2 洗液

洗液主要用于洗涤被无机物沾污的器皿，它对有机物和油污的去污能力也较强，常用来洗涤一些小口、管细等形状特殊的器皿，如吸管、容量瓶等。

实验室中常用的洗液如表 1-4 所示。

表 1-4 常用洗液

洗液名称	配制方法	用途和用法	注意事项
铬酸洗液	称 20g 工业重铬酸钾，加 40mL 水，加热溶解。冷却后，沿玻璃棒慢慢加入 360mL 浓硫酸，边加边搅拌，冷却后，转移至小瓶中备用	用于洗涤一般油污，用途最广 可浸泡或涮洗	①具有强腐蚀性，防止烧伤皮肤和衣物 ②用毕回收，可反复使用。储存时瓶塞要盖紧，以防吸水失效 ③如该液转变成绿色，则失效。可加入浓硫酸后继续使用
碱性乙醇洗液	6g 氢氧化钠溶于 6g 水中，加入 50mL 95% 乙醇。装瓶	用于洗涤油脂、焦油和树脂 浸泡、涮洗	①应储于胶塞瓶中，久储易失效 ②防止挥发，防火
碱性高锰酸钾洗液	4g 高锰酸钾溶于少量水中，加入 10g 氢氧化钠，再加水至 100mL。装瓶	用于洗涤油污、有机物 浸泡	浸泡后器壁上会残留二氧化锰棕色污迹，可用盐酸洗去
磷酸钠洗液	57g 磷酸钠，28.5g 油酸钠，溶于 470mL 水中，装瓶	用于洗涤碳的残留物 浸泡、涮洗	浸泡数分钟后再涮洗
硝酸-过氧化氢洗液	15%～20%硝酸加等体积的 5%过氧化氢	特殊难洗的化学污物	久存易分解，应现用现配。存于棕色瓶中
碘-碘化钾洗液	1g 碘和 2g 碘化钾混合研磨，溶于少量水中，再加水至 100mL	用于洗涤硝酸银的褐色残留污物	
有机溶剂	如苯、乙醚、丙酮、酒精、二氯乙烷、氯仿等	用于洗涤油污及可溶于该溶剂的有机物	①注意毒性、可燃性 ②用过的废溶剂应回收，蒸馏后仍可继续使用

1.3.2 实验室常用洗涤液（剂）的使用

洗涤仪器是一项很重要的操作。仪器洗得是否合格，会直接影响分析结果的可靠性与准确度。不同的分析任务对仪器洁净程度的要求虽有不同，但至少都应达到倾去水后器壁不挂水珠的程度。

洗涤任何仪器之前，一定要先将仪器内原有的物质倒掉，然后再按下述步骤进行洗涤。

(1) 用水洗　根据仪器的种类和规格，选择合适的刷子，蘸水刷洗，洗去灰尘和可溶性物质。

(2) 用洗涤剂洗　用毛刷蘸取洗涤剂，先反复刷洗，然后边刷边用水冲洗。当倾去水后，如达到器壁上不挂水珠，则用少量蒸馏水或去离子水分多次（最少三次）涮洗，洗去所沾的自来水，即可（或干燥后）使用。

(3) 用洗液洗　用上述方法仍难洗净的仪器或不便于用刷子洗的仪器，可根据污物的性质，选用相宜的洗液洗涤。注意，在换用另一种洗液时，一定要除尽前一种洗液，以免互相作用，降低洗涤效果，甚至生成更难洗涤的物质。用洗液洗涤后，仍需先用自来水冲洗，洗去洗液，再用蒸馏水涮洗，除尽自来水。

1.4 标准物质和标准溶液

1.4.1 标准物质

标准物质是已确定其一种或几种特性，用于校准测量器具、评价测量方法或确定材料特性量值的物质。它必须具有良好的均匀性、稳定性和制备的再现性。标准物质的应用为不同时间与空间的测量纳入准确一致的测量系统提供了可能性。

使用标准物质时，分析方法及操作过程应处于正常状态。为获取可靠分析结果，标准物质在以下情况下应用。

① 校准分析仪器。

② 评价分析方法准确度。

③ 作工作标准 用标准物质制作工作曲线，不但能使分析结果建立在一个共同的基础上，而且还能提高工作效率。

④ 用于合作实验 提高合作实验结果的精密度。

⑤ 用于监视连续测定过程 用于测定过程中，监视并校正连续测定过程的数据漂移。

⑥ 用于考核评价分析质量 用于分析化学质量保证计划时，负责人可用标准物质考核、评价分析者的工作质量。

⑦ 用作监控标准 当样品稀少、贵重或要求迅速提供分析结果时，选用标准物质作平行测定的监控标准。当标准物质测定值与证书一致，表明测定过程处于质量控制中，样品分析结果可靠。

⑧ 作技术仲裁依据。

标准物质概况

化学计量是近年来发展成与传统的物理计量并列的新学科，作为其重要组成部分——标准物质的研究与应用，直接反映化学计量的科研和服务水平。化学计量和标准物质与高新技术、经济贸易、环境保护、人类健康、国家安全密切相关，是我国现代化建设不可缺少的重要基础设施。当今世界很多国家，特别是诸如美国、日本、欧盟等发达国家都在建立和完善其化学计量体系。

国际标准化组织/标准物质委员会（ISO/REMCO）经过长期的讨论，在2005年年会上批准了下列有关标准物质的新定义，标准物质 Reference Material（RM）：物质，相对于一种或多种已确定并适合于测量过程中的预期用途的特性足够均匀、稳定。

标准物质可以是纯的或是混合的气体、液体或固体。有证标准物质（Certified Reference Material，CRM）："有证标准物质为附有证书的标准物质，其一种或多种特性值用建立了溯源性的程序确定，使之可溯源到复现准确的、用于表示该特性值的计量单位，而且每个标准值都附有给定置信水平的不确定度。"自美国标准局（NBS）1906年公布第一批用于钢铁分析的标准物质以来，标准物质已有了百余年的发展历史。

1.4.2 标准溶液

标准溶液是用标准物质标定或配制的已知准确浓度的溶液。它是进行滴定分析及仪器分析时必需的，其浓度的准确性直接关系分析结果，应按规定方法配制，配制方法有两种。

（1）直接法 准确称取一定量基准物质，溶解后定量转移至容量瓶，用去离子水稀释至刻度，摇匀。然后根据基准物质的质量和容量瓶体积去计算出标准溶液的准确浓度。

（2）标定法 不符合基准物质条件，不能用直接法配成标准溶液，如 HCl、NaOH、$KMnO_4$、EDTA、I_2、$Na_2S_2O_3$ 等则应先大致配成所需浓度的溶液，然后用基准物质确定其准确浓度。

关于标准溶液的制备详见4.3滴定分析用标准滴定溶液的制备。

*1.5 分析人员的环境意识

化学工业的发展，给人类带来文明进步，也带来新的问题即环境污染。20世纪80年代以来人类面临的环境问题中能源、资源、环境污染尤为突出，大气臭氧层空洞、二氧化碳温室效应、酸雨问题已成为世界各国关注的问题，并取得共识“人类拥有一个地球”“要与自然协调发展”。

严峻的环境挑战，环境科学的兴起、发展，要求现代分析实验室也应当是无污染实验室，所以分析人员应当树立环境意识并具有一定的环保知识。

1.5.1 有毒化学品及危害

随着环境科学、职业医学、工业毒理学的技术进步，对现存的和新合成的药品毒性研究日益深入，有毒化学品新的名单也在不断增加，因此现代分析工作者应及时了解化合物毒性的新观点、新认识，在常规分析及科研开发中做好中毒预防及环境保护工作。

表1-5是国际癌症研究中心（IARC）公布的致癌物质。表1-6列出我国有毒化学品优先控制名单（常见化合物）及排序。

表1-5 对人类致癌的化学物质

1. 4-氨基联苯	10. 己烯雌酚
2. 砷和某些砷化物	11. 地下赤铁矿开采过程
3. 石棉	12. 用强酸法制造异丙醇过程
4. 金胺制造过程	13. 左旋苯丙氨酸氮芥(米尔法兰)
5. 苯	14. 芥子气
6. 联苯胺	15. 2-萘胺
7. *N*,*N*-双(2-氯乙基)-2-萘胺(氯萘吖嗪)	16. 镍的精炼过程
8. 双氯甲醚和工业品级氯甲基甲醚	17. 烟炱、焦油和矿物油类
9. 铬和某些铬化合物	18. 氯乙烯

表1-6 我国有毒化学品优先控制名单及排序

名称		CAS登录号	综合危害分值
中文	英文		
氯乙烯	Chloroethylene	75-01-4	3.184
甲醛	Formaldehyde	50-00-0	3.172
环氧乙烷	Ethylene oxide	75-21-8	3.093
三氯甲烷	Chloroform	67-66-3	3.056
苯酚	Phenol	108-95-2	2.995
苯	Benzene	71-43-2	2.984
甲醇	Methanol	67-56-1	2.984
四氯化碳	Carbon tetrachloride	56-23-5	2.963
乐果	Dimethoate	60-51-5	2.930
亚硝酸钠	Sodiumnitrite	7632-00-0	2.899

续表

名称		CAS登录号	综合危害分值
中文	英文		
除草醚	Nitrofen	1836-75-5	2.850
石棉	Asbestos	1332-21-4	2.834
汞	Mercury	7439-97-6	2.826
甲苯	Toluene	108-88-3	2.759
二甲苯	Xylene	1330-20-7	2.749
砷化合物	Arsenic compounds	7440-38-2	2.673
苯胺	Aniline	62-53-3	2.662
氰化钠	Sodium cyanide	143-33-9	2.658
铅	Lead	7439-92-1	2.634
萘	Naphthalene	91-20-3	2.634
乙酸	Acetic acid	64-19-7	2.616
镉	Cadimium	7440-43-9	2.600
杀虫脒	Chlordimcform	6164-98-3	2.578
敌敌畏	DDV	62-73-7	2.564
乙苯	Ethylbenzene	100-41-4	2.513
乙醛	Ethanal	75-07-0	2.487
液氨	Ammonnia	7664-41-7	2.449
丙酮	Acetone	67-64-1	2.426
溴(代)甲烷	Methyl bromide	74-83-9	2.137
二硫化碳	Carbondisulfide	75-15-0	2.113
氯苯	Chlorobenzene	108-90-7	2.083
硝基苯	Nitrobenzene	98-96-3	2.055

1.5.2 正确使用和贮存有毒化学品

在分析实验室里贮存着种类繁多的化学试剂，在科研开发中有可能去合成新的化学物质。作为具有环境意识的分析人员，应当查阅手册对所使用的化学试剂、新合成的化学物质所用原料及产品的毒性有所了解，以便确定实验室是否具备条件使用、合成、贮存这些化学物质。

化学试剂应该妥善保存。无机试剂要与有机试剂分开存放。危险性及有毒试剂更要严格管理，绝对不能混放在一起，必须分类隔开放置。

化学试剂的保存原则如下。

(1) 易燃液体　主要是有机溶剂，应单独存放在阴凉通风、远离火源处。

(2) 易燃固体、遇水燃烧的试剂　应单独存放在通风、干燥处。有的试剂要保存在水里或煤油里。

(3) 强氧化剂　不能与还原性物质、可燃性物质存放在一起，应存放在通风处。

(4) 受光易分解或变质的试剂　应贮于棕色瓶中，避光保存，或者用黑纸将试剂瓶包起来。

（5）剧毒试剂　应由专人负责贮于保险柜中。

贮存化学药品时，尤其要注意毒物的相加、相乘作用。例如盐酸和甲醛，本来盐酸是实验室常用化学试剂，具有挥发性，但将两种化学试剂贮存在一个药品柜中，就会在空气中合成ppb级（10^{-9}级）氯甲醚，而氯甲醚是致癌物质。

怎样对实验室三废进行简单的无害化处理？

实验室所用化学药品种类多、毒性大，三废成分复杂，应分别进行预处理再排放或进行无害化处理。

1. 实验室废水处理

（1）稀废水处理　用活性炭吸附，工艺简单，操作简便。对稀废水中苯、苯酚、铬、汞均有较高去除率。

（2）浓有机废水处理　浓有机废水主要指有机溶剂，焚烧法无害处理，建焚烧炉、集中收集、定期处理。

（3）浓无机废水处理　浓无机废水，以重金属酸性废水为主，处理方法如下。

① 水泥固化法　先用石灰或废碱液中和至碱性，再投入适量水泥将其固化。

② 铁屑还原法　含汞、铬酸性废水，加铁屑还原处理后，再加石灰乳中和。也可投放$FeSO_4$沉淀处理。

③粉煤灰吸附法　对Hg^{2+}、Pb^{2+}、Cu^{2+}、Ni^{2+}，pH4～7去除率达30%～90%。粉煤灰化学成分SiO_2、Al_2O_3、CaO、Fe_2O_3，具有多孔蜂窝状组织、固体吸附剂性能。

④ 絮凝剂絮凝沉降法　聚铝、聚铁絮凝剂能有效去除Hg^{2+}、Cd^{2+}、Co^{2+}、Ni^{2+}、Mn^{2+}等离子。

⑤ 硫化剂沉淀法　Na_2S、FeS使重金属离子呈硫化物沉淀析出而除去。

⑥ 表面活性剂气浮法　常用月桂酸钠，使重金属沉淀物具有疏水性上浮而除去。

⑦ 离子交换法　是处理重金属废水一种重要方法。

⑧ 吸附法　活性炭价格高，利用天然资源硅藻土、褐煤、风化煤、膨润土、黏土制备吸附剂，价廉，适用于处理低浓度重金属废水。

⑨ 溶剂萃取法　常用磷酸三丁酯、三辛胺、油酸、亚油酸、伯胺等，操作简便。含酚废水多采用此法处理。萃取剂磷酸三丁酯可脱除高浓度酚，聚氨泡沫塑料吸附法处理高浓度含酚废水，去除率达99%。表面活性剂Span-80对酚去除率也达99%。

2. 废酸废碱液处理

对废酸废碱液，采用中和法处理后排放。

3. 废气处理

化学反应产生的废气应在排风机排入大气前做简单处理，如用NaOH、$NH_3 \cdot H_2O$、Na_2CO_3、消石灰乳吸附H_2S、SO_2、HF、Cl_2等，也可用活性炭、分子筛、碱石棉吸附或吸附剂负载硅胶、聚丙烯纤维吸附酸性、腐蚀性、有毒气体。

4. 废渣处理

化学处理、变废为宝。如从烧碱渣制取水玻璃，盐泥制取纯碱、氯化铵，硫酸泥提取高纯硒，也可用蒸馏、抽提方法回收有用物质。对废渣无害化处理后，定期填埋或焚烧。

本章小结

一、分析实验室用水

1. 蒸馏水

蒸馏水，水质较纯净，适于一般化验室用。若欲用于有机物分析，可用硬质玻璃或石英蒸馏器制取重蒸馏水。

2. 去离子水

用离子交换法制取的纯水也叫“去离子水”或“无离子水”，所制水纯度高，比蒸馏法成本低，产量大，为目前各种规模化验室所采用，适用于一般分析及无机物分析。

二、化学试剂

按试剂的化学组成或用途可分为无机试剂、有机试剂、基准试剂、特效试剂、仪器分析试剂、生化试剂、指示剂和试纸、高纯试剂、标准物质等。

1. 化学试剂的规格

我国的化学试剂规格按纯度和使用要求分为高纯（有的叫超纯、特纯）、光谱纯、分光纯、基准、优级纯、分析纯、化学纯七种。国家和主管部门颁布质量标准的主要是后三种，即优级纯、分析纯、化学纯。

基准试剂可作为滴定分析中的基准物用，也可精确称量后用于直接法配制标准溶液。

优级纯主成分含量高，杂质含量低，主要用于精密的科学研究和测定工作。

分析纯主成分略低于优级纯，杂质含量略高，用于一般的科学研究和重要的测定工作。

化学纯品质较分析纯差，用于工厂、实验室的一般分析工作。

实验试剂杂质含量更多，但比工业品纯度高。主要用于普通的实验和研究。

2. 化学试剂的标志

用不同颜色的标签及中、英文标志来表示不同级别的试剂。

3. 化学试剂的包装

我国规定化学试剂以 5 类包装单位包装。

4. 试剂的选用

选用试剂应综合考虑对分析结果的准确度要求，所选方法的灵敏度、选择性，分析性成本等因素，正确选用不同级别的试剂。在满足实验要求的前提下，选用的试剂的级别就低不就高。

5. 化学试剂的取用方法和注意事项

固体试剂装在易于取用的广口瓶中，液体试剂或配制成的溶液则盛放在易于倒取的细口瓶或带有滴管的滴瓶中。见光易分解的试剂（如硝酸银等）则应盛放在棕色瓶中。每一试剂瓶上都应贴上标签。

6. 化学试剂效能的简易判断

可以根据颜色、形态、气体的产生和定性分析实验结果等进行判断。

三、实验室常用的洗涤液（剂）

不同的分析任务对仪器洁净程度的要求虽有不同，但至少都应达到倾去水后器壁不挂水珠的程度。

1. 合成洗涤剂

用于洗涤较少的、一般性油脂沾污的器皿的外壁及瓶口较大可用刷子洗刷内壁的玻璃器皿。

2. 洗液

常用来洗涤一些小口、管细等形状特殊的器皿，如吸管、容量瓶等。

四、标准物质和标准溶液

1. 标准物质

标准物质是已确定其一种或几种特性，用于校准测量器具、评价测量方法或确定材料特性量值的物质。它必须具有良好的均匀性、稳定性和制备的再现性。

2. 标准溶液

标准溶液是用标准物质标定或配制的已知准确浓度的溶液。它是进行滴定分析及仪器分析时必备的，其浓度准确与否直接影响分析结果的准确性，应按规定方法配制。配制方法有两种。

(1) 直接法　准确称取一定量基准物质，溶解后定容至容量瓶，用去离子水稀释至刻度，根据称量基准物质质量和容量瓶体积计算标准溶液浓度。

(2) 标定法　先大致配成所需浓度的溶液，然后用基准物质确定其浓度。

五、分析人员的环境意识

分析人员应了解有毒化学品及危害；掌握化学物质毒性，并能正确使用和贮存有毒化学品；会对实验室三废进行简单的无害化处理。

复习思考题

1. 什么是纯水？
2. 蒸馏法制纯水与离子交换法制纯水有什么区别？
3. 玻璃仪器洗净的标志是什么？
4. 化学试剂一般可分为哪些类？
5. 优级纯、分析纯和化学纯试剂的标志是什么？
6. 化学试剂效能判断的简单方法有哪些？
7. 我国规定化学试剂有哪几类包装？包装单位的大小是根据什么决定的？

*8. 实验室三废如何处理？

2 定量分析中的误差及结果处理

学习指南 定量分析的任务是测定试样中组分的含量，它要求测定的结果必须达到一定的准确度。显然，不准确的分析结果会导致资源的浪费、生产事故的发生，甚至在科学上得出错误结论。

在分析过程中客观存在着难于避免的误差。因此，人们在进行定量分析时，不仅要得到被测组分的准确含量，而且必须对分析结果进行评价，判断分析结果的可靠性，检查产生误差的原因，以便采取相应措施减少误差，使分析结果尽量接近客观真实值。

通过本章的学习，你应该掌握误差、偏差的概念和计算方法，明确准确度、精密度的概念及两者间的关系。掌握提高分析结果准确度的方法；掌握系统误差、偶然误差的概念及减免方法；掌握有效数字的概念及运算规则，并能在实践中灵活运用。

2.1 准确度和精密度

2.1.1 准确度和误差

2.1.1.1 真值

真值是一个变量本身所具有的真实值，它是一个理想的概念，从量子效应和测不准原理来看，真值按其本性是不能被最终确定的（可以通过不断改进测量方法和测量条件等，使获得的量值足够地逼近真值）。所以在计算误差时，一般用约定真值和相对真值来代替。

（1）约定真值　如国际计量大会上确定的长度、质量、物质的量单位等；

（2）相对真值　是指高一级标准器的误差仅为低一级的1/20～1/3时，可以认为高一级的标准器或仪表示值为低一级的相对真值。

2.1.1.2 准确度和误差的关系

准确度是指测试结果与被测量真值或约定真值间的一致程度。准确度的高低常以误差的大小来衡量。误差越小，准确度越高；误差越大，准确度越低。

误差有两种表示方法——绝对误差和相对误差。

$$\text{绝对误差}(E)=\text{测定值}(x)-\text{真实值}(T)$$

$$\text{相对误差}(RE)=\frac{\text{绝对误差}(E)}{\text{真实值}(T)}\times100\%$$

由于测定值可能大于真实值，也可能小于真实值，所以绝对误差和相对误差都可能有正、有负。

例如，若测定值为57.30，真实值为57.34，则：

$$\text{绝对误差}\ (E)=x-T=57.30-57.34=-0.04$$

$$\text{相对误差}\ (RE)=\frac{E}{T}\times100\%=\frac{-0.04}{57.34}\times100\%=-0.07\%$$

又例如，若测定值为80.35，真实值为80.39，则：

$$\text{绝对误差}\ (E)=x-T=80.35-80.39=-0.04$$

$$相对误差\ (RE)=\frac{E}{T}\times100\%=\frac{-0.04}{80.39}\times100\%=-0.05\%$$

从两次测定的绝对误差看是相同的，但它们的相对误差却相差较大。相对误差是指绝对误差在真实值中所占的百分率。上面两例中相对误差不同说明它们的误差在真实值中所占的百分率不同。相对误差用百分率表示。

对于多次测量的数值，其准确度可按下式计算：

$$绝对误差\ (E)=\bar{x}-T$$

$$相对误差\ (RE)=\frac{\bar{x}-T}{T}\times100\%$$

式中　$\bar{x}$——多次测量数据的平均值。

【例 2-1】 若测定 3 次结果为：0.1201g・L^{-1}，0.1193g・L^{-1}和 0.1185g・L^{-1}，标准含量为：0.1234g・L^{-1}，求绝对误差和相对误差。

解　平均值 $\bar{x}=\frac{0.1201+0.1193+0.1185}{3}\mathrm{g\cdot L^{-1}}$

$=0.1193\mathrm{g\cdot L^{-1}}$

$$绝对误差\ (E)=\bar{x}-T=(0.1193-0.1234)\mathrm{g\cdot L^{-1}}=-0.0041\mathrm{g\cdot L^{-1}}$$

$$相对误差\ (RE)=\frac{E}{T}\times100\%=\frac{-0.0041}{0.1234}\times100\%=-3.3\%$$

应注意有时为了说明一些仪器测量的准确度，用绝对误差更清楚。例如，分析天平的称量误差是±0.0002g，常量滴定管的读数误差是±0.02mL 等，这些都是用绝对误差来说明的。

2.1.2　精密度和偏差

精密度是指在规定条件下，相互独立的测试结果之间的一致程度。表明 n 次重复测定结果彼此相符合的程度。精密度的大小用偏差表示，偏差愈小说明测定的精密度愈高。

2.1.2.1　偏差

偏差有绝对偏差和相对偏差

$$绝对偏差\ d=x-\bar{x}$$

$$相对偏差=\frac{x-\bar{x}}{\bar{x}}\times100\%$$

平均值 $\bar{x}$：在日常分析工作中，对某试样平行测定数次，取其算术平均值作为分析结果，若以 x_1，x_2，…，x_n 代表各次的测定值，n 代表平行测定的次数，$\bar{x}$ 代表平均值。

则　$$\bar{x}=\frac{x_1+x_2+\cdots+x_n}{n}=\frac{\sum_{i=1}^{n}x_i}{n}$$

偏差是指单项测定值与平均值的差值，为了更好地说明测定结果的精密度，在一般分析工作中常用平均偏差表示。

2.1.2.2　平均偏差

平均偏差是指单项测量值与平均值的偏差（取绝对值）之和，除以测定次数。而相对平均偏差是指平均偏差在平均值中所占的百分率。

$$平均偏差\ \bar{d}=\frac{\sum|d_i|}{n}=\frac{\sum|x_i-\bar{x}|}{n}\qquad(i=1,2,\cdots,n)$$

$$相对平均偏差=\frac{\bar{d}}{\bar{x}}\times100\%$$

平均偏差和相对平均偏差为正值。

【例 2-2】 计算下面这一组测量值的平均值（$\bar{x}$），平均偏差（$\bar{d}$）和相对平均偏差。55.51，55.50，55.46，55.49，55.51。

解 平均值$=\frac{\sum x_i}{n}=\frac{55.51+55.50+55.46+55.49+55.51}{5}=55.49$

$$平均偏差\ \bar{d}=\frac{\sum|x_i-\bar{x}|}{n}=\frac{0.02+0.01+0.03+0.00+0.02}{5}=0.08/5=0.016$$

$$相对平均偏差=\frac{\bar{d}}{\bar{x}}\times100\%=\frac{0.016}{55.49}\times100\%=0.029\%$$

2.1.3 标准偏差

(1) 标准偏差　用标准偏差来表示精密度，其数学表达式为：

$$S=\sqrt{\frac{\sum(x_i-\bar{x})^2}{n-1}}$$

上式中（$n-1$）在统计学中称为自由度，意思是在 n 次测定中，只有（$n-1$）个独立可变的偏差，因为 n 个绝对偏差之和等于零，所以，只要知道（$n-1$）个绝对偏差就可以确定第 n 个的偏差值。

(2) 相对标准偏差　标准偏差在平均值中所占的百分率叫作相对标准偏差，也叫变异系数或变动系数（CV）。其计算式为：

$$CV=\frac{S}{\bar{x}}\times100\%$$

用标准偏差表示精密度比用平均偏差表示要好。因为单次测定值的偏差经平方以后，较大的偏差就能显著地反映出来。所以生产和科研的分析报告中常用 CV 表示精密度。

例如，现有两组测量结果，各次测量的偏差分别为：

第一组 +0.3，+0.2，+0.4，−0.2，−0.4，+0.0，+0.1，−0.3，+0.2，−0.3

第二组 0.0，+0.1，−0.7，+0.2，+0.1，−0.2，+0.6，+0.1，0.3，+0.1

两组的平均偏差（$\bar{d}$）分别为：

第一组　$\bar{d}=\frac{\sum|d_i|}{n}=0.24$

第二组　$\bar{d}=\frac{\sum|d_i|}{n}=0.24$

从两组的平均偏差数据看，都等于 0.24，说明两组的平均偏差相同。但很明显地可以看出第二组的数据较分散，其中有 2 个数据即 −0.7 和 +0.6 偏差较大，用平均偏差表示显示不出这个差异，但若用标准偏差 S 来表示时，则两组的标准偏差分别为：

第一组　$S=\sqrt{\frac{\sum(x_i-\bar{x})^2}{n-1}}=0.28$

第二组　$S=\sqrt{\frac{\sum(x_i-\bar{x})^2}{n-1}}=0.34$

由此说明第一组数据的精密度较好。

2.1.4 极差

一般化学分析中，平行测定数据不多，常采用极差来说明偏差的范围，所谓极差是指一组数据中最大数据与最小数据的差，在统计中常用极差来刻画一组数据的离散程度。以 R 表示，又称全距或范围误差。反映的是变量分布的变异范围和离散幅度。

$$R=\text{测定最大值}-\text{测定最小值}$$

$$\text{相对极差}=\frac{R}{x}\times 100\%$$

但是，极差仅仅取决于两个极端值的水平，不能反映其间的变量分布情况，同时易受极端值的影响。

*2.1.5 公差

公差是生产部门对分析结果允许误差的一种限量，又称为允许误差，如果分析结果超出允许的公差范围称为"超差"。遇到这种情况，则该项分析应该重做。公差的确定一般是根据生产需要和实际情况而制订的，所谓根据实际情况是指试样组成的复杂情况和所用分析方法的准确程度。对于每一项具体的分析工作，各主管部门都规定了具体的公差范围，例如钢铁中碳含量的公差范围，国家标准规定如表 2-1 所示。

表 2-1 钢铁中碳含量的公差范围（用绝对误差表示）

碳含量范围%	0.10～0.20	0.20～0.50	0.50～1.00	1.00～2.00	2.00～3.00	3.00～4.00	≥4.00
公差/±%	0.015	0.020	0.025	0.035	0.045	0.050	0.060

在一般分析中，若 x_1 和 x_2 为同一试样的两个平行分析测定结果，当 $|x_1-x_2|\leqslant 2d_{\text{差}}$（$d_{\text{差}}$ 为公差）时，则说明这两个分析结果有效，当 $|x_1-x_2|>2d_{\text{差}}$ 时，则为超差，说明 x_1 和 x_2 两个分析结果中至少有一个不可靠，必须重新分析。

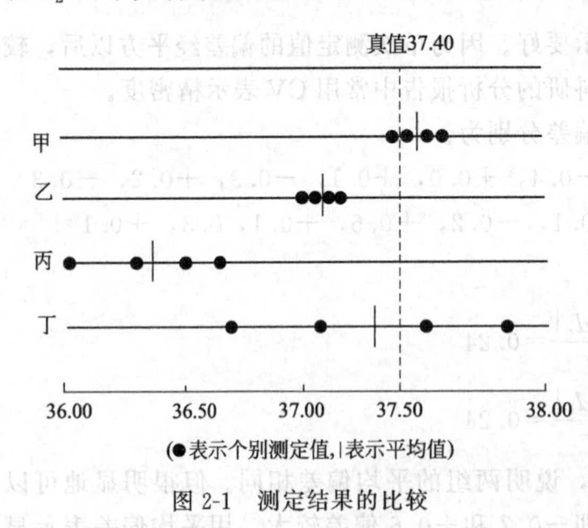

图 2-1 测定结果的比较

2.1.6 准确度和精密度的关系

在分析工作中评价一项分析结果的优劣，应该从分析结果的准确度和精密度两个方面入手。精密度是保证准确度的先决条件。精密度差，所得结果不可靠，也就谈不上准确度高。但是精密度高不一定准确度高，因为可能存在系统误差，图 2-1 显示了甲、乙、丙、丁四人同时测一试样中铁含量时所得结果。由图可见，甲所得结果的准确度和精密度均好，结果可靠；乙的分析结果的精密度虽然很高但准确度较低；丙的精密度和准确度都很差；丁的精密度很差，虽然平均值接近真实值，但这是由于正负误差相互抵消的结果，而其精密度很差说明这样的数据根本就不可靠，不可靠的结果也就失去了衡量准确度的意义，又怎么能说它的准确度高呢？

2.2 误差及其产生的原因

进行样品分析的目的是为了获取准确的分析结果，然而即使用最可靠的分析方法、最精密的仪器、熟练细致地操作，所测得的数据也不可能和真实值完全一致。这说明误差是客观存在的。但是如果掌握了产生误差的基本规律，就可以将误差减小到允许的范围内。为此必须了解误差的性质和产生的原因以及减免的方法。

根据误差产生的原因和性质，将误差分为系统误差和偶然（随机）误差两大类。

2.2.1 系统误差

系统误差又称可测误差，是由分析操作过程中的一些固定的、经常的原因造成的误差。它具有重复性、单向性和可测性。这种误差可以设法减小到可忽略的程度。系统误差产生的原因主要有以下几方面。

(1) 方法误差　这种误差是由于分析方法本身造成的。如在滴定过程中，由于反应进行得不完全，理论终点和滴定终点不相符合，以及由于条件没有控制好和发生其它副反应等原因，都能引起系统的测定误差。

(2) 仪器误差　是由于在测定时使用的仪器、量器不准所造成的误差。如使用未经过校正的容量瓶、移液管和砝码等而引起的误差。

(3) 试剂误差　是由于所用蒸馏水含有杂质或所使用的试剂不纯所引起的。

(4) 主观误差　这种误差是由于分析工作者控制操作条件的差异和个人固有的习惯所致。如对滴定终点颜色的判断偏深或偏浅，对仪器刻度标线读数时的偏高或偏低等引起的误差。

2.2.2 随机误差

随机误差又称偶然误差，是指由于各种因素随机变动而引起的误差，具有偶然性。例如，测量时的环境温度、湿度和气压的微小波动，仪器性能的微小变化等。偶然误差的大小和方向都是不固定的，因此这样的误差是无法测量的，也是不可能避免的。

从表面上看，随机误差似乎没有规律，但是在消除系统误差之后，在同样条件下进行反复多次测定，发现随机误差的出现还是有规律的，它遵从正态分布（图 2-2）。

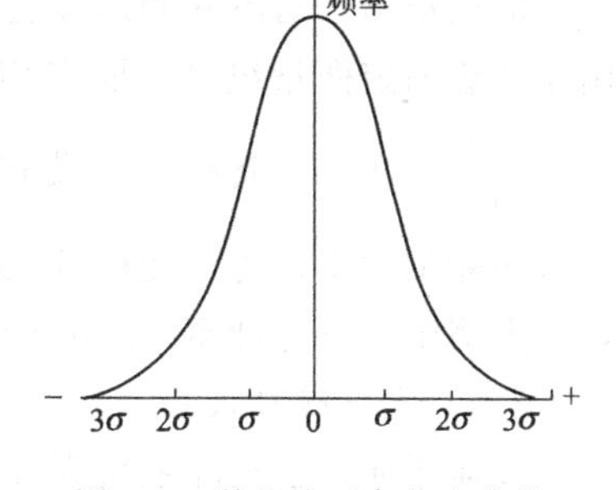

图 2-2　误差的正态分布曲线

从正态分布曲线上反映出随机误差的规律主要有：

① 绝对值相等的正误差和负误差出现的概率相同，呈对称性；

② 绝对值小的误差出现的概率大，绝对值大的误差出现的概率小，绝对误差很大的误差出现的概率非常小。

根据上述规律，为了减少随机误差，应该重复多做几次平行实验并取其平均值。这样可使正负随机误差相互抵消，在消除了系统误差的条件下，平均值就可能接近真实值。

除以上两类误差外，还有一种误差称为过失误差，这种误差是由于操作不正确、粗心大意而造成的。例如，加错试剂、读错砝码、溶液溅失等，皆可引起较大的误差。有较大误差的数值在找出原因后应弃去不用。绝不允许把过失误差当做偶然误差，只要工作认真、操作正确，过失误差是完全可以避免的。

2.2.3 提高分析结果准确度的方法

要提高分析结果的准确度，必须考虑在分析工作中可能产生的各种误差，采取有效的措施，将这些误差的产生控制在较低的程度。

2.2.3.1 选择合适的分析方法

为了使测定结果达到一定的准确度，满足实际分析工作的需要，先要选择合适的分析方法。各种分析方法的准确度和灵敏度是不相同的。例如，重量分析和滴定分析，灵敏度虽不高，但对于高含量组分的测定，能获得比较准确的结果，相对误差一般是千分之几。例如，用 $K_2Cr_2O_7$ 滴定法测得铁的含量为 40.20%，若方法的相对误差为 0.2%，则铁的含量范围是 40.12%～40.28%。这一试样如果用光度法进行测定，按其相对误差约 2%计，可测得的铁的含量范围将在 41.0%～39.4%之间，显然这样的测定准确度太差。如果是含铁为 0.50%的试样，尽管 2%的相对误差大了，但由于含量低，其绝对误差小，仅为 0.02×0.50%＝0.01%，这样的结果是满足要求的。相反这么低含量的样品，若用重量法或滴定法则又是无法测量的。此外，在选择分析方法时还要考虑分析试样的组成。

2.2.3.2　减小测量误差

在测定方法选定后，为了保证分析结果的准确度，必须尽量减小测量误差。例如，在重量分析中，测量步骤是称量，这就应设法减少称量误差。一般分析天平的称量误差是 ±0.0001g，用减量法称量两次，可能引起的最大误差是 ±0.0002g，为了使称量时的相对误差在 0.1%以下，试样质量就不能太小，从相对误差的计算中可得到：

$$\text{相对误差}=\frac{\text{绝对误差}}{\text{试样质量}}\times 100\%$$

$$\text{试样质量}=\frac{\text{绝对误差}}{\text{相对误差}}=\frac{0.0002}{0.001}=0.2\text{g}$$

可见试样质量必须在 0.2g 以上才能保证称量的相对误差在 0.1%以内。

在滴定分析中，滴定管读数常有 ±0.01mL 的误差。在一次滴定中，需要读数两次，这样可能造成 ±0.02mL 的误差。所以，为了使测量时的相对误差小于 0.1%，消耗滴定剂体积必须在 20mL 以上。一般常控制在 30～40mL 左右，以保证误差小于 0.1%。

应该指出，对不同测定方法，测量的准确度只要与该方法的准确度相适就可以了。例如用比色法测定微量组分，要求相对误差为 2%，若称取试样 0.5g，则试样的称量误差小于 $0.5\times\frac{2}{100}=0.01\text{g}$ 就行了，没有必要像重量法和滴定分析法那样，强调称准至 ±0.0002g。不过实际工作中，为了使称量误差可以忽略不计，一般将称量的准确度提高约一个数量级。如在上例中，宜称准至 ±0.001g 左右。

2.2.3.3　减少随机误差

如前所述，在消除系统误差的前提下，平行测定次数愈多，平均值愈接近真实值。因此，增加测定次数可以减小随机误差。但测定次数过多意义不大。一般分析测定，平行测定 4～6 次即可。

2.2.3.4　消除测定过程中的系统误差

消除系统误差可以采取以下措施。

(1) 对照试验　对照试验是检验系统误差的有效方法。进行对照试验时，常用已知准确结果的标准试样与被测试样一起进行对照试验。也可以用其它可靠的分析方法进行对照试验，也可由不同人员、不同单位进行对照试验。

用标样进行对照试验时，应尽量选择与试样组成相近的标准试样进行对照分析。根据标准试样的分析结果，采用统计检验方法确定是否存在系统误差。

进行对照试验时，如果对试样的组成不完全清楚，则可以采用“加入回收法”进行试验。这种方法是向试样中加入已知量的被测组分，然后进行对照试验，以加入的被测组分是否能定量回收，来判断分析过程是否存在系统误差。

(2) 空白试验　由试剂和器皿引入而造成的系统误差，一般可作空白试验来加以校正。所谓空白试验是指不加试样，但用与有试样时同样的操作进行的试验。空白试验所得结果的数值称为空白值。从试样的测定值中扣除空白值，就得到相对准确的测定结果。

(3) 校正仪器　分析测定中，具有准确体积和质量的仪器，如滴定管、移液管、容量瓶和分析天平砝码，都应进行校正，以消除仪器不准所引起的系统误差。

2.2.3.5　防止过失误差

测量时严格控制测定条件，遵守操作规程，耐心细致地进行操作，做好原始记录，并仔细核对，就能够避免过失误差的产生。

2.3　有效数字及运算规则

2.3.1　有效数字

(1) 有效数字　“有效数字”是指在分析工作中实际能够测量得到的数字，在保留的有效数字中，只有最后一位数字是可疑的（有±1的误差），其余数字都是准确的。在定量分析中，为得到准确的分析结果，不仅要精确地进行各种测量，还要正确地记录和计算。例如，滴定管读数25.31mL中，25.3是确定的，0.01是可疑的，可能为25.31mL±0.01mL。

有效数字的位数由所使用的仪器的测量精度决定，不能任意增加或减少位数，因为数据的位数不仅表示数字的大小，也反映了测量的准确程度。

例如，数据0.5000g和数据0.50g，这两者的值虽然是相同的，但它们的测量误差（精度）却是不一样的：

数据0.5000g的测量误差为$\frac{\pm 0.0001\times 2}{0.5000}\times 100\%=\pm 0.04\%$

数据0.50g的测量误差为$\frac{\pm 0.01\times 2}{0.50}\times 100\%=\pm 4\%$

(2) 有效数字中“0”的意义　“0”在有效数字中有两种意义：数字之间的“0”和末尾的“0”都是有效数字；而数字前面所有的“0”只起定位作用。

在10.1430中两个“0”都是有效数字，所以它有6位有效数字。

在2.1045中，“0”也是有效数字，所以它有5位有效数字。

在0.0210中，数字2前面的两个“0”是定位用的，不是有效数字，而在数字后面的“0”是有效数字，所以它有3位有效数字。也可将它写为2.10×10^{-2}，意义是一样的。

分析化学中还经常遇到pH、lg$k$等对数值，其有效数字位数仅决定于小数部分的数字位数，例如，pH=2.08，为两位有效数字，它是由$[H^{+}]=8.3\times 10^{-3}\text{mol}\cdot\text{L}^{-1}$取负对数而来，所以是两位而不是三位有效数字。

此外，在计算中遇到分数、倍数和系数等情况时，因其不是由测定所得，故可以视为无穷多位有效数字，计算时按其它数据的有效数字的位数对待。

2.3.2　数字修约规则

数字的修约应按国家标准GB 3101—1993《有关量、单位和符号的一般原则》的规定来进行，通常称之为“四舍六入五成双”法则。这一法则的具体运用如下。

① 被修约的数大于5时，则进1。例如将28.176处理成4位有效数字，则应修约为28.18。

② 被修约的数小于5时，则舍去。如31.264取4位有效数字时，则应修约为31.26。

③ 若被修约的数等于5，而其后数字全部为零，则视被保留的末位数字为奇数或偶数（零视为偶数）而定。末位是奇数时进1（成为偶数），末位为偶数不进1。如28.350，28.050只取3位有效数字时，分别应为28.4，28.0。

④ 被修约的数等于5，而其后面的数字并非全部为零，则进1。如28.2501，只取3位有效数字时，则进1，成为28.3。

⑤ 若被舍弃的数字包括几位数字时，不得对该数字进行连续修约，而应根据以上各条做一次处理。如2.1546，只取3位有效数字时，应为2.15，而不得按下法连续修约为2.16。

$$2.1546 \rightarrow 2.155 \rightarrow 2.16 \text{（错误）}$$

2.3.3 有效数字的运算规则

前面曾根据准确度介绍了有效数字的意义和记录原则。在分析计算中，有效数字的保留更为重要。下面仅就加减和乘除法的有效数字运算规则加以讨论。

（1）加减法　在加减法运算中，保留有效数字的位数，以小数点后位数最少的为准，即为绝对误差最大的为准，例如：

$$0.0121 + 25.64 + 1.05782 = ?$$

正确计算	不正确计算
0.01	0.0121
25.64	25.64
+ 1.06	+ 1.05782
26.71	26.70992

上例中相加的3个数据中，25.64中的“4”已是可疑数字。因此最后结果有效数字的保留应以此数为准，即保留有效数字的位数到小数点后第二位。所以左面的写法是正确的，而右面的写法是不正确的。

（2）乘除法　乘除法运算中，保留有效数字的位数，以位数最少的数为准，即以相对误差最大的数为准。例如：

$$0.0121 \times 25.64 \times 1.05782 = ?$$

以上3个数的乘积应为：

$$0.0121 \times 25.6 \times 1.06 = 0.328$$

在这个算题中，3个数字的相对误差分别为：

$$\text{相对误差} = \frac{\pm 0.0001}{0.0121} \times 100\% = \pm 0.8\%$$

$$\text{相对误差} = \frac{\pm 0.01}{25.64} \times 100\% = \pm 0.04\%$$

$$\text{相对误差} = \frac{\pm 0.00001}{1.05782} \times 100\% = \pm 0.0009\%$$

在上述计算中，以第一个数的相对误差最大（有效数字为3位），应以它为准，将其它数字根据有效数字修约原则，保留3位有效数字，然后相乘即得0.328结果。

如果不考虑有效数字保留原则，直接计算：

$$0.0121 \times 25.64 \times 1.05782 = 0.328182308$$

结果得到 9 位数字，显然这是不合理的。

（3）提高计算结果可靠性的措施

① 暂时多保留一位有效数字，得到结果后，再弃去多余的数字；

② 可以用计算器连续运算，得出结果后再一次修约成所需要的位数。

注意：用计算器计算结果后，要按照运算规则对结果进行修约。

例如，　　$2.50\times2.00\times1.52=?$

计算器计算结果显示为 7.6，只有两位有效数字，但抄写时应在数字后加个 0，保留三位有效数字。

$$2.50\times2.00\times1.52=7.60$$

有效数字的修约与规则可简化如表 2-2 所示。

表 2-2　有效数字的修约与规则

项　目	有效数字的保留	项　目	有效数字的保留
数字修约	四舍，六入，五后非零留双	对数	小数部分与真数位数相同
加减法	以小数点后位数最少的数据为准	自然数（常数、系数）	无限多位
乘除法	以有效数字位数最少的数据为准	误差	1～2 位
首数≥8 的数据	多计一位	分析结果≥10% 10%>x>1% ≤1%	4 位 3 位 2 位

2.4　分析结果的处理

在定量分析中，为了得到准确的分析结果，不仅要精确地进行各种测定，还要正确地记录数据和计算。分析结果的数据不但能表达试样中待测组分的含量，也能反映测量的准确度。因此，正确地记录实验数据和规范地进行数据处理都是非常重要的。

2.4.1　原始数据的处理

记录实验数据既是良好的实验习惯，也是一项不容忽略的基本功。准确的分析测定要求分析者细致、认真，记录数据清楚、整洁；修改数据必须遵守有关规定，并注意测量所能达到的有效数字。

2.4.1.1　对原始记录的要求

（1）使用专门的记录本　学生应有专门的实验记录本，并标上页码数，不得撕去其中任何一页。绝不允许将数据记在单页纸上或纸片上，或随意记在任何地方。

（2）应及时、准确地记录　实验过程中的各种测量数据及有关现象，都应及时、准确而清楚地记录下来，记录实验数据时，要有严谨的科学态度，实事求是，切忌夹杂主观因素，绝不能随意拼凑和伪造数据。

实验过程中涉及的特殊仪器型号和标准溶液的浓度、室温等，也应及时地记录下来。

（3）注意有效数字　实验过程中记录测量数据时，应注意有效数字的位数和仪器的精度一致。如用分析天平称量时，要求记录至 0.0001g；滴定管和吸量管的读数应记录至 0.01mL。

（4）相同数据的记录　实验记录的每一个数据都是测量结果，所以平行测定时，即使数据完全相同也应如实记录下来。

(5) 数据的改动　在实验过程中，如发现数据中有记错、测错或读错而需要改动的地方，可将该数据用一横画去，并在其上方写出正确的数字。

(6) 用笔　数据记录要用钢笔或圆珠笔，不得使用铅笔。

2.4.1.2　程序及注意事项

① 实验前预习实验，并根据要求制作记录表格。

② 实验记录上要写明日期、实验名称、标号、检验项目、实验数据及检验人。

③ 注明表中各符号的意义，单位必须采用法定计量单位。

④ 凡有改动的数据，应有教师的图章或签名。更改率每人统计要求小于1%。

⑤ 实验结束后应核对记录是否正确、合理、齐全，平行测定结果是否超差，是否需要重新测定。

⑥ 原始记录本应按实验室管理制度由专人管理，并归档保存，一般保存期为三年。

2.4.2　分析结果的判断

在一组平行测定所得的数据中，有时会有个别测定值与其它数据相差较远，这一测定值称为可疑值。这一数据如果不是因为过失引起的，则不能随意舍弃，应该按照数理统计的规定进行处理。目前常用的方法有 $4\bar{d}$ 法和 Q 检验法。

2.4.2.1　$4\bar{d}$ 法

此法处理数据的步骤如下。

① 将可疑值除外，求出其余数据的平均值 $\bar{x}_{n-1}$ 和 $\bar{d}_{n-1}$。

② 求可疑值与 $\bar{x}_{n-1}$ 之差的绝对值。

③ 将该绝对值与 $4\bar{d}_{n-1}$ 进行比较，若 $|可疑值-\bar{x}_{n-1}|\geqslant 4\bar{d}_{n-1}$，则舍去此可疑值，否则应保留。

$4\bar{d}$ 法运算简单，但统计处理不够严密，适用于平行4～8次的测定，且要求不高的实验数据处理。

【例 2-3】 标定HCl溶液浓度时，得到下列数据：0.1032mol·L^{-1}、0.1043mol·L^{-1}、0.1029mol·L^{-1}、0.1036mol·L^{-1}，试根据 $4\bar{d}$ 法判断 0.1043mol·L^{-1} 是否该舍去？

解　四个数据中可疑值为 0.1043mol·L^{-1}。其余数据的 $\bar{x}$ 和 $\bar{d}$ 为

$$\bar{x}=\frac{0.1032+0.1029+0.1036}{3}=0.1032\ (\text{mol}\cdot\text{L}^{-1})$$

$$\bar{d}=\frac{|0.0000|+|-0.0003|+|0.0004|}{3}=0.00023$$

$$4\bar{d}=4\times 0.00023=0.00092$$

而　$$|可疑值-\bar{x}_{n-1}|=|0.1043-0.1032|=0.0011\geqslant 4\bar{d}$$

故数据 0.1043mol·L^{-1} 应舍去。

2.4.2.2　Q 检验法

Q 检验法的处理步骤如下。

① 将测得数据由小到大排列如下：x_1、x_2、…、x_n，求出最大值和最小值之差，即极差 x_n-x_1。

② 求出可疑值 x_n 或 x_1 与邻近数据之差 x_n-x_{n-1} 或 x_2-x_1。

③ 按下式计算出 Q 值。

$$Q_{计}=\frac{x_n-x_{n-1}}{x_n-x_1} \quad 或 \quad Q_{计}=\frac{x_2-x_1}{x_n-x_1}$$

④ 根据所要求的置信度和测定次数，查表 2-3 得出 Q。如果 $Q_{计}>Q$，则应将该可疑值舍弃，否则应该保留。

表 2-3　不同置信度下的 Q 值

项目	90%	95%	99%	项目	90%	95%	99%
3	0.94	0.98	0.99	7	0.51	0.59	0.68
4	0.76	0.85	0.93	8	0.47	0.54	0.63
5	0.64	0.73	0.82	9	0.44	0.51	0.60
6	0.56	0.64	0.74	10	0.41	0.48	0.57

Q 检验法符合数理统计原理，计算简便，适用于平行 3～10 次测定数据的检验。

【例 2-4】 测得试样中钙的质量分数分别为 22.38%、22.39%、22.36%、22.40% 和 22.44%。试用 Q 检验法判断 22.44% 是否应舍去（置信度为 90%）。

解　$x_n-x_1=22.44-22.36=0.08$

可疑值与邻近数据之差这里为　$x_n-x_{n-1}=22.44-22.40=0.04$

$$Q_{计}=\frac{x_n-x_{n-1}}{x_n-x_1}=0.04/0.08=0.50$$

查表，$n=5$，置信度为 90% 时，$Q=0.64$。

因为 $Q_{计}<Q$，所以 22.44 应当保留。

*2.4.3　平均值的置信区间

在完成一次测定工作后，一般是把测定数据的平均值作为结果报出。但在要求较高的分析中，只给出测定结果的平均值是不够的，还应给出测定结果的可靠性或可信度，用以说明总体平均值（μ）所在的范围（置信区间）及落在此范围内的概率（置信度）。

置信区间是指在一定的置信度下，以测定结果平均值 $\bar{x}$ 为中心，包括总体平均值 μ 在内的可靠性范围。在消除了系统误差的前提下，对于有限次数的测定，平均值的置信区间为

$$\mu=\bar{x}\pm t\frac{S}{\sqrt{n}}$$

式中　S——测定的标准偏差；

n——测定次数；

t——置信因数，随测定次数与置信度而定，可由测定次数和置信度从表 2-4 中查得；

$\pm t\frac{S}{\sqrt{n}}$——围绕平均值的置信区间。

表 2-4　不同置信度和不同测定次数的 t 值

测定次数 n	置信度				测定次数 n	置信度			
	90%	95%	99%	99.5%		90%	95%	99%	99.5%
3	2.92	4.30	9.92	14.98	9	1.86	2.31	3.35	3.83
4	2.35	3.18	5.84	7.45	10	1.83	2.26	3.25	3.69
5	2.13	2.78	4.60	5.60	20	1.81	2.23	3.17	3.58
6	2.01	2.57	4.03	4.77	30	1.72	2.09	2.84	3.15
7	1.94	2.45	3.71	4.32	∞	1.64	1.96	2.58	2.81
8	1.90	2.36	3.50	4.03					

置信度又称置信概率，是指以测定结果平均值为中心，包括总体平均值落在 $\bar{x} \pm t\dfrac{S}{\sqrt{n}}$ 区间的概率，或者说真实值在该范围内出现的概率。置信度的高低说明估计的把握程度的大小。

【例 2-5】 某矿石中钨的质量分数测定结果为 20.39%，20.43%，20.41%。计算置信度为 95%时的置信区间。

解

$$\bar{x}=\frac{20.39+20.41+20.43}{3}=20.41\%$$

$$S=\sqrt{\frac{0.02^2+0.00^2+0.02^2}{3-1}}=0.02\%$$

查表 2-4，$n=3$，置信度为 95%时，$t=4.30$

则

$$\mu=20.41\%\pm4.30\times\frac{0.02\%}{\sqrt{3}}=20.41\%\pm0.05\%$$

2.4.4 书写实验报告和开具分析报告单

实验或检验工作结束后，独立地书写出完整、规范的实验（或检验）报告，是一个分析工作者必须具备的能力。同时，应用所学理论准确地表达实验结果也同样是分析工作者的基本功，是信息加工能力的表现。

书写实验报告和开具分析报告在内容和要求上又有所不同，下面分别加以介绍。

2.4.4.1 书写实验报告

(1) 实验报告的主要内容

① 实验名称、编号、实验日期、室温。

② 检验项目及原理。

③ 试剂及仪器，包括特殊仪器的型号及标准溶液的浓度。

④ 实验步骤。

⑤ 实验数据及处理。

⑥ 实验结果及结论。

⑦ 实验误差分析。

⑧ 讨论，即指出自己的某些建议和观点。

(2) 对实验报告的要求

① 用语科学、规范，表达简明、字迹清楚，报告整洁。

② 原理部分既要简洁又不能遗漏。如滴定分析法的原理包括滴定反应式、化学计量点、指示剂选择及分析结果计算式。

③ 实验步骤应按操作的先后顺序，简单扼要地表达出来。

④ 检验项目和数据应与原始记录一致，有效数字的位数应正确。

⑤ 报告中各类数据应使用法定计量单位。

2.4.4.2 开具分析报告

要开出完整、规范的分析报告，必须具备查阅产品标准及法定计量单位的能力，同时还要掌握生产工艺控制指标，这样才能对所检验的对象做出正确的结论。

(1) 分析报告的主要内容

① 样品名称、编号。

② 检验项目。

③ 平行测定次数。

④ 测定平均值的标准偏差（或相对平均偏差）。

⑤ 结论。

⑥ 检验人、复核人、分析日期。

(2) 分析报告的要求

① 检验项目和数据应与原始记录一致。

② 填写要求字迹端正、清晰，数码用印刷体。

③ 报告应无差错，不允许涂改。

④ 报告中各类数据应使用法定计量单位。

本 章 小 结

一、准确度和精密度

1. 准确度和误差

准确度是指测定值与真实值之间相符合的程度。准确度的高低常以误差的大小来衡量。

$$绝对误差(E)=测定值(x)-真实值(T)$$

$$相对误差(RE)=\frac{E}{T}\times 100\%$$

2. 精密度和偏差

精密度是指在相同条件下 n 次重复测定结果彼此相符合的程度。精密度的大小用偏差表示。

$$绝对偏差(d)=x-\bar{x}$$

$$相对偏差=\frac{x-\bar{x}}{\bar{x}}\times 100\%$$

平均偏差 $\bar{d}=\frac{\sum|d_i|}{n}=\frac{\sum|x_i-\bar{x}|}{n}$ $(i=1，2，\cdots，n)$

标准偏差 $S=\sqrt{\frac{\sum(x_i-\bar{x})^2}{n-1}}$

变异系数或变动系数 $CV=\frac{S}{\bar{x}}\times 100\%$

3. 准确度和精密度的关系

精密度是保证准确度的先决条件。

二、误差及其产生的原因

1. 系统误差

系统误差又称可测误差。它是由某些固定的、经常的原因造成的。具有重复性、单向性和可测性。它包括仪器误差、方法误差、试剂误差和操作误差。

2. 偶然误差

偶然误差又称随机误差，是指测定值受各种因素的随机变动而引起的误差。

3. 提高分析结果准确度的方法

① 采用对照试验、空白试验和校正仪器的办法来消除测定过程中的系统误差。

② 增加平行测定次数，并取其平均值作为测定结果，这样可减少偶然误差。

③ 严格控制操作规程，耐心细致地进行操作，做好原始记录，防止过失误差。

④ 为减小测量误差，试样称量不低于0.2g；消耗滴定剂的体积不少于20mL。

三、有效数字及运算规则

① 有效数字　所谓有效数字，就是实际能测得的数字。

② 数字修约规则　“四舍六入五成双”法则（见表2-3）。

③ 结果计算应遵循有效数字的运算规则。

四、分析结果的判断

目前常用的方法有 $4\bar{d}$ 法和 Q 检验法。

*五、平均值的置信区间

在消除了系统误差的前提下，对于有限次数的测定，平均值的置信区间为

$$\mu=\bar{x}\pm t\frac{S}{\sqrt{n}}$$

六、书写实验报告和开具分析报告单

1. 书写实验报告

应掌握实验报告的主要内容及对实验报告的要求。

2. 开具分析报告

要开出完整、规范的分析报告，必须具备查阅产品标准及应用法定计量单位的能力，同时还要掌握生产工艺控制指标。

复习思考题

一、回答下列问题

1. 什么是系统误差？什么是偶然误差？它们是怎样产生的？如何避免？

2. 指出下列情况中哪些是系统误差？应如何避免？

① 砝码未校正；

② 蒸馏水中有微量杂质；

③ 滴定时，不慎从锥形瓶中溅失少许试液；

④ 样品称量时吸湿。

3. 准确度和精密度有何不同？

4. 有效数字的运算规则是什么？

5. 什么叫空白试验？它校正的是什么误差？

6. 数字修约规则“四舍六入五成双”的具体内容是什么？

二、判断题

1. 准确度高精密度就高。（　）

2. 精密度高准确度就高。（　）

3. 某一体积测得为26.40mL，可以记录为26.4mL。（　）

4. 空白试验就是不加被测试样，在相同的条件下进行的测定。（　）

5. 若某数据的第一位有效数字≥8时，有效数字位数可以多计一位。（　）

6. 不允许将数据记在单页纸上或纸片上。（　）

7. 计算19.87×8.06×2.3654时，可以先都修约成三位有效数字后再算出结果，也可以先算出结果后再保留三位有效数字。（　）

8. 不小心将数据记错了，也可以用涂改液涂掉，再重新记录上去。（　）

9. 有位同学在对一组数据进行取舍时，用 $4d$ 法和 Q 检验法判断得出的结论不相同，所以他的计算一定出现了错误。 （ ）

三、选择题

1. 下面数据中有效数字位数是四位的是（ ）。

A. 0.052　B. 0.0234　C. 10.030　D. 40.02%

2. 计算式 6.5567÷0.7796－4.09 的结果应保留（ ）有效数字。

A. 五位　B. 四位　C. 两位　D. 不确定

3. pH＝10.20，有效数字的位数是（ ）。

A. 四位　B. 三位　C. 两位　D. 不确定

4. 在称量样品时试样会吸收微量水分，这属于（ ）。

A. 系统误差　B. 偶然误差　C. 过失误差　D. 没有误差

5. 读取滴定管读数时，最后一位估计不准，这是（ ）。

A. 系统误差　B. 偶然误差　C. 过失误差　D. 没有误差

练习题

1. 下列情况分别引起什么误差？如果是系统误差，应如何消除？

① 砝码被腐蚀；

② 滴定管未校准；

③ 容量瓶和移液管不配套；

④ 在称样时试样吸收了少量水分；

⑤ 试剂里含有微量的被测组分；

⑥ 天平的零点突然有变动；

⑦ 重量法测定 SiO_2 时，试液中硅酸沉淀不完全；

⑧ 以含量约为 98%的 Na_2CO_3 为基准试剂来标定盐酸溶液。

2. 下列数据各包括几位有效数字？

① 3.502　② 0.0627　③ 0.00700　④ 20.090　⑤ 4.5×10^{-7}

⑥ pH＝12.0　⑦ 20.05%　⑧0.80%　⑨ 0.0030%　⑩ 350

3. 按有效数字运算规则，计算下列结果：

① 7.9936÷0.9967－5.02＝?

② $2.187\times0.584+9.6\times10^{-5}-0.0326\times0.00814=?$

③ $0.03250\times5.703\times60.1\div126.4=?$

④ $(1.276\times4.17)+(1.7\times10^{-4})-(0.0021764\times0.0121)=?$

⑤ $\sqrt{\dfrac{1.5\times10^{-8}\times6.1\times10^{-8}}{3.3\times10^{-5}}}=?$

4. 用加热挥发法测定 $BaCl_2\cdot2H_2O$ 中结晶水的含量（%）时，称样 0.4202g，已知分析天平的称量误差为±0.1mg，问分析结果应以几位有效数字报出？

5. 有一化学试剂送给甲、乙两处进行分析，分析方案相同、实验室条件相同，所得分析结果如下：

甲处　40.15%，40.14%，40.16%

乙处　40.02%，40.25%，40.18%

分别计算两处分析结果的精密度。用标准偏差和相对偏差计算，问何处分析结果较好？说明原因。

6. 测定某矿石中铁含量，分析结果为 0.3406，0.3408，0.3404，0.3402。计算分析结果的平均值、平均偏差、相对平均偏差和标准偏差。

7. 有一铜矿试样，经两次测定，得知铜的质量分数为 24.87%，24.93%，而铜的实际质量分数为 24.95%，求分析结果的绝对误差和相对误差。

8. 某铁矿石中含铁量为 39.17%，若甲分析结果是 39.12%，39.15%，39.18%；乙分析结果是 39.18%，39.23%，39.25%。试比较甲、乙二人分析结果的准确度和精密度。

9. 按 GB 534—2002 规定，测定硫酸含量时，平行测定结果允许绝对差值不大于 0.20%。今有一批硫酸，甲的测定结果为 98.05%，98.37%；乙的测定结果为 98.10%，98.51%。问甲、乙二人的测定结果中，哪一位合格？由合格者确定的硫酸质量分数是多少？

10. 某试样经分析测得锰的质量分数为 41.24%，41.27%，41.23%，41.26%。试计算分析结果的平均值，单次测得平均偏差和标准偏差。

*11. 钢中铬含量五次测定结果是：1.12%，1.15%，1.11%，1.16%，1.12%。试计算标准偏差、相对标准偏差和分析结果的置信区间（置信度为 95%）。

*12. 石灰石中铁含量四次测定结果为：1.61%，1.53%，1.54%，1.83%。试用 Q 检验法和 $4\bar{d}$ 检验法检验是否有应舍弃的可疑数据（置信度为 90%）？

*13. 有一试样，其中蛋白质的含量经多次测定，结果为：35.10%，34.86%，34.92%，35.11%，35.36%，34.77%，35.19%，34.98%。根据 Q 检验法决定可疑数据的取舍，然后计算平均值、标准偏差和置信度分别为 90% 和 95% 时平均值的置信区间。

3 滴定分析

学习指南 滴定分析是化学分析中最重要的分析方法之一。它是将已知准确浓度的标准溶液滴加到被测物质的溶液中，直至所加溶液物质的量与被测物质的量按化学计量关系恰好反应完全，然后根据所加标准溶液的浓度和所消耗的体积，计算出被测物质含量的分析方法。通过本章内容的学习，应了解滴定分析方法的分类、常见的滴定方式；掌握滴定分析的基本概念和基本原理；掌握分析化学中的法定计量单位；熟练掌握有关滴定分析的各种计算。学好本章可为今后的学习打下坚实的基础。

3.1 滴定分析概述

滴定分析是将已知准确浓度的标准溶液滴加到被测物质的溶液中直至所加溶液物质的量按化学计量关系恰好反应完全，然后根据所加标准溶液的浓度和所消耗的体积，计算出被测物质含量的分析方法。由于这种测定方法是以测量溶液体积为基础，故又称为容量分析。

3.1.1 滴定分析中的基本术语

(1) 标准滴定溶液 用标准物质标定或直接配制的已知准确浓度的试剂溶液。也称之为滴定剂。

(2) 滴定 将滴定剂通过滴定管滴加到试样溶液中，与待测组分进行化学反应，达到化学计量点时，根据所需滴定剂的体积和浓度计算待测组分含量的操作。

(3) 化学计量点 当标准滴定溶液与待测溶液恰好按化学计量关系反应完全的那一点（理论）。

(4) 指示剂 在滴定分析中，为判断试样的化学反应程度时本身能改变颜色或其它性质的试剂。

(5) 滴定终点 用指示剂或终点指示器判断滴定过程中化学反应终了时的点（实际）。

(6) 终点误差 因滴定终点和化学计量点不完全符合而引起的分析误差。

3.1.2 滴定分析方法的分类

由于所依据的化学反应类型不同，滴定分析又分为酸碱滴定、氧化还原滴定、配位滴定和沉淀滴定方法。

(1) 酸碱滴定法 利用酸、碱之间质子传递反应进行的滴定分析方法叫酸碱滴定法。其基本反应为：

$$H^+ + OH^- = H_2O$$

(2) 氧化还原滴定法 利用氧化还原反应进行滴定的分析方法叫氧化还原滴定法。根据所用氧化剂的不同，又可分为高锰酸钾法、重铬酸钾法和碘量法等。其反应为：

$$5Fe^{2+} + MnO_4^- + 8H^+ = 5Fe^{3+} + Mn^{2+} + 4H_2O$$

$$6Fe^{2+} + Cr_2O_7^{2-} + 14H^+ = 6Fe^{3+} + 2Cr^{3+} + 7H_2O$$

$$I_2 + 2S_2O_3^{2-} = 2I^- + S_4O_6^{2-}$$

(3) 配位滴定法 利用配合物的形成及解离反应进行的滴定分析方法叫配位滴定法。常用EDTA作为配合剂测定金属离子，其反应为：

$$M^{n+}+Y^{4-} = MY^{(n-4)}$$

（4）沉淀滴定法　利用沉淀的产生或消失进行的滴定分析方法叫沉淀滴定法。常用$AgNO_3$作沉淀剂测定氯离子等。其反应为：

$$Ag^{+}+Cl^{-} = AgCl\downarrow$$

$$Ag^{+}+SCN^{-} = AgSCN\downarrow$$

3.1.3　滴定分析对化学反应的要求

滴定分析是化学分析中主要的分析方法之一，它适用于组分含量在1%以上的物质的测定。化学反应很多，但只有符合下列条件的反应才能适用于滴定分析。

① 反应应具有确定的化学计量关系，无副反应。

② 反应要完全，通常要求反应完全程度≥99.9%。

③ 反应速度要快。对于速度较慢的反应，可以通过加热、增加反应物浓度、加入催化剂等措施来加快。

④ 有适当的确定终点的方法。

3.1.4　滴定分析常用的滴定方式

（1）直接滴定法　用标准滴定溶液直接滴定溶液中的待测组分，利用指示剂或仪器测试指示化学计量点到达的滴定方式，称为直接滴定法。通过标准溶液的浓度及消耗滴定剂的体积，计算出待测物质的含量。例如，用HCl标准滴定溶液滴定NaOH溶液，用$K_2Cr_2O_7$标准滴定溶液滴定Fe^{2+}等。直接滴定法是最常用和最基本的滴定方式。

（2）返滴定法　返滴定法是在待测试液中准确加入适当过量的标准溶液，待反应完全后，再用另一种标准溶液返滴剩余的第一种标准溶液，从而测定待测组分的含量，这种方式称为返滴定法。例如，Al^{3+}与EDTA溶液（一种滴定剂）反应速度慢，不能直接滴定，可采用返滴定法，即在一定的pH条件下，于待测的Al^{3+}试液中加入过量的EDTA溶液，加热促使反应完全。然后再用另外的标准锌溶液返滴剩余的EDTA溶液，从而可计算试样中铝的含量。

（3）置换滴定法　若被测物质与滴定剂不能定量反应，则可以用置换反应来完成测定。向被测物质中加入一种化学试剂溶液，被测物质可以定量地置换出该试剂中的有关物质，再用标准滴定溶液滴定这一物质，从而求出被测物质的含量，这种方法称为置换滴定法。例如，Ag^{+}与EDTA形成的配合物不很稳定，不宜用EDTA直接滴定，可将过量的$Ni(CN)_4^{2-}$加入到被测Ag^{+}溶液中，Ag^{+}很快与$Ni(CN)_4^{2-}$中的CN^{-}反应，置换出等计量的Ni^{2+}，再用EDTA滴定Ni^{2+}，从而求出Ag^{+}的含量。

（4）间接滴定法　某些待测组分不能直接与滴定剂反应，但可通过其它的化学反应，间接测定其含量。例如，溶液中Ca^{2+}几乎不发生氧化还原的反应，但利用它与$C_2O_4^{2-}$作用形成CaC_2O_4沉淀，过滤后，加入H_2SO_4使其溶解，用$KMnO_4$标准滴定溶液滴定$C_2O_4^{2-}$，就可间接测定Ca^{2+}含量。

由于返滴定法、置换滴定法和间接滴定法的应用，大大扩展了滴定分析的应用范围。

3.2　分析化学中的计量单位

*3.2.1　法定计量单位

法定计量单位是由国家以法令形式规定使用或允许使用的计量单位。我国的法定计量单位是以国际单位制为基础，结合我国的实际情况制定的。国际单位制的全称是：International System of Units，简称 SI。1971 年第 14 届国际计量大会（CGRM）决定，在国际单位制中增加第 7 个基本单位摩尔，简称摩，符号用 mol 表示。这 7 个基本量及其单位和代表它们的符号如表 3-1 所示。

表 3-1 SI 基本单位

量的名称	单位名称	符　号	量的名称	单位名称	符　号
长度	米	m	热力学温度	开(尔文)	K
质量	千克(公斤)	kg	物质的量	摩(尔)	mol
时间	秒	s	光强度	坎(德拉)	cd
电流	安(培)	A			

摩尔是国际单位制的基本单位，它是一系统的物质的量，该系统中所包含的基本单元数与 0.012kg 碳 12 的原子数目相等。本书统一采用法定计量单位。

3.2.2 分析化学中常用法定计量单位

(1) 物质的量（n）　“物质的量”是一个物理量的整体名称，不要将“物质”与“量”分开来理解，它是表示物质的基本单元多少的一个物理量，国际上规定的符号为 n_B，并规定它的单位名称为摩尔，符号为 mol，中文符号为摩。

应注意，在使用摩尔时，必须指明基本单元。所谓基本单元，它可以是组成物质的任何自然存在的原子、分子、离子、电子、光子等一切物质的粒子，也可以是按需要人为地将它们进行分割或组合，而实际上并不存在的个体或单元。如 $\frac{1}{2}H_2SO_4$、$\frac{1}{5}KMnO_4$ 等。

例如，1mol $\frac{1}{2}Na_2CO_3$，具有质量 53.00g；1mol $\frac{1}{5}KMnO_4$，具有质量 31.60g。

又如在表示硫酸的物质的量时：

① 以 H_2SO_4 作为基本单元，98.08g 的 H_2SO_4，其 H_2SO_4 的单元数与 0.012kg 碳 12 的原子数目相等，这时物质的量为 1mol。

② 以 $\frac{1}{2}H_2SO_4$ 作为基本单元，98.08g 的 H_2SO_4，其 $\frac{1}{2}H_2SO_4$ 的单元数是 0.012kg 碳 12 的原子数目的 2 倍，这时物质的量为 2mol。

由此可见相同质量的同一物质，由于所采用的基本单元（对于基本单元，在滴定分析中的计算中还会更详细地给大家介绍）不同，其物质的量值也不同。物质的量的单位在分析化学中除用摩尔外还会用到毫摩。

(2) 质量　质量习惯上称为重量，用符号 m 表示。质量的单位为 kg，在分析化学中常用 g、mg 和 μg。它们的关系为：

1kg=1000g；1g=1000mg；1mg=1000μg

例如 1mol NaOH，具有质量为 40.00g。

(3) 体积　体积或容积用符号 V 表示，国际单位为 m^3，在分析化学中常用 L、mL 和 μL。它们之间的关系为：

$1m^3$=1000L；1L=1000mL；1mL=1000μL

(4) 摩尔质量（M）　一系统中某给定基本单元的摩尔质量 M 等于其总质量（m）与其物质的量（n_B）之比。

摩尔质量的符号为 M_B，单位为 $kg \cdot mol^{-1}$，即

$$M_B = m/n_B$$

在分析化学中是一个非常有用的量，单位常用 g·mol^{-1}。当已确定了物质的基本单元之后，就可知道其摩尔质量。

常用物质的摩尔质量如表 3-2 所示。

表 3-2　常用物质的摩尔质量（M_B）

名　称	化学式	式　量	基本单元	M_B	化学反应式
盐酸	HCl	36.46	HCl	36.46	$HCl + OH^- \longrightarrow H_2O + Cl^-$
硫酸	H_2SO_4	98.08	$\frac{1}{2}H_2SO_4$	49.04	$H_2SO_4 + 2OH^- \longrightarrow 2H_2O + SO_4^{2-}$
草酸	$H_2C_2O_4 \cdot 2H_2O$	126.07	$\frac{1}{2}H_2C_2O_4 \cdot 2H_2O$	63.04	$H_2C_2O_4 + 2OH^- \longrightarrow 2H_2O + C_2O_4^{2-}$
邻苯二甲酸氢钾	$KHC_8H_4O_4$	204.22	$KHC_8H_4O_4$	204.22	$KHC_8H_4O_4 + NaOH \longrightarrow KNaC_8H_4O_4 + H_2O$
氢氧化钠	$NaOH$	40.00	$NaOH$	40.00	$NaOH + H^+ \longrightarrow H_2O + Na^+$
氨水	$NH_3 \cdot H_2O$	35.05	$NH_3 \cdot H_2O$	35.05	$NH_3 + H^+ \longrightarrow NH_4^+$
碳酸钠	Na_2CO_3	105.99	$\frac{1}{2}Na_2CO_3$	53.00	$Na_2CO_3 + 2H^+ \longrightarrow 2Na^+ + H_2O + CO_2\uparrow$
高锰酸钾	$KMnO_4$	158.04	$\frac{1}{5}KMnO_4$	31.61	$MnO_4^- + 8H^+ + 5e \longrightarrow Mn^{2+} + 4H_2O$
重铬酸钾	$K_2Cr_2O_7$	294.18	$\frac{1}{6}K_2Cr_2O_7$	49.03	$Cr_2O_7^{2-} + 14H^+ + 6e \longrightarrow 2Cr^{3+} + 7H_2O$
碘	I_2	253.81	$\frac{1}{2}I_2$	126.90	$I_3^- + 2e \longrightarrow 3I^-$
硫代硫酸钠	$Na_2S_2O_3 \cdot 5H_2O$	248.18	$Na_2S_2O_3 \cdot 5H_2O$	248.18	$2S_2O_3^{2-} \longrightarrow S_4O_6^{2-} + 2e$
硫酸亚铁铵	$FeSO_4(NH_4)_2SO_4 \cdot 6H_2O$	392.14	$FeSO_4(NH_4)_2SO_4 \cdot 6H_2O$	392.14	$6Fe^{2+} + Cr_2O_7^{2-} + 14H^+ \longrightarrow 6Fe^{3+} + 2Cr^{3+} + 7H_2O$
氯化钠	$NaCl$	58.45	$NaCl$	58.45	$NaCl + AgNO_3 \longrightarrow AgCl\downarrow + NaNO_3$
硝酸银	$AgNO_3$	169.9	$AgNO_3$	169.9	$Ag^+ + Cl^+ \longrightarrow AgCl\downarrow$
EDTA	$Na_2H_2Y \cdot 2H_2O$	372.24	$Na_2H_2Y \cdot 2H_2O$	372.24	$H_2Y^{2-} + M^{2+} \longrightarrow MY^{2-} + 2H^+$

（5）摩尔体积（V_m）　系统的体积 V 与其中粒子的物质的量（n_B）之比。

摩尔体积的符号为 V_m，国际单位 m^3·mol^{-1}，常用单位为 L·mol^{-1}。即

$$V_m = V/n_B$$

（6）密度　密度作为一种量的名称。符号为ρ，单位为 kg·m^{-3}，常用单位为 g·cm^{-3} 或 g·mL^{-1}。由于体积受温度的影响，对密度必须注明有关温度。

3.3　滴定分析中的计算

滴定分析中的计算原则是“等物质的量规则”。这一规则是指对于一定的化学反应，如选定适当的基本单元，那么在任何时刻所消耗的反应物的物质的量均相等。在滴定分析中，若根据滴定反应选取适当的基本单元，则滴定到达化学计量点时，被测组分的物质的量就等于所消耗标准滴定溶液的物质的量。

等物质的量规则可表示为 $n_A = n_B$。此公式为滴定分析计算的基本公式，它在不同的情况下有不同的形式。

3.3.1 基本单元

以实际反应的最小单元确定为基本单元，既符合化学反应的客观规律，又符合基本单元的定义，而且还可照顾到以往的习惯。

【例 3-1】 H_2SO_4 和 NaOH 的反应，实际反应的最小粒子是 H^+ 和 OH^-，即

$$H^+ + OH^- \longrightarrow H_2O$$

可选包含 1 个 H^+ 的化学式 $\frac{1}{2}H_2SO_4$ 和 1 个 OH^- 的化学式 NaOH 为基本单元。滴定到终点时，等物质的量规则表达为：

$$c(NaOH)V(NaOH) = c\left(\frac{1}{2}H_2SO_4\right)V(H_2SO_4)$$

【例 3-2】 $KMnO_4$ 与 Fe^{2+} 的反应，实际是电子转移过程。

$$MnO_4^- + 5Fe^{2+} + 8H^+ \longrightarrow Mn^{2+} + 5Fe^{3+} + 4H_2O$$

$$MnO_4^- + 5e^- + 8H^+ \longrightarrow Mn^{2+} + 4H_2O$$

$$Fe^{2+} - e^- \longrightarrow Fe^{3+}$$

反应中最小单元是电子，MnO_4^- 在反应中接受 5 个电子，其基本单元定为 $\frac{1}{5}MnO_4^-$，而 Fe^{2+} 在反应中失去 1 个电子，其基本单元就是 Fe^{2+}，滴定到终点时，等物质的量规则表述为：

$$n\left(\frac{1}{5}MnO_4^-\right) = n(Fe^{2+})$$

即

$$c\left(\frac{1}{5}MnO_4^-\right)V(MnO_4^-) = c(Fe^{2+})V(Fe^{2+})$$

通常情况下，在酸碱反应中，以有一个 H^+ 得失的形式作为基本单元；在氧化还原反应中是以有一个电子（e^-）得失的形式作为基本单元。

3.3.2 滴定分析计算的基本公式

3.3.2.1 基本单元的有关计算

（1）摩尔质量 $M\left(\frac{1}{z}B\right)$

$$M\left(\frac{1}{z}B\right) = \frac{1}{z}M(B)$$

（2）物质的量 $n\left(\frac{1}{z}B\right)$

$$n\left(\frac{1}{z}B\right) = zn(B)$$

（3）物质的量浓度 $c\left(\frac{1}{z}B\right)$

$$c\left(\frac{1}{z}B\right) = zc(B)$$

例如，$c(KMnO_4) = 0.1mol \cdot L^{-1}$

$$c\left(\frac{1}{5}KMnO_4\right) = 5c(KMnO_4) = 5 \times 0.1 = 0.5(mol \cdot L^{-1})$$

3.3.2.2 物质的量的有关计算

等物质的量规则是滴定分析计算中一种比较方便的方法，本法的关键是确定物质的基本单元。

等物质的量规则的表达式为：$n_A = n_B$

若物质为固体，则 $$n=\frac{m}{M}$$

若物质为溶液，则 $$n=cV$$

所有定量分析的有关计算都可以由这三个基本公式解决。在运用等物质的量规则时，一定要采用物质的基本单元。

3.3.2.3 各种类型的计算

(1) 两种溶液之间的反应

因为 $$n_A=c_AV_A \qquad n_B=c_BV_B$$

则 $$c_AV_A=c_BV_B$$

式中 c_A——物质A以A为基本单元的物质的量浓度，$mol \cdot L^{-1}$；

c_B——物质B以B为基本单元的物质的量浓度，$mol \cdot L^{-1}$。

对于溶液的稀释，因为稀释前后物质的质量 m 和物质的量 n 并未发生变化，所以若以1和2分别代表稀释前后的状态，则有

$$c_1V_1=c_2V_2$$

(2) 溶液A与固体B之间反应的计算

对于溶液A，$n_A=c_AV_A$，对固体B，$n_B=\frac{m_B}{M_B}$，应有

$$c_AV_A=\frac{m_B}{M_B}$$

注意，这里 V_A 的单位是L，若体积用mL，则公式相应地变为

$$\frac{c_AV_A}{1000}=\frac{m_B}{M_B}$$

若是用固体物质B配制溶液时，则有 $c_BV_B=\frac{m_B}{M_B}$

(3) 求被测组分的质量分数

① 被测组分的质量分数 $w_B=\frac{m}{m_{样}}$，由此得

$$w_B=\frac{c_AV_A\times M(B)\times 10^{-3}}{m_s}$$

式中 w_B——被测组分B的质量分数，实际工作中多用百分数表示；

c_A——滴定剂以A为基本单元的物质的量浓度，$mol \cdot L^{-1}$；

V_A——滴定剂A所消耗的体积，mL；

$M(B)$——被测物质以B为基本单元的摩尔质量，$g \cdot mol^{-1}$；

m_s——试样的质量，g。

② 在返滴定法中，计算公式为

$$w_B=\frac{(c_{A1}V_{A1}-c_{A2}V_{A2})\times M(B)\times 10^{-3}}{m_s}$$

式中 c_{A1}——先加入的过量标准滴定溶液的浓度，$mol \cdot L^{-1}$；

V_{A1}——先加入的过量标准溶液的体积，mL；

c_{A2}——返滴定所用标准滴定溶液的浓度，$mol \cdot L^{-1}$；

V_{A2}——返滴定所用标准滴定溶液的体积，mL；

m_s——试样的质量，g。

③ 在液体试样中，被测组分 B 的含量也常用质量浓度ρ_B 表示。

$$\rho_B = \frac{c_A V_A M_B}{V_s}$$

式中 ρ_B——被测组分 B 的质量浓度，$g \cdot L^{-1}$

c_A——以 A 为基本单元的标准滴定溶液浓度，$mol \cdot L^{-1}$；

V_A——标准滴定溶液 A 消耗的体积，mL；

V_s——液体试样 B 的体积，mL。

（4）有关滴定度的计算　滴定度是溶液浓度的一种表示方法，它是指 1mL 滴定剂溶液（A）相当于待测物质（B）的质量（单位为 g），用 $T_{B/A}$表示，单位为 $g \cdot mL^{-1}$。

如果分析的对象固定，用滴定度计算其含量时，只需将滴定度乘以所消耗标准溶液的体积即可求得被测物的质量，计算十分简便，因此，在工矿企业的例行分析中会用到这种浓度。

例如用 $T_{Fe/K_2Cr_2O_7} = 0.003489g \cdot mL^{-1}$ 的 $K_2Cr_2O_7$ 溶液滴定 Fe，若消耗的体积为 24.75mL，则该试样中 Fe 的质量为

$$m = T \times V = 0.003489 \times 24.75 = 0.08635 \text{ (g)}$$

有时也可以用每毫升标准溶液中所含溶质的质量（g）来表示。

例如 $T_{HCl} = 0.001012g \cdot mL^{-1}$ HCl 溶液，表示 1mL 溶液含有 0.001012g HCl。这种表示方法在配制专门标准溶液时有较多的应用。

而滴定度和物质的量浓度之间的换算关系为：

$$c_A = \frac{T_{B/A} \times 1000}{M_B}$$

或

$$T_{B/A} = \frac{c_A M_B}{1000}$$

式中 c_A——以 A 为基本单元的标准溶液的物质的量浓度，$mol \cdot L^{-1}$；

$T_{B/A}$——标准溶液对所测组分的滴定度，$g \cdot mL^{-1}$；

M_B——以 B 为基本单元的被测组分的摩尔质量，$g \cdot mol^{-1}$。

【注意】 上面公式如果觉得不太好记，可以这样理解：m 克 B 物质正好和 V 毫升的 A 溶液反应，则

$$\frac{m_B}{M_B} = \frac{c_A V_A}{1000}$$

移项

$$T_{B/A} = \frac{m_B}{V_A} = \frac{c_A M_B}{1000}$$

3.3.3 计算示例

【例 3-3】 滴定 25.00mL 氢氧化钠溶液，消耗 $c\left(\frac{1}{2}H_2SO_4\right) = 0.1250mol \cdot L^{-1}$ 硫酸溶液 32.14mL，求氢氧化钠溶液的物质的量浓度。

解
$$c(\mathrm{NaOH})=\frac{c\left(\frac{1}{2}\mathrm{H_2SO_4}\right)\times V(\mathrm{H_2SO_4})}{V(\mathrm{NaOH})}$$
$$=\frac{0.1250\times 32.14}{25.00}$$
$$=0.1607\ (\mathrm{mol\cdot L^{-1}})$$

答：氢氧化钠溶液的物质的量浓度为 $c(\mathrm{NaOH})=0.1607\mathrm{mol\cdot L^{-1}}$。

【例 3-4】 欲将 250mL $c(\mathrm{Na_2S_2O_3})=0.2100\mathrm{mol\cdot L^{-1}}$ 的溶液稀释成 $c(\mathrm{Na_2S_2O_3})=0.1000\mathrm{mol\cdot L^{-1}}$，需加水多少毫升？

解 设需加水体积为 VmL，则 $0.2100\times 250=0.1000\times(250+V)$

求出 $V=275\mathrm{mL}$

答：需加 275mL 水。

【例 3-5】 称取草酸（$\mathrm{H_2C_2O_4\cdot 2H_2O}$）0.3808g，溶于水后用 NaOH 溶液滴定，终点时消耗 NaOH 标准滴定溶液 24.56mL，试计算 $c(\mathrm{NaOH})$ 为多少？

解 化学反应式为 $\mathrm{H_2C_2O_4+2NaOH = Na_2C_2O_4+2H_2O}$

首先确定它们的基本单元分别为 NaOH 和 $\frac{1}{2}\mathrm{H_2C_2O_4}$

由等物质的量规则有 $n(\mathrm{NaOH})=n\left(\frac{1}{2}\mathrm{H_2C_2O_4}\right)$

$$c(\mathrm{NaOH})V(\mathrm{NaOH})=\frac{m(\mathrm{H_2C_2O_4\cdot H_2O})\times 10^3}{M\left(\frac{1}{2}\mathrm{H_2C_2O_4\cdot H_2O}\right)}$$

$$c(\mathrm{NaOH})=\frac{0.3808\times 10^3}{\frac{1}{2}\times 126.07\times 24.56}=0.2459(\mathrm{mol\cdot L^{-1}})$$

答：c（NaOH）$=0.2459\mathrm{mol\cdot L^{-1}}$。

【例 3-6】 欲配 $c\left(\frac{1}{6}\mathrm{K_2Cr_2O_7}\right)=0.1000\mathrm{mol\cdot L^{-1}}$ 的重铬酸钾标准溶液 250.0mL，需称 $\mathrm{K_2Cr_2O_7}$ 多少克？

解 根据公式 $c_\mathrm{B}V_\mathrm{B}=\frac{m_\mathrm{B}}{M_\mathrm{B}}$，则

$$m(\mathrm{K_2Cr_2O_7})=c\left(\frac{1}{6}\mathrm{K_2Cr_2O_7}\right)\times V\times\frac{M\left(\frac{1}{6}\mathrm{K_2Cr_2O_7}\right)}{1000}$$
$$=0.1000\times 250\times\frac{49.03}{1000}=1.226\ (\mathrm{g})$$

答：需称 1.226g $\mathrm{K_2Cr_2O_7}$。

【例 3-7】 用 $c\left(\frac{1}{2}\mathrm{H_2SO_4}\right)=0.2020\mathrm{mol\cdot L^{-1}}$ 的溶液测定 $\mathrm{Na_2CO_3}$ 试样的含量时，称取 0.2009g 试样，消耗 18.32mL 硫酸溶液，求试样中 $\mathrm{Na_2CO_3}$ 的质量分数。

解 反应式 $\mathrm{H_2SO_4+Na_2CO_3 = Na_2SO_4+CO_2+H_2O}$

基本单元分别取 $\frac{1}{2}\mathrm{H_2SO_4}$ 和 $\frac{1}{2}\mathrm{Na_2CO_3}$，则

$$w(Na_2CO_3)=\frac{c\left(\frac{1}{2}H_2SO_4\right)V(H_2SO_4)M\left(\frac{1}{2}Na_2CO_3\right)\times 10^{-3}}{m_s}$$

$$=\frac{0.2020\times 18.32\times \frac{1}{2}\times 106.0\times 10^{-3}}{0.2009}$$

$$=0.9762=97.62\%$$

答：试样中 Na_2CO_3 的含量为 97.62%。

【例 3-8】 将 0.2497g CaO 试样溶于 25.00mL $c(HCl)=0.2803mol\cdot L^{-1}$的 HCl 溶液中，剩余酸用$c(NaOH)=0.2786mol\cdot L^{-1}$的 NaOH 标准滴定溶液返滴定，消耗 11.64mL，求试样中 CaO 的质量分数。

解 反应式为

$$CaO+2HCl = CaCl_2+H_2O$$

$$HCl+NaOH = NaCl+H_2O$$

应取$\frac{1}{2}$CaO 作为基本单元，则有

$$w(CaO)=\frac{\left[c(HCl)V(HCl)-c(NaOH)V(NaOH)\times M\left(\frac{1}{2}CaO\right)\right]\times 10^{-3}}{m_s}$$

$$=\frac{(0.2803\times 25.00-0.2786\times 11.64)\times 10^{-3}\times \frac{1}{2}\times 54.08}{0.2497}$$

$$=0.4077=40.77\%$$

答：试样中 CaO 的含量为 42.27%。

【例 3-9】 计算 $c(HCl)=0.1015mol\cdot L^{-1}$溶液对 Na_2CO_3 的滴定度。

解 反应式为

$$Na_2CO_3+2HCl = 2NaCl+CO_2+H_2O$$

分别取 HCl 和$\frac{1}{2}Na_2CO_3$ 为基本单元

而 $M(\frac{1}{2}Na_2CO_3)=\frac{1}{2}M(Na_2CO_3)=\frac{1}{2}\times 106.0=53.00\ (g\cdot mol^{-1})$

所以 $T_{Na_2CO_3/HCl}=\frac{0.1015\times 53.00}{1000}=0.005380\ (g\cdot mL^{-1})$

答：$c(HCl)=0.1015mol\cdot L^{-1}$的 HCl 溶液对 Na_2CO_3 的滴定度为 0.005380 $g\cdot mL^{-1}$。

＊系数法

系数法是根据待测的物质的量 n_A 与滴定剂（标准溶液）的物质的量 n_B 的关系来计算的方法。在滴定分析中，设待测物质 A 与滴定剂 B 作用，反应如下：

$$aA+bB = cC+dD$$

当到达化学计量点时，$a$mol 的 A 物质恰好与 $b$mol 的 B 物质作用完全，则 n_A 与 n_B 之比等于它们的化学计量系数之比，即

$$n_A : n_B=a : b$$

故

$$n_A=\frac{a}{b}n_B \qquad n_B=\frac{b}{a}n_A$$

例如，酸碱滴定中，采用基准无水 Na_2CO_3 标定 HCl 溶液的浓度时，

反应为：

$$Na_2CO_3+2HCl = 2NaCl+CO_2+H_2O$$

所以，$n(HCl)=\frac{2}{1}n(Na_2CO_3)=2n(Na_2CO_3)$

待测物溶液的体积为 V_A，溶液的浓度为 c_A，到达化学计量点时消耗了浓度为 c_B 的滴定剂的体积为 V_B，则

$$c_AV_A=\frac{a}{b}c_BV_B$$

*【例 3-10】 准确移取 25.00mL H_2SO_4 溶液用 $c(NaOH)=0.09026mol\cdot L^{-1}$ 的 NaOH 溶液滴定，到达化学计量点时，消耗 NaOH 溶液的体积为 24.93mL，问 H_2SO_4 溶液的浓度是多少？

解 $$H_2SO_4+2NaOH=\!=\!=Na_2SO_4+2H_2O$$

所以 $$c_{H_2SO_4}V_{H_2SO_4}=\frac{1}{2}c_{NaOH}\times V_{NaOH}$$

$$c_{H_2SO_4}=\frac{c_{NaOH}\times V_{NaOH}}{2V_{H_2SO_4}}$$

$$=\frac{0.09026\times 24.93}{2\times 25.00}$$

$$=0.04500\ (mol\cdot L^{-1})$$

答：H_2SO_4 溶液的浓度为 $0.04500mol\cdot L^{-1}$。

*【例 3-11】 称取工业纯碱试样 0.2648g，用 $c(HCl)=0.2000mol\cdot L^{-1}$ 的 HCl 标准滴定溶液滴定，用甲基橙作指示剂，消耗 HCl 标准滴定溶液 24.00mL，求纯碱的纯度是多少。

解 $$Na_2CO_3+2HCl=\!=\!=2NaCl+CO_2+H_2O$$

$$n(Na_2CO_3)=\frac{1}{2}n(HCl)$$

$$w_{Na_2CO_3}=\frac{\frac{a}{b}c_{HCl}V_{HCl}M_{Na_2CO_3}\times 10^{-3}}{m_s}$$

$$=\frac{\frac{1}{2}\times 0.2000\times 24.00\times 105.99\times 10^{-3}}{0.2648}$$

$$=0.9606 \qquad 即\ 96.06\%$$

答：纯碱的纯度为 96.06%。

*【例 3-12】 称取铁矿石 0.1562g，试样分解后，经预处理使铁转化为 Fe^{2+}，用 $c(K_2Cr_2O_7)=0.01214mol\cdot L^{-1}$ 的 $K_2Cr_2O_7$ 标准滴定溶液滴定，消耗了 20.32mL，求试样中 Fe 的质量分数为多少。若用 Fe_2O_3 表示，其质量分数又是多少？

解 $$Cr_2O_7^{2-}+6Fe^{2+}+14H^+=\!=\!=6Fe^{3+}+2Cr^{3+}+7H_2O$$

$$n_{Fe}:n_{K_2Cr_2O_7}=6:1$$

$$n_{Fe}=6n_{K_2Cr_2O_7}$$

所以 $$w_{Fe}=\frac{6c_{K_2Cr_2O_7}V_{K_2Cr_2O_7}M_{Fe}\times 10^{-3}}{m_s}$$

$$=\frac{6\times 0.01214\times 20.32\times 55.85\times 10^{-3}}{0.1562}$$

$$=0.5292 \qquad 即\ 52.92\%$$

而 $n_{Fe_2O_3}=3n_{K_2Cr_2O_7}$

$$w_{Fe_2O_3}=\frac{3\times0.01214\times20.32\times159.7\times10^{-3}}{0.1562}$$

$$=0.7566\qquad 即\ 75.66\%$$

答：试样中 Fe 的含量为 52.92%，相当于 Fe_2O_3 的含量为 75.66%。

本 章 小 结

一、滴定分析

滴定分析是将滴定剂通过滴定管滴加到待测物质溶液中逐步反应，当它们正好完全反应时，根据所消耗滴定剂的体积和浓度，计算出试样中待测组分含量的一种分析方法。

二、滴定分析中的基本术语

标准滴定溶液、滴定、化学计量点、指示剂、滴定终点、滴定误差等应能熟练掌握。

三、滴定方式

有直接滴定法、返滴定法、置换滴定法和间接滴定法四种类型，应根据具体条件来选择滴定方式。

四、分析化学中常用法定计量单位

1. 物质的量（n）

国际单位制的基本量之一（它与基本单元粒子数成正比，描述一系统中给定基本单元的一个量），单位为摩尔。

① 使用物质的量时，一般应指明其基本单元。

② 物质 B 的物质的量，常用 n_B 或 n(B) 表示。

③ 一般粒子的物质的量，常用括号给出，如 $n(\frac{1}{2}H_2SO_4)$。

2. 质量

质量习惯上称为重量，用符号 m 表示。质量的单位为 kg，在分析化学中常用 g。

3. 体积

体积或容积用符号 V 表示，国际单位为 m^3，在分析化学中常用 L、mL。

4. 摩尔质量（M）

一系统中某给定基本单元的摩尔质量 M 等于其总质量 m 与其物质的量之比。单位为 kg/mol，常用 g/mol。

五、滴定分析中的计算

（一）基本单元

在酸碱反应中，以有一个 H^+ 得失的形式作为基本单元；

在氧化还原反应中是以有一个电子（e^-）得失的形式作为基本单元。

（二）滴定分析计算的基本公式

1. 有关物质的量的计算

等物质的量规则：　　$n_A=n_B$

若物质为固体：　　$n=\frac{m}{M}$

若物质为溶液：　　$n=cV$(此处 V 的单位为 L，以下均为 mL)

2. 各种类型的计算

① 两种溶液之间的反应 $c_A V_A = c_B V_B$

对于溶液的稀释，则有 $c_1 V_1 = c_2 V_2$

② 溶液 A 与固体 B 之间反应的计算

$$c_A V_A = \frac{m_B \times 10^3}{M_B}$$

若是用固体物质 B 配制溶液时，则有

$$c_B V_B = \frac{m_B \times 10^3}{M_B}$$

③ 求被测组分的质量分数

$$w_B = \frac{c_A V_A \times M(B) \times 10^{-3}}{m_s}$$

在返滴定法中，计算公式为

$$w_B = \frac{(c_{A1} V_{A1} - c_{A2} V_{A2}) \times M(B) \times 10^{-3}}{m_s}$$

④ 在液体试样中，被测组分 B 的含量也常用质量浓度 ρ_B 表示。

$$\rho_B = \frac{c_A V_A M_B}{V_s}$$

⑤ 有关滴定度的计算。滴定度和物质的量浓度之间的换算关系为：

$$c_A = \frac{T_{B/A} \times 1000}{M_B}$$

或
$$T_{B/A} = \frac{c_A \times M_B}{1000}$$

六、以物质的量（*n*）为核心，*c*、*m*、*n*、*M*、*V* 相互换算关系如下：

$$物质的量浓度(c) \underset{\div V}{\overset{\times V}{\rightleftharpoons}} 物质的量(n) \underset{\div M}{\overset{\times M}{\rightleftharpoons}} 物质的质量(m)$$

复习思考题

一、回答下列问题

1. 什么是滴定分析？
2. 什么是标准滴定溶液？
3. 什么叫化学计量点、滴定终点？
4. 滴定分析对化学反应有哪些要求？
5. 基准物应具备哪些条件？
6. 一般溶液的浓度表示方法有几种？标准溶液的浓度表示方法有几种？
7. 物质的量的定义、符号、单位是什么？
8. 常用的滴定方式有哪些？
9. 在酸碱反应和氧化还原反应中如何确定基本单元？

二、判断题

1. “HCl 的物质的量” 也可以说成是 HCl 的量，因为 HCl 就是一物质。（　　）
2. 终点也就是化学计量点。（　　）
3. 基本单元可以是原子、分子、离子、电子及其它粒子和这些粒子的特定组合。（　　）

4. H_2SO_4 的基本单元一定是 $\frac{1}{2}H_2SO_4$。(　　)

5. 根据等物质的量规则，只要两种物质完全反应，它们的物质的量就相等。(　　)

6. 基准物质的纯度应高于 99.9%。(　　)

7. 对于某一 HCl 溶液来说，$T_{NaOH/HCl}=T_{NH_3 \cdot H_2O/HCl}$。(　　)

8. 物质的量浓度会随基本单元的不同而变化。(　　)

三、选择题

1. (1+3) HCl 溶液，相当于物质的量浓度 $c(HCl)$ 为（　　）。

A. $1mol \cdot L^{-1}$　B. $3mol \cdot L^{-1}$　C. $4mol \cdot L^{-1}$　D. $8mol \cdot L^{-1}$

2. 下列等式中，正确的是（　　）。

A. $1km^3=1000m^3$　B. $1km^3=10^6m^3$　C. $1km^3=10^9m^3$　D. $1km^3=10^{12}m^3$

3. 若 $c(\frac{1}{2}H_2SO_4)=0.2000mol \cdot L^{-1}$，则 $c(H_2SO_4)$ 为（　　）。

A. $0.1000mol \cdot L^{-1}$　B. $0.2000mol \cdot L^{-1}$

C. $0.4000mol \cdot L^{-1}$　D. $0.5000mol \cdot L^{-1}$

4. 若 $n(KMnO_4)=0.2000mol$，则 $n(\frac{1}{5}KMnO_4)$ 为（　　）。

A. 0.04000mol　B. 0.2000mol　C. 0.5000mol　D. 1.000mol

5. 对于反应 $PbO_2+C_2O_4^{2-}+4H^+=Pb^{2+}+2CO_2+2H_2O$，$PbO_2$ 的基本单元为（　　）。

A. $\frac{1}{4}PbO_2$　B. $\frac{1}{2}PbO_2$　C. PbO_2　D. $2PbO_2$

6. 摩尔质量的单位是（　　）。

A. $g \cdot mol^{-1}$　B. $g \cdot mol$　C. $mol \cdot g$　D. $mol \cdot g^{-1}$

练习题

1. 1L 溶液中含纯 H_2SO_4 4.904g，则此溶液的物质的量浓度 $c(\frac{1}{2}H_2SO_4)$ 为多少?

2. 50g $NaNO_2$ 溶于水并稀释至 250mL，则此溶液的质量浓度为多少?

3. 将 $c(NaOH)=5mol \cdot L^{-1}$ 的 NaOH 溶液 100mL，加水稀释至 500mL，则稀释后的溶液 $c(NaOH)$ 为多少?

4. $T_{NaOH/HCl}=0.003462g \cdot mL^{-1}$ 的 HCl 溶液，相当于物质的量浓度 $c(HCl)$ 为多少?

5. 4.18g Na_2CO_3 溶于 75.0mL 水中，$c(Na_2CO_3)$ 为多少?

6. 称取基准物 Na_2CO_3 0.1580g，标定 HCl 溶液的浓度，消耗 HCl 溶液 24.80mL，计算此 HCl 溶液的浓度为多少?

7. 称取 0.3280g $H_2C_2O_4 \cdot 2H_2O$ 标定 NaOH 溶液，消耗 NaOH 溶液 25.78mL，求 $c(NaOH)$ 为多少?

8. 称取铁矿石试样 $m=0.2669g$，用 HCl 溶液溶解后，经预处理使铁呈 Fe^{2+} 状态，用 $K_2Cr_2O_7$ 标准滴定溶液滴定，消耗 28.62mL，计算以 Fe、Fe_2O_3 和 Fe_3O_4 表示的质量分数各为多少?

9. 计算下列溶液的滴定度，以 $g \cdot L^{-1}$ 表示：

① $c(HCl)=0.2615mol \cdot L^{-1}$ HCl 溶液，用来测定 $Ba(OH)_2$ 和 $Ca(OH)_2$；

② $c(NaOH)=0.1032mol \cdot L^{-1}$ NaOH 溶液，用来测定 H_2SO_4 和 CH_3COOH。

10. 称取草酸钠基准物 0.2178g 用于标定 $KMnO_4$ 溶液的浓度，消耗 $KMnO_4$ 溶液 25.48mL，计算 $c(KMnO_4)$为多少?

11. 用硼砂 ($Na_2B_4O_7 \cdot 10H_2O$) 0.4709g 标定 HCl 溶液，滴定至化学计量点时，消耗 25.20mL，求 $c(HCl)$为多少?(提示：$Na_2B_4O_7+2HCl+5H_2O = 4H_3BO_3+2NaCl$)

12. 已知 H_2SO_4 质量分数为 96%，相对密度为 1.84，欲配制 0.5L $c(H_2SO_4)=0.10mol \cdot L^{-1}$ 的

H_2SO_4 溶液，试计算需多少毫升浓 H_2SO_4？

13. $CaCO_3$ 试样 0.2500g，溶解于 25.00mL $c(HCl)=0.2006mol \cdot L^{-1}$ 的 HCl 溶液中，过量 HCl 用 15.50mL $c(NaOH)=0.2050mol \cdot L^{-1}$ 的 NaOH 溶液进行返滴定，求此试样中 $CaCO_3$ 的质量分数。

14. 应称取多少克邻苯二甲酸氢钾以配制 500mL $0.1000mol \cdot L^{-1}$ 的溶液？再准确移取上述溶液 25.00mL 用于标定 NaOH 溶液，消耗 NaOH 溶液 24.84mL，问 $c(NaOH)$ 应为多少？

15. 称取 0.4830g $Na_2B_4O_7 \cdot 10H_2O$ 基准物，标定 H_2SO_4 溶液的浓度，以甲基红作指示剂，消耗 H_2SO_4 溶液 20.84mL，求 $c(\frac{1}{2}H_2SO_4)$ 和 $c(H_2SO_4)$。

16. 分析不纯的碳酸钙（$CaCO_3$，其中不含干扰物质），称取试样 0.3000g，加入 $c(HCl)=0.2500mol \cdot L^{-1}$ 的 HCl 标准溶液 25.00mL，煮沸除去 CO_2，用 $c(NaOH)=0.2012mol \cdot L^{-1}$ 的 NaOH 溶液返滴定过量的 HCl 溶液，消耗 NaOH 溶液 5.84mL，计算试样中 $CaCO_3$ 的质量分数。

*17. 测定氮肥中 NH_3 的含量。称取试样 1.6160g，溶解后在 250mL 容量瓶中定容，移取 25.00mL，加入过量 NaOH 溶液，将产生的 NH_3 导入 40.00mL $c(\frac{1}{2}H_2SO_4)=0.1020mol \cdot L^{-1}$ 的 H_2SO_4 标准溶液吸收，剩余的 H_2SO_4 需 17.00ml $c(NaOH)=0.09600mol \cdot L^{-1}$ 的 NaOH 溶液中和。计算氮肥中 NH_3 的质量分数。

*18. 称取大理石试样 0.2303g，溶于酸中，调节酸度后加入过量的 $(NH_4)_2C_2O_4$，使 Ca^{2+} 沉淀为 CaC_2O_4。过滤、洗净，将沉淀溶于稀 H_2SO_4 中。溶解后的溶液用 $c(\frac{1}{5}KMnO_4)=0.2012mol \cdot L^{-1}$ 的 $KMnO_4$ 标准滴定溶液滴定，消耗 22.30mL，计算大理石中 $CaCO_3$ 的质量分数。

4 溶液的配制

学习指南 在无机物定量分析中要用到各种各样的溶液，如何正确制备这些溶液将直接影响到分析结果的准确度和可靠性。通过本章学习应掌握各种溶液浓度的表示方法，熟悉各种浓度的有关计算和相互换算，并能熟练掌握各种溶液正确的制备方法。

4.1 溶液浓度的表示方法

在分析检验工作中，随时都要用到各种浓度的溶液，溶液的浓度通常是指在一定量的溶液中所含溶质的量，在国际标准和国家标准中，溶剂用 A 代表，溶质用 B 代表。化验工作中常用的浓度表示方法有以下几种。

4.1.1 物质的量浓度

物质的量浓度是指物质 B 的物质的量 n_B 与相应溶液的体积 V 之比。或 1L 溶液中所含溶质 B 的物质的量（mol）。单位为 $mol \cdot m^{-3}$，常用 $mol \cdot L^{-1}$。

$$c_B = \frac{n_B}{V}$$

式中 c_B——物质 B 的物质的量浓度，$mol \cdot L^{-1}$；

n_B——物质 B 的物质的量，mol；

V——混合物（溶液）的体积，L。

凡涉及物质的量 n_B 时，必须用元素符号或化学式指明基本单元，例如 $c(H_2SO_4) = 1mol \cdot L^{-1}$ H_2SO_4 溶液，表示 1L 溶液中含 H_2SO_4 1mol，即 98.07g。$c(\frac{1}{2}H_2SO_4) = 1mol \cdot L^{-1}$ H_2SO_4 溶液，表示 1L 溶液中含有 $(\frac{1}{2}H_2SO_4)$1mol，即 49.04g。

物质 B 的摩尔质量 M_B、质量 m 与物质的量 n_B 之间的关系为：

$$m = n_B M_B$$

所以 $$m = c_B V M_B \quad (V \text{ 的单位为 L 时})$$

或 $$m = c_B V M_B \times 10^{-3} \quad (V \text{ 的单位为 mL 时})$$

4.1.2 质量浓度

物质 B 的质量浓度是物质 B 的总质量 m_B 与混合物的体积 V（包括物质 B 的体积）之比。即 1L 溶液中所含物质 B 的质量（g），单位为 kg/m^3，常用 $g \cdot L^{-1}$。

$$\rho_B = \frac{m_B}{V}$$

式中 ρ_B——物质 B 的质量浓度，$g \cdot L^{-1}$；

m_B——溶质 B 的质量，g；

V——溶液的体积，L。

例 $\rho(NH_4Cl) = 10g \cdot L^{-1}$ NH_4Cl 溶液，表示 1L NH_4Cl 溶液中含 NH_4Cl 10g。

当浓度很稀时，可用 $mg \cdot L^{-1}$，$\mu g \cdot L^{-1}$ 或 $ng \cdot L^{-1}$ 表示。

4.1.3 质量分数

物质B的质量分数是指物质B的质量与混合物（溶液）的质量之比，以 $w(B)$ 表示。

$$w(B)=\frac{\text{物质B的质量}(m_B)}{\text{溶液的质量}(m)}$$

物质B的质量分数是 $w(B)$，为无量纲量。例如，$w(HCl)=0.38$，也可以用“百分数”表示，即 $w(HCl)=38\%$。

质量分数还常用来表示被测组分在试样中的含量，如铁矿中铁含量 $w(Fe)=0.36$，即 36%。在微量和痕量分析中，过去常用 ppm、ppb、ppt 表示，其含义分别为 10^{-6}、10^{-9}、10^{-12}，现在废止使用，应改用法定计量单位表示。例如，某化工产品中含铁 5ppm，现应写成 $w(Fe)=5\times10^{-6}$，或 $5\mu g \cdot g^{-1}$，或 $5mg \cdot kg^{-1}$。

4.1.4 体积分数

物质B的体积分数通常用于表示溶质为液体的溶液浓度。它是混合前溶质B的体积除以混合物（溶液）的体积所得比值，称为物质B的体积分数，以 $\varphi(B)$ 或 φ_B 表示。物质B的体积分数为无量纲量，常以“%”符号来表示其浓度值。将原装液体试剂稀释时，多采用这种浓度表示，如 $\varphi(C_2H_5OH)=0.70$，可量取无水乙醇 70mL，加水稀释到 100mL。

体积分数也常用于气体分析中表示某一组分的含量。如空气中含氧 $\varphi(O_2)=0.20$，表示氧的体积占空气体积的 20%。

4.1.5 体积比浓度

体积比浓度是指 V_A 体积液体溶质和 V_B 体积溶剂（大多为水）相混合的体积比，常以 (V_A+V_B) 或 $V_A:V_B$ 表示。例如（1+5）HCl 溶液，表示 1 体积市售浓 HCl 与 5 体积水相混合而成的溶液。有些分析规程中写成（1∶5）HCl 溶液，意义完全相同。而质量比浓度是指两种固体试剂相混合的表示方法，例如（1+100）钙指示剂-氯化钠混合指示剂，表示 1 个单位质量的钙指示剂与 100 个单位质量的氯化钠相混合，是一种固体稀释方法。同样也有写成（1∶100）的。

4.1.6 滴定度

滴定度是溶液浓度的一种表示方法，它是指 1mL 滴定剂溶液（A）相当于待测物质（B）的质量（单位为 g），用 $T_{B/A}$ 表示，单位为 $g \cdot mL^{-1}$。（见 3.3.2.3）

4.2 一般溶液的配制

一般溶液是指非标准溶液，它在分析工作中常作为溶解样品、调节 pH 值、分离或掩蔽离子、显色等使用。配制一般溶液精度要求不高，1～2 位有效数字，试剂的质量由架盘天平称量，体积用量筒量取即可。

4.2.1 质量浓度溶液的配制

【例 4-1】 欲配制 $20g \cdot L^{-1}$ 的亚硫酸钠溶液 100mL，如何配制？

解

$$\rho_B=\frac{m_B\times1000}{V}$$

$$m_B=\frac{\rho_B V}{1000}=\frac{20\times100}{1000}g=2g$$

配法：称取 2g 亚硫酸钠溶于水中，加水稀释至 100mL，混匀。

4.2.2　物质的量浓度溶液的配制

根据 $c_B=n_B/V$ 和 $n_B=m_B/M_B$ 的关系，

$$m_B=c_BVM_B\times10^{-3}$$

式中　m_B——固体溶质 B 的质量，g；

c_B——欲配溶液物质 B 的浓度，mol・L^{-1}；

V——欲配溶液的体积，mL；

M_B——溶质 B 的摩尔质量，g・mol^{-1}。

(1) 溶质是固体物质

【例 4-2】　欲配制 $c(Na_2CO_3)=0.5$mol・L^{-1}的 Na_2CO_3 溶液 500mL，如何配制？

解

$$m(Na_2CO_3)=c(Na_2CO_3)VM(Na_2CO_3)\times10^{-3}$$

$$m(Na_2CO_3)=(0.5\times500\times106\times10^{-3})\text{g}=26.5\text{g}$$

配法：称取 Na_2CO_3 26.5g 溶于水中，并用水稀释至 500mL，混匀。

(2) 溶质是浓溶液

【例 4-3】　欲配制 $c(H_3PO_4)=0.5$mol・L^{-1}的 H_3PO_4 溶液 500mL，如何配制？[已知浓磷酸：$\rho=1.69$g・mL^{-1}，$w=85\%$，$c(H_3PO_4)=15$mol・L^{-1}]

解　溶液在稀释前后，其中溶质的物质的量不会改变，因而可用下式计算：

$$c_{浓}V_{浓}=c_{稀}V_{稀}$$

$$V_{浓}=\frac{c_{稀}V_{稀}}{c_{浓}}=0.5\times500/15=17\ (\text{mL})$$

另一算法：$m(H_3PO_4)=c(H_3PO_4)V(H_3PO_4)\times M(H_3PO_4)\times10^{-3}$

$$=(0.5\times500\times98.00\times10^{-3})\text{g}$$

$$=24.5\text{g}$$

$$V_0=\frac{m}{\rho w}=\frac{24.5}{1.69\times85\%}=17(\text{mL})$$

配法：量取浓 H_3PO_4 17mL，加水稀释至 500mL，混匀。

4.3　滴定分析用标准滴定溶液的制备

制备标准滴定溶液的方法一般有直接法和间接法两种。

4.3.1　直接法

准确称取一定量基准物质，溶解后定容于容量瓶中，用去离子水稀释至刻度，根据称量基准物质的质量和容量瓶体积计算标准溶液浓度。

用于直接法配制标准溶液或标定溶液浓度的物质称为基准物质，它必须符合以下要求：

① 组成恒定并与化学式相符；

② 纯度足够高（要求达 99.9%以上），杂质含量应低于分析方法允许的误差限；

③ 稳定性高，不易吸收空气中水分、CO_2，不易被空气氧化；

④ 具有较大的摩尔质量；

⑤ 参加反应时，应按确定的计量关系进行，无副反应。

表 4-1 中是部分常用的基准物质及使用前的处理操作。

表 4-1 部分常用的基准物质及使用前的处理操作

名称	化学式	式量	使用前的干燥条件
碳酸钠	Na_2CO_3	105.99	270～300℃干燥 2～2.5h
邻苯二甲酸氢钾	$KHC_8H_4O_4$	204.22	110～120℃干燥 1～2h
重铬酸钾	$K_2Cr_2O_7$	294.18	研细，100～110℃干燥 3～4h
三氧化二砷	As_2O_3	197.84	105℃干燥 3～4h
草酸钠	$Na_2C_2O_4$	134.00	130～140℃干燥 1～1.5h
碘酸钾	KIO_3	214.00	120～140℃干燥 1.5～2h
溴酸钾	$KBrO_3$	167.00	130～140℃干燥 1.5～2h
铜	Cu	63.546	用2%乙酸、水、乙醇依次洗涤后，放入干燥器中保存 24h 以上
锌	Zn	65.38	用(1+3) HCl、水、乙醇依次洗涤后，放入干燥器中保存 24h 以上
氧化锌	ZnO	81.39	800～900℃干燥 2～3h
碳酸钙	$CaCO_3$	100.09	105～110℃干燥 2～3h
氯化钠	NaCl	58.44	500～650℃干燥 40～45min
氯化钾	KCl	74.55	500～650℃干燥 40～45min
硝酸银	$AgNO_3$	169.87	在浓 H_2SO_4 干燥器中干燥至恒重

4.3.2 间接法

对于不符合基准物质条件，如 HCl、NaOH、$KMnO_4$、I_2、$Na_2S_2O_3$ 等试剂，不能用直接法配制标准滴定溶液，可采用间接法。先大致配成所需浓度的溶液，然后用基准物质或另一种标准滴定溶液来确定它的准确浓度，这个过程称为标定，这种制备标准溶液的方法也叫标定法。

标准溶液滴定的浓度准确与否直接影响分析结果的准确度。因此，配制标准溶液在方法、使用仪器、量具和试剂方面都有严格的要求。国标 GB/T 601—2002 中规定如下。

① 除另有规定外，所用试剂的纯度应在分析纯以上，所有制剂及制品应按 GB/T 601—2002 的规定制备，实验室用水应符合 GB/T 6682—2008 中三级水的规格。

② 本标准制备的标准滴定溶液的浓度，除高氯酸外，均指 20℃时的浓度。在标准滴定溶液标定、直接制备和使用时若温度有差异，应按本标准附录 A（本书附录十）补正。标准滴定溶液标定、直接制备和使用时所用分析天平、砝码、滴定管、容量瓶、单标线吸管等均需定期校正。

③ 在标定和使用标准滴定溶液时，滴定速度一般应保持在 6～8mL/min。

④ 称量基准试剂的质量的数值小于等于 0.5g 时，按精确至 0.01mg 称量；数值大于 0.5g 时，按精确至 0.1mg 称量。

⑤ 制备标准滴定溶液的浓度值应在规定浓度值的±5%范围以内。

⑥ 标定标准滴定溶液的浓度时，需两人进行实验，分别各做四平行，每人四平行测定结果极差的相对值（指测定结果的极差值与浓度平均值的比值，以“%”表示）不得大于重复性临界极差 [$C_rR_{95}(4)$] 的相对值（指重复性临界极差与浓度平均值的比值，以“%”表示）0.15%，两人共八平行测定结果极差的相对值不得大于重复性临界极差 [$C_rR_{95}(8)$] 的相对值 0.18%。取两人八平行测定结果的平均值为测定结果。在运算过程中保留五位有效数字，浓度值报出结果取四位有效数字。

⑦ 本标准中标准滴定溶液浓度平均值的扩展不确定度一般不应大于0.2%，可根据需要报出，其计算参见本标准附录B。

⑧ 本标准使用工作基准试剂标定标准滴定溶液的浓度。当对标准滴定溶液浓度值的准确度有更高要求时，可使用二级纯度标准物质或定值标准物质代替工作基准试剂进行标定或直接制备，并在计算标准滴定溶液浓度值时，将其质量分数代入计算式中。

⑨ 标准滴定溶液的浓度小于等于0.02mol·L^{-1}时，应于临用前将浓度高的标准滴定溶液用煮沸并冷却的水稀释，必要时重新标定。

⑩ 除另有规定外，标准滴定溶液在常温（15～25℃）下保存时间一般不超过两个月。溶液出现浑浊、沉淀、颜色变化等现象时，应重新制备。

⑪ 贮存标准滴定溶液的容器，其材料不应与溶液起理化作用，壁厚最薄处不小于0.5mm。

⑫ 本标准中所用溶液以“%”表示的均为质量分数，只有乙醇（95%）中的“%”为体积分数。

标准滴定溶液要定期标定，它的有效期要根据溶液的性质、存放条件和使用情况来确定，表4-2所列有效期可作参考。

表4-2　标准溶液的有效日期①

溶液名称	浓度 c_B/mol·L^{-1}	有效期/月	溶液名称	浓度 c_B/mol·L^{-1}	有效期/月
各种酸溶液	各种浓度	3	硫酸亚铁	1;0.64	20d
氢氧化钠	各种浓度	2	硫酸亚铁	0.1	用前标定
氢氧化钾-乙醇	0.1;0.5	1	亚硝酸钠	0.1;0.25	2
硫代硫酸钠	0.05;0.1	2	硝酸银	0.1	3
高锰酸钾	0.05;0.1	3	硫氰酸钾	0.1	3
碘溶液	0.02;0.1	1	亚铁氰化钾	各种浓度	1
重铬酸钾	0.1	3	EDTA	各种浓度	3
溴酸钾-溴化钾	0.1	3	锌盐溶液	0.025	2
氢氧化钡	0.05	1	硝酸铅	0.025	2

① 摘自WJ 1637—86《滴定分析用标准溶液的制备》。

4.3.3　配制溶液时的注意事项

① 某些不稳定的试剂溶液，如淀粉指示液应在使用时现配。

② 对易水解的试剂如氯化亚锡溶液，应先加适量盐酸溶解后再加水稀释。

③ 配制指示液时，需称取的指示剂量往往很小，可用分析天平称量，只要读取两位有效数字即可。

④ 配制硫酸、磷酸、硝酸、盐酸等溶液时，都应把酸倒入水中。对于溶解时放热较多的试剂，不可在试剂瓶中配制，以免炸裂。配制硫酸溶液时，应将浓硫酸分为小份慢慢倒入水中，边加边搅拌，必要时以冷水冷却烧杯外壁。

⑤ 用有机溶剂配制溶液时（如配制指示剂溶液），有时有机物溶解较慢，应不时搅拌，可以在热水浴中温热溶液，不可直接加热。易燃溶剂使用时要远离明火。几乎所有的有机溶剂都有毒，应在通风柜内操作。为避免有机溶剂不必要的蒸发，烧杯应加盖。

⑥ 配制溶液时，要合理选择试剂的级别，不要超规格使用，以免造成浪费。

⑦ 对见光易分解的如$KMnO_4$、$AgNO_3$、I_2等溶液，要贮存于棕色试剂瓶中。浓碱液应用塑料瓶装，如装在玻璃瓶中，要用橡皮塞塞紧，不能用玻璃磨口塞。

⑧ 配好的溶液要及时贴上标签。标签上的内容包括溶液名称、浓度和配制日期。对标准溶液要标明有效期。溶液中组分含量的表示一律使用法定单位。标签粘贴的位置应适中，大小要匹配，腐蚀性溶液应在标签上刷层石蜡。

⑨ 不能用手接触腐蚀性及有剧毒的溶液。剧毒废液应作解毒处理，不可直接倒入下水道。

*4.3.4 溶液浓度的调整

在化验工作中为了计算方便，有时可能需使用某一指定浓度的标准溶液，例如$c(HCl)=0.1000mol\cdot L^{-1}$的 HCl 溶液，配制的浓度可能略高或略低于此浓度，怎么办？可加水或加较浓溶液进行调整。方法如下。

（1）标定后浓度较指定浓度略高　此时可按下式加水稀释，并重新标定。

$$c_1V_1=c_2(V_1+V_{H_2O})$$

$$V_{H_2O}=\frac{V_1(c_2-c_1)}{c}$$

式中 c_1——标定后的 HCl 溶液的浓度，$mol\cdot L^{-1}$；

c_2——指定 HCl 溶液的浓度，$mol\cdot L^{-1}$；

V_1——标定后的体积，mL；

V_{H_2O}——稀释至指定浓度需加水的体积，mL。

（2）标定后浓度较指定浓度略低　此时可按下式补加较浓溶液进行调整，并重新标定。

$$c_1V_1+c_浓V_浓=c_2(V_1+V_浓)$$

$$V_浓=\frac{V_1(c_2-c_1)}{c_浓-c_2}$$

式中 c_1——标定后 HCl 溶液的浓度，$mol\cdot L^{-1}$；

c_2——指定 HCl 溶液的浓度，$mol\cdot L^{-1}$；

$c_浓$——需加浓 HCl 溶液的浓度，$mol\cdot L^{-1}$；

V_1——标定后溶液的体积，mL；

$V_浓$——需加浓 HCl 溶液的体积，mL。

*4.4 杂质测定用标准溶液的制备（GB/T 602—2002）

在 GB/T 602—2002 中对杂质测定用标准溶液的制备主要有如下规定。

① 本标准除另有规定外，所用试剂的纯度应为分析纯以上，所用标准滴定溶液、制剂及制品，应按 GB/T 601—2002、GB/T 603—2002 的规定制备，实验用水应符合 GB/T 6682—2008 中三级水规格。

② 杂质测定用标准溶液，应使用分度吸管量取。每次量取时，以不超过所量取杂质测定用标准溶液体积的三倍量选用分度吸管。

③ 杂质测定用标准溶液的量取体积应在 0.05～2.00mL。当量取体积少于 0.05mL 时，应将杂质测定用标准溶液按比例稀释，稀释的比例，以稀释后的溶液在应用时的量取体积不小于 0.05mL 为准；当量取体积大于 2.00mL 时，应在原杂质测定用标准溶液制备方法的基础上，按比例增加所用试剂和制剂的加入量，增加比例以制备后溶液在应用时的量取体积不大于 2.00mL 为准。

④ 除另有规定外，杂质测定用标准溶液，在常温（15～25℃）下，保存期一般为两个月，当出现浑浊、沉淀或颜色有变化等现象时，应重新制备。

微量分析标准溶液浓度以 $\mu g \cdot mL^{-1}$，$ng \cdot mL^{-1}$ 或 $\mu g \cdot g^{-1}$，$ng \cdot g^{-1}$ 表示，配制时应换算成标准物质的质量。考虑稀溶液的稳定性，先配制成 $mg \cdot mL^{-1}$ 的贮备液，临用前再逐级稀释成所需浓度 $\mu g \cdot mL^{-1}$，$ng \cdot mL^{-1}$ 的使用液。

微量分析（如比色法、原子吸收法等）配制标准溶液时需用基准物或纯度在分析纯以上的高纯试剂配制。浓度低于 $0.1 mg \cdot mL^{-1}$ 的标准溶液，常在临用前用较浓的标准溶液在容量瓶中稀释而成。因为太稀的离子溶液，浓度易变，不宜存放太长时间。配制离子标准溶液应按下面式子计算所需纯试剂的量，溶解后在容量瓶中稀释成一定体积，摇匀即成。

$$m=\frac{cV}{f\times 1000}$$

式中　m——纯试剂的质量，g；

c——欲配离子标准溶液的浓度，$mg \cdot mL^{-1}$；

V——欲配离子标准溶液的体积，mL；

f——换算系数。

f 由下式计算：

$$f=\frac{\text{试剂中欲配组分的式量}}{\text{试剂的式量}}$$

【例 4-4】 欲配 $10\mu g \cdot mL^{-1}$ 的锌离子标准溶液 100mL，如何配制？

解　先配 $0.1 mg \cdot mL^{-1}$ Zn^{2+} 标准溶液 1000mL 作为贮备液，然后在临用前取出部分贮备液用水稀释 10 倍即成。

配法：称取 0.1000g 金属锌，加（1＋1）HCl 20mL 溶解，转入 1L 容量瓶中，加水稀释至刻度，摇匀。此溶液浓度为 $0.1 mg \cdot mL^{-1}$（贮备液）。用移液管吸取 10.00mL 贮备液，在 100mL 容量瓶中用 $2 mol \cdot L^{-1}$ HCl 溶液稀释至刻度摇匀。此溶液浓度为 $10\mu g \cdot mL^{-1}$。

【例 4-5】 欲配 $1 mg \cdot mL^{-1}$ 的铜标准溶液 100mL，如何配制？

解　用高纯 $CuSO_4 \cdot 5H_2O$ 试剂配制

$$f=\frac{M(Cu)}{M(CuSO_4 \cdot 5H_2O)}=\frac{63.546}{249.68}=0.2545$$

$$m=\frac{1\times 100}{0.2545\times 1000}=0.3929(g)$$

配法：准确称取 $CuSO_4 \cdot 5H_2O$ 0.3929g，溶于水中，加几滴 H_2SO_4，转入 100mL 容量瓶中，用水稀释至刻度，摇匀。

本章小结

一、溶液浓度表示方法

1. 物质的量浓度

物质 B 的物质的量浓度，以 c_B 表示，单位为 $mol \cdot L^{-1}$，即

$$c_B=\frac{n_B}{V}$$

2. 质量浓度

物质B的质量浓度是指物质B的总质量除以混合物的体积，以ρ_B表示，单位为$g \cdot L^{-1}$，即

$$\rho_B = \frac{m_B}{V}$$

3. 质量分数w_B

物质B的质量分数是指物质B的质量与混合物的质量之比，以w_B表示。也可以用“百分数”表示。

4. 体积浓度φ_B

溶质B的体积除以混合物的体积称为物质B的体积分数。

5. 体积比浓度（$V_A + V_B$）

体积比浓度是指液体试剂相混合或用溶剂（大多为水）稀释时的表示方法。

6. 滴定度$T_{B/A}$

滴定度是溶液浓度的一种表示方法，它是指1mL滴定剂溶液（A）相当于待测物质（B）的质量（单位为g），单位为$g \cdot mL^{-1}$。

二、一般溶液配制

一般溶液配制精度要求不高（1～2位有效数字），试剂的质量用架盘天平称量，体积用量筒量取即可。无机物定量分析中常用的质量浓度溶液和物质的量浓度溶液的配制就可以用一般溶液配制方法制备。

三、标准溶液的配制

1. 直接法

准确称取一定量基准物质，溶解后定容于容量瓶中，用去离子水稀释至刻度，根据称量基准物质的质量和容量瓶体积计算标准溶液浓度。

2. 间接法

先大致配成所需浓度的溶液，然后用基准物质或另一种标准溶液来确定它的准确浓度。

四、配制溶液时的注意事项

详细见4.3.3。

复习思考题

一、回答下列问题

1. 化学试剂的规格有哪几种？如何选用？
2. 物质的量的定义是什么？
3. 作为基准物应具备哪些条件？
4. 什么叫标定？标定方法有哪几种？
5. 一般溶液的浓度表示方法有几种？标准溶液的浓度表示方法有几种？

二、判断题

1. 只有基准物质才能用直接法配制标准溶液。（　　）
2. 配制溶液时，所用试剂越纯越好。（　　）
3. 稀释浓硫酸时，应将水慢慢地倒入浓硫酸中。（　　）
4. 制备的标准溶液浓度与规定浓度相对误差一般不得大于5%。（　　）
5. 滴定分析用标准溶液浓度都要保留二到三位有效数字。（　　）
6. 标准溶液都有一定的有效日期。（　　）

7. 某些不稳定的试剂溶液如氯化亚锡等应在使用时现配。（　　）

8. 对见光易分解的如 $KMnO_4$、$AgNO_3$、I_2 等溶液，要贮存于塑料瓶中。（　　）

练习题

1. 写出下列反应中画线物质的基本单元。

① $\underline{HAc}+\underline{NaOH}=NaAc+H_2O$

② $\underline{Na_2CO_3}+2\,\underline{HCl}=2NaCl+CO_2+H_2O$

③ $\underline{Na_2CO_3}+\underline{HCl}=NaCl+NaHCO_3$

④ $\underline{MnO_4^-}+5\,\underline{Fe^{2+}}+8H^+=Mn^{2+}+5Fe^{3+}+4H_2O$

⑤ $\underline{H_2C_2O_4}+2\,\underline{NaOH}=Na_2C_2O_4+2H_2O$

⑥ $\underline{H_2SO_4}+\underline{Na_2CO_3}=Na_2SO_4+CO_2+H_2O$

⑦ $\underline{CaO}+2\,\underline{HCl}=CaCl_2+H_2O$

⑧ $\underline{Cr_2O_7^{2-}}+6\,\underline{Fe^{2+}}+14H^+=6Fe^{3+}+2Cr^{3+}+7H_2O$

2. 1L 溶液中含纯 H_2SO_4 4.904g，则此溶液的物质的量浓度 $c(\frac{1}{2}H_2SO_4)$ 为多少？

3. 50g $NaNO_2$ 溶于水并稀释至 250mL，则此溶液的质量浓度为多少？

4. (1+3)HCl 溶液，相当于物质的量浓度 $c(HCl)$ 为多少？

5. 将 $c(NaOH)=5mol\cdot L^{-1}$ 的 NaOH 溶液 100mL，加水稀释至 500mL，则稀释后的溶液 $c(NaOH)$ 为多少？

6. 用浓 H_2SO_4 [$\rho=1.84$，$w(H_2SO_4)=96\%$] 配制 $w(H_2SO_4)=20\%$ 的 H_2SO_4 溶液（$\rho=1.14$）1000mL，如何配制？

7. 用 $\varphi=95\%$ 酒精溶液，配制 $\varphi=70\%$ 酒精溶液 500mL，如何配制？

8. 欲配 $c(\frac{1}{5}KMnO_4)=0.5mol\cdot L^{-1}$ 溶液 300mL，如何配制？

9. $T_{HCl/NaOH}=0.004420g\cdot mL^{-1}$ HCl 溶液，相当于物质的量浓度 $c(HCl)$ 为多少？

10. 用基准物 NaCl 配制 $0.1000mg\cdot mL^{-1}$ Cl^- 的标准溶液 1000mL，如何配制？

11. 用基准物 Na_2CO_3 标定 $0.1mol\cdot L^{-1}$ HCl 溶液，若消耗 HCl 溶液 30mL，则应称取 Na_2CO_3 多少克？

12. 称取草酸（$H_2C_2O_4\cdot 2H_2O$）0.3808g，溶于水后用 NaOH 标准滴定溶液滴定，终点时消耗 NaOH 溶液 24.56mL，计算 NaOH 溶液的物质的量浓度。

5　酸碱滴定法

学习指南　酸碱滴定法是滴定分析中应用很广泛的一种方法，它是利用酸碱之间的化学反应来测定物质含量的方法。通过本章内容的学习，应该掌握常见物质水溶液 pH 值的计算方法、酸碱滴定的基本原理；掌握酸碱指示剂的变色原理及变色域，并能根据不同类型的酸碱滴定准确地选择合适的指示剂。通过技能训练能熟练地掌握规范化的滴定分析基本操作，按国家标准配制和标定酸碱标准滴定溶液，正确应用酸碱滴定法测定常见酸、碱性物质的含量。

5.1　酸碱平衡及水溶液中氢离子浓度的计算

5.1.1　酸碱质子理论

（1）酸碱的定义　质子理论认为：凡能给出质子的物质是酸，凡能接受质子的物质是碱。酸 HA 给出质子转变为共轭碱 A^-，而碱 A^- 接受质子转变为共轭酸 HA。共轭酸碱具有相互依存的关系。它们之间的质子得失反应称为酸碱半反应。如 HAc-Ac^-、NH_4^+-NH_3、H_3PO_4-$H_2PO_4^-$、$H_2PO_4^-$-HPO_4^{2-} 等共轭酸碱对。

$$HAc \rightleftharpoons H^+ + Ac^-$$

$$NH_4^+ \rightleftharpoons H^+ + NH_3$$

$$H_3PO_4 \rightleftharpoons H^+ + H_2PO_4^-$$

$$H_2PO_4^- \rightleftharpoons H^+ + HPO_4^{2-}$$

由此可见，酸和碱可以是中性分子，也可以是正离子或负离子。而 $H_2PO_4^-$ 在不同的酸碱对中分别呈现酸或碱的性质，这类物质称为两性物质，如 H_2O、$H_2PO_4^-$、HCO_3^- 均为两性物质。

（2）酸碱反应　酸碱滴定是以酸碱反应为基础的滴定分析法，又称中和法。酸碱反应的实质是质子的转移，是两个共轭酸碱对共同作用的结果。例如

$$HCl + NH_3 = NH_4^+ + Cl^-$$

在此反应中，酸 HCl 给出质子转变为共轭碱 Cl^-，而碱 NH_3 接受质子转变为共轭酸 NH_4^+。

酸和碱在水中的离解过程也是其与水分子之间的质子转移过程。水作为溶剂，在酸离解时接受质子起碱的作用，在碱离解时则失去质子起酸的作用。

（3）酸碱的强弱　在溶液中酸碱的强弱不仅决定于酸碱本身给出质子和接受质子能力的大小，还与溶剂接受和给出质子的能力有关。最常用的溶剂是水，在水溶液中酸碱的强度通常用它们在水中的离解常数 K_a 或 K_b 的大小来衡量。K_a 值越大，酸的强度越大；同样 K_b 值越大，碱的强度越大。一些常见的质子酸的离解常数见附录二。

（4）水的质子自递

$$H_2O + H_2O \rightleftharpoons H_3O^+ + OH^-$$

水既是质子酸又是质子碱，水分子之间能发生质子的传递作用，称为水的质子自递作用。

根据化学平衡原理得到

$$K_w = c(H_3O^+)c(OH^-)$$

K_w 称为水的离子积常数，简称水的离子积，表明在一定温度下水溶液中 H^+ 和 OH^- 的浓度乘积是一个常数。298K 时，$K_w = 1.0 \times 10^{-14}$。

(5) 共轭酸碱对 K_a 和 K_b 的关系　前面已经提到，共轭酸碱具有相互依存的关系。如 $HAc\text{-}Ac^-$ 共轭酸碱对中

$$HAc \rightleftharpoons H^+ + Ac^- \qquad K_a = \frac{c(H^+)c(Ac^-)}{c(HAc)}$$

$$Ac^- + H_2O \rightleftharpoons HAc + OH^- \qquad K_b = \frac{c(HAc)c(OH^-)}{c(Ac^-)}$$

由此可得
$$K_aK_b = c(H^+)c(OH^-) = K_w$$

因此，对于共轭酸碱对来说，如果酸的酸性越强（K_a 越大），则其对应共轭碱的碱性则越弱（K_b 越小）；反之，酸的酸性越弱（K_a 越小），则其对应共轭碱的碱性则越强（K_b 越大）。

当然，只要知道酸或碱的离解常数，就能求出其共轭碱或酸的离解常数。

【例 5-1】 已知 HAc 的 $K_a = 1.8 \times 10^{-5}$，求其共轭碱 Ac^- 的 K_b 值。

解
$$K_b = \frac{K_w}{K_a} = \frac{1 \times 10^{-14}}{1.8 \times 10^{-5}} = 5.6 \times 10^{-10}$$

酸碱平衡即质子转移平衡，是动态的、有条件的，如在弱酸或弱碱溶液中，增大其浓度或加入其他物质，则酸碱平衡都会发生移动。

酸碱滴定中常用的滴定剂一般都是强酸或强碱水溶液，如 HCl、H_2SO_4、NaOH 和 KOH 溶液等；被滴定的是各种具有碱性或酸性的物质，如 NaOH、NH_3、Na_2CO_3、HCl、HAc、H_3PO_4 溶液等。弱酸与弱碱之间的滴定，由于滴定突跃太小，实际意义不大，一般不予讨论。

在酸碱滴定中，最重要的是要了解滴定过程中溶液 pH 值的变化规律，并根据 pH 值的变化规律选择合适的指示剂来确定滴定终点，然后通过计算求出待测组分的含量。为此下面讨论酸碱平衡中有关 H^+ 浓度的计算。

首先要明确一个问题：酸的浓度和酸度是两个不同的概念，酸度是指溶液中 H^+ 的浓度（准确地说是 H^+ 的活度），常用 pH 值来表示。酸的浓度又叫酸的分析浓度，它是指 1L 溶液中所含某种酸的物质的量，即总浓度，它包括未离解和已离解酸的浓度。

同样，碱度和碱的浓度在概念上也是不同的，碱度常用 pOH 表示。酸或碱的浓度可用酸碱滴定法来确定。

5.1.2　强酸或强碱溶液

强酸或强碱在水溶液中全部离解，故在一般情况下，酸碱度计算比较简单。一元强酸溶液中氢离子的浓度等于该酸溶液的浓度；一元强碱溶液中氢氧根离子的浓度等于该碱溶液的浓度。例如

在 $c(HCl) = 0.1mol \cdot L^{-1}$ HCl 溶液中，$c(H^+) = c(HCl) = 0.1mol \cdot L^{-1}$；

在 $c(H_2SO_4) = 0.1mol \cdot L^{-1}$ H_2SO_4 溶液中，$c(H^+) = 2c(H_2SO_4) = 0.2mol \cdot L^{-1}$；

在 $c(NaOH)=0.1mol \cdot L^{-1}$ NaOH 溶液中，$c(OH^-)=c(NaOH)=0.1mol \cdot L^{-1}$。

5.1.3 一元弱酸（碱）溶液

设一元弱酸 HA 溶液的浓度为 $c mol \cdot L^{-1}$，它在水溶液中有如下离解平衡：

$$HA \rightleftharpoons H^+ + A^-$$

$$K_a=\frac{c(H^+)c(A^-)}{c(HA)} \tag{5-1}$$

式中 $c(H^+)$ ——平衡时 H^+ 的浓度，$mol \cdot L^{-1}$；

$c(A^-)$ ——平衡时 A^- 的浓度，$mol \cdot L^{-1}$；

$c(HA)$ ——平衡时 HA 未电离部分的浓度，$mol \cdot L^{-1}$；

K_a——HA 的电离平衡常数，简称离解常数。

HA 溶液中的 H^+ 浓度可以根据溶液的浓度 c 和离解常数 K_a 计算求得。对于浓度为 c 的一元弱酸来说，HA 离解时，一个 HA 分子离解产生一个 H^+ 和一个 A^-，因此，溶液中 H^+ 和 A^- 的浓度相等，即

$$c(H^+)=c(A^-)$$

而未电离部分的 HA 分子浓度应等于溶液 HA 的浓度减去 H^+（或 A^-）的浓度，即

$$c(HA)=c-c(H^+)$$

将平衡时各组分的浓度代入式(5-1)，得

$$K_a=\frac{c(H^+)c(A^-)}{c(HA)}=\frac{c^2(H^+)}{c-c(H^+)}$$

由于酸的离解常数通常相当小，当 $c/K_a \geqslant 500$ 时，已离解的酸极少，$c(HA)=c-c(H^+) \approx c$，则

$$c(H^+)=\sqrt{cK_a} \tag{5-2}$$

这是计算一元弱酸溶液中 H^+ 浓度的最简式。

同理可得到计算一元弱碱溶液中 OH^- 浓度的最简式：

$$c(OH^-)=\sqrt{cK_b} \tag{5-3}$$

【例 5-2】 在 $0.1mol \cdot L^{-1}$ HAc 溶液中，H^+ 的浓度为多少？pH 又为多少？

解 已知 HAc 的离解常数 $K_a=1.76\times10^{-5}$　　$c/K_a=c/1.76\times10^{-5} \geqslant 500$

$$HAc \rightleftharpoons H^+ + Ac^-$$

$$c(H^+)=\sqrt{cK_a}=\sqrt{0.1\times1.76\times10^{-5}}$$

$$=1.33\times10^{-3}(mol \cdot L^{-1})$$

故　　pH=2.88

【例 5-3】 在 $0.1mol \cdot L^{-1}$ $NH_3 \cdot H_2O$ 溶液中，OH^- 的浓度为多少？pH 又为多少？

解 已知 $NH_3 \cdot H_2O$ 的离解常数 $K_b=1.77\times10^{-5}$　　$c/K_b=c/1.77\times10^{-5} \geqslant 500$

$$NH_3 \cdot H_2O \rightleftharpoons NH_4^+ + OH^-$$

$$c(OH^-)=\sqrt{cK_b}=\sqrt{0.1\times1.77\times10^{-5}}$$

$$=1.33\times10^{-3}(mol \cdot L^{-1})$$

故　　pOH=2.88　　pH=11.12

5.1.4 多元弱酸（碱）溶液

有许多弱酸是多元弱酸，如 H_2S、H_3PO_4、H_2CO_3 等，它们在溶液中是逐级离解的，

是一种复杂的酸碱平衡体系，若要严格地处理这样复杂的体系比较麻烦，本教材只作近似计算。由于它们的各级离解常数是$K_1>K_2>K_3$，而且与第一级相比，第二级、第三级离解产生的H^+相当少，可忽略不计。因此，多元弱酸的相对强弱通常用它的第一级离解常数来衡量，多元弱酸溶液中的H^+浓度可按一元弱酸的计算公式来处理。

多元弱碱溶液pH值的计算与此类似。

【例5-4】 室温时，H_2CO_3饱和溶液中H_2CO_3的浓度约为$0.04mol\cdot L^{-1}$，计算这种溶液pH值为多少？

解 H_2CO_3在水中分两步离解：

$$H_2CO_3 \rightleftharpoons H^+ + HCO_3^-$$

$$HCO_3^- \rightleftharpoons H^+ + CO_3^{2-}$$

$$K_1=4.2\times10^{-7} \qquad K_2=5.6\times10^{-11}$$

由于$c\gg K_1\gg K_2$，因此可以按式(5-2)计算溶液的pH值。

$$c(H^+)=\sqrt{cK_1}=\sqrt{0.04\times4.2\times10^{-7}}$$

$$=1.3\times10^{-4}(mol\cdot L^{-1}) \qquad pH=3.9$$

*5.1.5　两性物质溶液

两性物质如$NaHCO_3$之类，HCO_3^-既可以从溶剂中获得质子转变为H_2CO_3，也可失去质子转变为共轭碱CO_3^{2-}。一般来说，当$NaHCO_3$浓度较大时，溶液的H^+浓度可按下式作近似计算：

$$c(H^+)=\sqrt{K_{a1}K_{a2}} \tag{5-4}$$

对于NaH_2PO_4和Na_2HPO_4可分别按式(5-5)和式(5-6)计算：

$$c(H^+)=\sqrt{K_{a1}K_{a2}} \tag{5-5}$$

$$c(H^+)=\sqrt{K_{a2}K_{a3}} \tag{5-6}$$

【例5-5】 计算$0.10mol\cdot L^{-1}$ $NaHCO_3$溶液的pH值。

解 已知H_2CO_3的$K_{a1}=4.2\times10^{-7}$　　$K_{a2}=5.6\times10^{-11}$

$$c(H^+)=\sqrt{K_{a1}K_{a2}}=\sqrt{4.2\times10^{-7}\times5.6\times10^{-11}}$$

$$=4.85\times10^{-9}\ (mol\cdot L^{-1})$$

$$pH=8.31$$

5.1.6　酸碱缓冲溶液

酸碱缓冲溶液就是加入溶液中能控制pH值仅发生可允许的变化的溶液。也就是使溶液的pH值不因外加少量酸、碱或稀释而发生显著变化。

缓冲溶液一般是由弱酸及其共轭碱（如HAc+NaAc）、弱碱及其共轭酸（如NH_3+NH_4Cl）以及两性物质（如$Na_2HPO_4+NaH_2PO_4$）等组成。在高浓度的强酸或强碱溶液中，由于H^+或OH^-的浓度本来就很大，因此，外加少量酸或碱时也不会对溶液的酸碱度产生多大的影响，在这种情况下，强酸或强碱也是缓冲溶液。它们主要是高酸度（pH<2）和高碱度（pH>12）时的缓冲溶液。由弱酸及其共轭碱组成的缓冲溶液pH<7，称为酸式缓冲溶液；由弱碱及其共轭酸组成的缓冲溶液pH>7，称为碱式缓冲溶液。

在无机物定量分析中用到的缓冲溶液，都是用来控制酸度的，称为一般缓冲溶液。有一些缓冲溶液则是在用酸度计测量溶液pH值时作为参照标准用的，称为标准缓冲溶液。

5.1.6.1 缓冲溶液pH值的计算

配制缓冲溶液时，可以查阅有关手册按配方进行配制也可通过计算后再配制。

(1) 酸式缓冲溶液pH值的计算公式如下：

$$c(\mathrm{H^+})=K_a\times\frac{c(\text{酸})}{c(\text{共轭碱})}$$

$$\mathrm{pH}=\mathrm{p}K_a+\lg\frac{c(\text{共轭碱})}{c(\text{酸})} \tag{5-7}$$

(2) 碱式缓冲溶液pH值的计算公式如下

$$c(\mathrm{OH^-})=K_b+\lg\frac{c(\text{碱})}{c(\text{共轭酸})}$$

$$\mathrm{pOH}=\mathrm{p}K_b+\lg\frac{c(\text{共轭酸})}{c(\text{碱})}$$

$$\mathrm{pH}=14-\mathrm{p}K_b-\lg\frac{c(\text{共轭酸})}{c(\text{碱})} \tag{5-8}$$

(3) 由两性物质（如$NaHCO_3$）组成的缓冲溶液pH值的计算公式如下：

$$\mathrm{pH}=\frac{1}{2}\mathrm{p}K_{a1}+\frac{1}{2}\mathrm{p}K_{a2} \tag{5-9}$$

*5.1.6.2 缓冲容量和缓冲范围

缓冲溶液的缓冲作用是有一定限度的，对每一种缓冲溶液而言，只有在加入一定数量的酸或碱时，才能保持溶液的pH值基本不变。当加入酸或碱量较大时，缓冲溶液就失去缓冲能力。所以，每一种缓冲溶液只是具有一定的缓冲能力，通常用缓冲容量来衡量缓冲溶液缓冲能力的大小。缓冲容量是使1L缓冲溶液的pH值增加或减少极小值时所需要加入强碱或强酸的“物质的量”(mol)。显然，所需加入量愈大，溶液的缓冲能力愈大。

缓冲容量的大小与缓冲溶液的总浓度及其组分比有关。缓冲剂的浓度愈大，其缓冲容量也愈大。缓冲溶液的总浓度一定时，缓冲组分比等于1时，缓冲容量最大，缓冲能力最强。通常将两组分的浓度比控制在0.1～10比较合适。

缓冲溶液所能控制的pH值范围称为缓冲溶液的缓冲范围。对于酸式缓冲溶液其缓冲范围为$\mathrm{p}K_a$两侧各一个pH单位，

$$\mathrm{pH}=\mathrm{p}K_a\pm1$$

例如HAc-NaAc缓冲体系，$\mathrm{p}K_a=4.74$，其缓冲范围为3.74～5.74。对于碱式缓冲溶液其缓冲范围为$\mathrm{p}K_b$两侧各一个pH单位。

$$\mathrm{pOH}=\mathrm{p}K_b\pm1 \qquad \mathrm{pH}=14-\mathrm{pOH}=14-(\mathrm{p}K_b\pm1)$$

例如$NH_3\cdot H_2O$-NH_4Cl缓冲体系，$\mathrm{p}K_b=4.74$，其缓冲范围为8.26～10.26。

5.1.6.3 缓冲溶液的选择

在选择缓冲溶液时，除要求缓冲溶液对分析反应没有干扰、有足够的缓冲能力外，其pH值应该在所要求的酸度范围之内。为此，组成缓冲溶液的弱酸的$\mathrm{p}K_a$值应等于或接近于所需的pH值；或组成缓冲溶液的弱碱的$\mathrm{p}K_b$值应等于或接近于所需的pOH值。例如，需要pH为5.0左右的缓冲溶液，可以选用HAc-NaAc缓冲体系；如需要pH为9.0左右的缓冲溶液，可以选用$NH_3\cdot H_2O$-NH_4Cl缓冲体系。

实际应用中，使用的缓冲溶液在缓冲容量允许的情况下适当稀一点好。目的是既节省药品，又避免引入过多的杂质而影响测定。一般要求缓冲组分的浓度控制在0.05～0.5mol·

L^{-1}即可。

5.1.6.4 缓冲溶液的配制

配制一般缓冲溶液时，可以根据有关公式通过计算确定所用有关组分的量，然后配制所需体积的缓冲溶液。

【例 5-6】 实验室里如何配制 1L pH=5.0，具有中等缓冲能力的缓冲溶液？

解 由于 HAc 的 $pK_a=4.74$，接近 5.0，故选用 HAc-NaAc 缓冲体系。

根据式(5-7)

$$pH=pK_a+\lg\frac{c(\text{共轭碱})}{c(\text{酸})}$$

$$5.0=4.74+\lg\frac{c(Ac^-)}{c(HAc)}$$

$$\frac{c(Ac^-)}{c(HAc)}=1.82$$

可以求出缓冲对的浓度比。

为了使缓冲溶液具有中等缓冲能力和计算的方便，现在选用 $0.10mol \cdot L^{-1}$ HAc 和 $0.10mol \cdot L^{-1}$ NaAc 溶液来配制。下面来求出两者的体积比：

$$\frac{c(Ac^-)}{c(HAc)}=\frac{V(NaAc)}{V(HAc)}=1.82$$

由于混合前 $c(HAc)=c(NaAc)=0.10mol \cdot L^{-1}$

混合后 $V(NaAc)=1.82V(HAc)$

为了配制 1L 缓冲溶液，则 $V(HAc)+V(NaAc)=1000$

即 $1.82V(HAc)+V(HAc)=1000$

故 $V(HAc)=355(mL)$

$V(NaAc)=645(mL)$

计算表明，将 360mL $0.10mol \cdot L^{-1}$ HAc 和 640mL $0.10mol \cdot L^{-1}$ NaAc 溶液混合，即可配制好 pH=5.0 的缓冲溶液。

几种常用缓冲溶液的配制方法列于表 5-1。

表 5-1 常用缓冲溶液配制方法

pH 值	缓冲溶液	配制方法
0	强酸	$1mol \cdot L^{-1}$ HCl 溶液①
1	强酸	$0.1mol \cdot L^{-1}$ HCl 溶液
2	强酸	$0.01mol \cdot L^{-1}$ HCl 溶液
3	HAc-NaAc	0.8g $NaAc \cdot 3H_2O$ 溶于水，加入 5.4mL 冰醋酸，稀释至 1000mL
4	HAc-NaAc	54.4g $NaAc \cdot 3H_2O$ 溶于水，加入 92mL 冰醋酸，稀释至 1000mL
4～5	HAc-NaAc	68.0g $NaAc \cdot 3H_2O$ 溶于水，加入 2.86mL 冰醋酸，稀释至 1000mL
6	HAc-NaAc	100g $NaAc \cdot 3H_2O$ 溶于水，加入 5.7mL 冰醋酸，稀释至 1000mL
7	NH_4Ac	154g NH_4Ac 溶于水，稀释至 1000mL
8	$NH_3 \cdot H_2O$-NH_4Cl	100g NH_4Cl 溶于水，加浓氨水 7mL，稀释至 1000mL
9	$NH_3 \cdot H_2O$-NH_4Cl	70g NH_4Cl 溶于水，加浓氨水 48mL，稀释至 1000mL
10	$NH_3 \cdot H_2O$-NH_4Cl	54g NH_4Cl 溶于水，加浓氨水 350mL，稀释至 1000mL
11	$NH_3 \cdot H_2O$-NH_4Cl	26g NH_4Cl 溶于水，加浓氨水 414mL，稀释至 1000mL
12	强碱	$0.01mol \cdot L^{-1}$ NaOH 溶液②
13	强碱	$0.1mol \cdot L^{-1}$ NaOH 溶液

① 不能有 Cl^- 时，可用 HNO_3 代替。

② 不能有 Na^+ 时，可用 KOH 代替。

5.2　酸碱指示剂

用酸碱滴定法测定物质含量时，滴定过程中发生的化学反应外观上是没有变化的，通常需要利用酸碱指示剂颜色的改变来指示滴定终点的到达。

5.2.1　酸碱指示剂的变色原理及变色域

5.2.1.1　酸碱指示剂的变色原理

酸碱指示剂一般是弱的有机酸或有机碱，在溶液中它们部分离解。由于分子和离子具有不同的结构，因而在溶液中呈现不同的颜色。例如，酚酞是一种有机弱酸，它们在溶液中存在如下的离解平衡：

$$\underset{\text{(无色分子)}}{H_2In} \rightleftharpoons \underset{\text{(红色离子)}}{2H^+ + In^-}$$

随着溶液中 H^+ 浓度的不断改变，上述离解平衡不断被破坏。当加入酸时，平衡向左移动，生成无色的酚酞分子，使溶液呈现无色。当加入碱时，碱中 OH^- 与 H^+ 结合生成水，使 H^+ 的浓度减小，平衡向右移动，红色、醌式结构的酚酞离子增多，使溶液呈现粉红色。酚酞的离解过程可表示如下：

$$\underset{\text{(无色)}}{H_2In} + 2H_2O \overset{K_{a1}}{\rightleftharpoons} \underset{\text{(无色)}}{HIn^-} + H_3O^+ \overset{K_{a2}}{\rightleftharpoons} \underset{\text{(红色)}}{In^{2-}} + H_3O^+$$

又如甲基橙是一种两性物质，它在溶液中存在如下平衡：

$$Na^{+}\,^{-}O_3S\text{—}C_6H_4\text{—}N{=}N\text{—}C_6H_4\text{—}N(CH_3)_2 + H_3O^+ \rightleftharpoons Na^{+}\,^{-}O_3S\text{—}C_6H_4\text{—}NH\text{—}N{=}C_6H_4{=}\overset{+}{N}(CH_3)_2 + H_2O$$

(黄色分子，偶氮结构，碱式)　　(红色离子，醌式结构，酸式)

5.2.1.2　酸碱指示剂的变色域

为了说明指示剂颜色的变化与酸度的关系，现以 HIn 代表指示剂的酸式色型，In^- 代表指示剂的碱式色型，在溶液中存在如下平衡：

$$\underset{\text{(酸式色型)}}{HIn} \rightleftharpoons \underset{\text{(碱式色型)}}{H^+ + In^-}$$

$$K(HIn) = \frac{c(H^+)c(In^-)}{c(HIn)} \tag{5-10}$$

K(HIn) 是指示剂的离解常数，也称为酸碱指示剂常数。其数值取决于指示剂的性质和溶液的温度。式(5-10) 可改写为：

$$c(H^+) = K(HIn) \times \frac{c(HIn)}{c(In^-)}$$

$$pH = pK(HIn) - \lg\frac{c(HIn)}{c(In^-)} \tag{5-11}$$

由式(5-11) 可知，酸碱指示剂颜色的变化是由 $c(HIn)/c(In^-)$ 的比值决定的。但由于人眼对颜色的敏感度有限，因此：

当 $c(\mathrm{HIn})/c(\mathrm{In^-})\geqslant 10$，即 $\mathrm{pH}\leqslant \mathrm{p}K(\mathrm{HIn})-1$ 时，只能看到酸式色；

当 $c(\mathrm{HIn})/c(\mathrm{In^-})\leqslant 0.1$，即 $\mathrm{pH}\geqslant \mathrm{p}K(\mathrm{HIn})+1$ 时，只能看到碱式色；

当 $10>c(\mathrm{HIn})/c(\mathrm{In^-})>0.1$ 时，看到的是它们的混合颜色。

只有当溶液的 pH 值由 $\mathrm{p}K(\mathrm{HIn})-1$ 变化到 $\mathrm{p}K(\mathrm{HIn})+1$ 时，溶液的颜色才由酸式色变为碱式色，这时候人们的视觉才能明显看出指示剂颜色的变化。将人的视觉能明显看出指示剂由一种颜色变成另一种颜色的 pH 范围，称为指示剂的变色域。

指示剂的 $\mathrm{p}K(\mathrm{HIn})$ 不同，变色域也不同。当 $c(\mathrm{HIn})=c(\mathrm{In^-})$ 时，$\mathrm{pH}=\mathrm{p}K(\mathrm{HIn})$。此时的 pH 值称为酸碱指示剂的理论变色点。在一系列不同 pH 值的溶液中，加入一滴甲基橙指示剂，可以看出溶液颜色的变化。

红色	红橙色	橙色	黄橙色	黄色
pH=3.1 酸式色	←——→	pH=4	←——→	pH=4.4 碱式色

由此可知：甲基橙指示剂的变色域是 pH=3.1～4.4；理论变色点是 pH=4。

一般指示剂的变色域不大于 2 个 pH 单位，不小于 1 个 pH 单位。这是从理论上推导出来的变色域，它只能说明变色域的由来。因为人们的视觉对各种颜色的敏感程度不同，而且两种颜色还会有互相掩盖的作用以致影响观察，因此，实际变色域并不完全一致，通常小于 2 个 pH 单位。

指示剂的变色域越窄越好，这样溶液的 pH 值稍有变化就可观察到溶液颜色的改变，有利于提高测定的准确度。

5.2.2 常用的酸碱指示剂及其配制

常用酸碱指示剂的变色域及其配制浓度列于表 5-2。大多数指示剂的变色域为 1.6～1.8 个 pH 单位。

表 5-2 几种常用的酸碱指示剂

指示剂	变色域 pH 值	颜色		$\mathrm{p}K(\mathrm{HIn})$	配制浓度
		酸色	碱色		
百里酚蓝	1.2～2.8	红	黄	1.65	$1\mathrm{g\cdot L^{-1}}$乙醇溶液
甲基黄	2.9～4.0	红	黄	3.25	$1\mathrm{g\cdot L^{-1}}$ ρ(乙醇)=90%乙醇溶液
甲基橙	3.1～4.4	红	黄	3.45	$1\mathrm{g\cdot L^{-1}}$水溶液(配制时用加热至 70℃的水)
溴酚蓝	3.0～4.6	黄	紫	4.1	$0.4\mathrm{g\cdot L^{-1}}$乙醇溶液或其钠盐的水溶液
溴甲酚绿	3.8～5.4	黄	蓝	4.7	$1\mathrm{g\cdot L^{-1}}$乙醇溶液或 $1\mathrm{g\cdot L^{-1}}$水溶液加 2.9mL $0.05\mathrm{mol\cdot L^{-1}}$ NaOH 溶液
甲基红	4.4～6.2	红	黄	5.0	$1\mathrm{g\cdot L^{-1}}$乙醇溶液或 $1\mathrm{g\cdot L^{-1}}$水溶液
溴百里酚蓝	6.2～7.6	黄	蓝	7.3	$1\mathrm{g\cdot L^{-1}}$ ρ(乙醇)=20%乙醇溶液或其钠盐的水溶液
中性红	6.8～8.0	红	黄	7.4	$1\mathrm{g\cdot L^{-1}}$ ρ(乙醇)=60%乙醇溶液
酚红	6.8～8.0	黄	红	8.0	$1\mathrm{g\cdot L^{-1}}$ ρ(乙醇)=60%乙醇溶液或其钠盐的水溶液
酚酞	8.0～10	无	红	9.1	$10\mathrm{g\cdot L^{-1}}$乙醇溶液
百里酚酞	9.4～10.6	无	蓝	10.0	$1\mathrm{g\cdot L^{-1}}$乙醇溶液

【注意】 酚酞指示剂在浓烧碱溶液中不显红色，这是因为酚酞的醌式结构在浓碱溶液中

(pH＝13～14) 不稳定，它会慢慢地转变成无色的甲醇式结构，在浓的强碱溶液中会很快褪色。

5.2.3 混合指示剂

单一指示剂的变色域都较宽，其中有些指示剂如甲基橙，其变色过程中有过渡色，不易辨别。而混合指示剂具有变色域窄、变色明显等优点。

混合指示剂有两种配制方法：

① 用一种酸碱指示剂与另一种不随溶液中 H^+ 浓度变化而改变颜色的染料混合而成；

② 用两种酸碱指示剂混合而成。

混合指示剂变色敏锐的原理可以用下例来说明。

例如，甲基红和溴甲酚绿两种指示剂所组成的混合指示液。

溶液酸度	甲基红	溴甲酚绿	甲基红＋溴甲酚绿
pH≤4.0	红色	黄色	橙色
pH＝5.0	橙红色	绿色	灰色
pH≥6.2	黄色	蓝色	绿色

混合指示剂颜色变化明显与否，还与二者的混合比例有关，在配制时要加以注意。

常用混合指示剂及其配制见表 5-3。

表 5-3 常用混合指示剂

指示剂组成	配制比例	变色点(pH)	颜色		备 注
			酸色	碱色	
1g·L⁻¹甲基黄乙醇溶液 1g·L⁻¹亚甲基蓝乙醇溶液	1＋1	3.25	蓝紫	绿	pH＝3.4 绿色，pH＝3.2 蓝紫色
1g·L⁻¹甲基橙水溶液 2.5g·L⁻¹靛蓝二磺酸水溶液	1＋1	4.1	紫	黄绿	
1g·L⁻¹溴甲酚绿乙醇溶液 2g·L⁻¹甲基红乙醇溶液	3＋1	5.1	酒红	绿	
1g·L⁻¹甲基红乙醇溶液 1g·L⁻¹亚甲基蓝乙醇溶液	2＋1	5.4	红紫	绿	pH＝5.2 红紫色，pH＝5.4 暗蓝色，pH＝5.6 绿色
1g·L⁻¹溴甲酚绿钠盐水溶液 1g·L⁻¹氯酚红钠盐水溶液	1＋1	6.1	黄绿	蓝紫	pH＝5.4 蓝绿色，pH＝5.8 蓝色，pH＝6.0 蓝带紫色，pH＝6.2 蓝紫色
1g·L⁻¹中性红乙醇溶液 1g·L⁻¹亚甲基蓝乙醇溶液	1＋1	7.0	蓝紫	绿	pH＝7.0 紫蓝色
1g·L⁻¹甲酚红乙醇溶液或钠盐水溶液 1g·L⁻¹百里酚蓝乙醇溶液或水溶液	1＋3	8.3	黄	紫	pH＝8.2 玫瑰色，pH＝8.4 紫色
1g·L⁻¹百里酚蓝 50%乙醇溶液 1g·L⁻¹酚酞 50%乙醇溶液	1＋3	9.0	黄	紫	由黄到绿再到紫色
1g·L⁻¹百里酚酞乙醇溶液 1g·L⁻¹茜素黄乙醇溶液	2＋1	10.2	黄	紫	

溶液的 pH 值是怎样测定的？

测定溶液 pH 值的方法很多，用酸度计可以准确测定溶液的 pH 值。但是在实际工作中往往只需要知道溶液的 pH 值大致是多少，以便及时调节和控制，这个时候常用酸碱指示剂和 pH 值试纸。

pH 值试纸又是如何制成的呢？

有一类酸碱混合指示剂是由几种指示剂混合配制而成，它能在不同的 pH 值下显示出不同的颜色，通常称为万用指示剂，也称广范围指示剂。如果将滤纸条浸在这种混合指示液中、再晾干，就制成 pH 试纸。它能在不同 pH 值下显示出不同的颜色，将它与标准色板相比较，就可以粗略地测定出溶液的 pH 值，使用方便。

酸碱指示剂是怎样发现的？

酸碱指示剂是检验溶液酸碱性的常用化学试剂，像科学上的许多其它发现一样，酸碱指示剂的发现是化学家善于观察、勤于思考、勇于探索的结果。

300 多年前，英国年轻的科学家波义耳在化学实验中偶然捕捉到一种奇特的实验现象，有一天清晨，波义耳正准备到实验室去做实验，一位花木工为他送来一篮非常鲜美的紫罗兰，喜爱鲜花的波义耳随手取下一块带进了实验室，把鲜花放在实验桌上开始了实验，当他从大瓶里倾倒出盐酸时，一股刺鼻的气体从瓶口涌出，倒出的淡黄色液体也冒白雾，还有少许酸沫飞溅到鲜花上，他想“真可惜，盐酸弄到鲜花上了”，为洗掉花上的酸沫，他把花放到水里，一会儿发现紫罗兰颜色变红了，当时波义耳既新奇又兴奋，他认为，可能是盐酸使紫罗兰颜色变红色，为进一步验证这一现象，他立即返回住所，把那篮鲜花全部拿到实验室，取了当时已知的几种酸的稀溶液，把紫罗兰花瓣分别放入这些稀酸中，结果现象完全相同，紫罗兰都变为红色。由此他推断，不仅盐酸，而且其它各种酸都能使紫罗兰变为红色。他想，这太重要了，以后只要把紫罗兰花瓣放进溶液，看它是不是变红色，就可判别这种溶液是不是酸。偶然的发现，激发了科学家的探求欲望，后来，他又弄来其它花瓣做试验，并制成花瓣的水或酒精的浸液，用它来检验是不是酸，同时用它来检验一些碱溶液，也产生了一些变色现象。

这位追求真知、永不困倦的科学家，为了获得丰富、准确的第一手资料，还采集了药草、牵牛花、苔藓、月季花、树皮和各种植物的根……泡出了多种颜色的不同浸液，有些浸液遇酸变色，有些浸液遇碱变色，不过有趣的是，他从石蕊苔藓中提取的紫色浸液，酸能使它变红色，碱能使它变蓝色，这就是最早的石蕊试液，波义耳把它称作指示剂。为使用方便，波义耳用一些浸液把纸浸透、烘干制成纸片，使用时只要将小纸片放入被检测的溶液，纸片上就会发生颜色变化，从而显示出溶液是酸性还是碱性。今天，我们使用的石蕊试纸、酚酞试纸、pH 试纸，就是根据波义耳的发现原理研制而成的。

后来，随着科学技术的进步和发展，许多其它的指示剂也相继被另一些科学家所发现。

5.3　酸碱滴定法的基本原理

前面已经讨论了酸碱指示剂的变色原理，它能随着溶液 pH 值的变化而改变颜色。为了能在滴定中正确地选择适宜的指示剂，让它在滴定的化学计量点附近发生颜色变化，以指示滴定终点的到达，就必须要了解酸碱滴定过程中溶液 pH 值的变化规律，尤其是在化学计量点附近，加入一滴酸或碱标准滴定溶液所引起的 pH 值变化。因为只有在这一滴之差所引起的 pH 值变化中，能够包括某一指示剂的变色域时，此指示剂才能用来指示出滴定终点。表示滴定过程中溶液 pH 值随标准滴定溶液用量变化而改变的曲线称为滴定曲线。

由于酸碱有强弱之分，在各种不同类型的酸碱滴定过程中，溶液 pH 值的变化情况是不同的。下面讨论几种类型的滴定曲线以及指示剂的选择问题。

5.3.1 强碱（酸）滴定强酸（碱）

强碱强酸在溶液中是完全离解的，酸以 H^+ 形式存在、碱以 OH^- 形式存在。

滴定的基本反应为：

$$H^+ + OH^- = H_2O$$

以 $c(NaOH)=0.1000mol \cdot L^{-1}$ 的 NaOH 标准滴定溶液滴定 20.00mL $c(HCl)=0.1000mol \cdot L^{-1}$ 的 HCl 溶液为例来研究滴定过程中溶液 pH 值的变化情况。

（1）滴定前　滴定前溶液的 pH 值取决于 HCl 溶液的原始浓度

$$c(H^+)=c(HCl)=0.1000mol \cdot L^{-1}$$

$$pH=1.00$$

（2）滴定开始至化学计量点前　随着 NaOH 标准滴定溶液的逐滴加入，溶液中的 H^+ 浓度不断减小，溶液的 pH 值由剩余的 HCl 量决定。

$$c(H^+)=c(HCl_{剩余})=\frac{c(HCl)V(HCl_{剩余})}{V_{总}}=\frac{c(HCl)V(HCl)-c(NaOH)V(NaOH)}{V(HCl)+V(NaOH)}$$

按照这个计算式，可以知道：

当滴入 18.00mL NaOH 溶液时，即溶液中有 90.00%HCl 被中和，总体积为 38.00mL，剩余的 HCl 体积为 2.00mL，此时 $c(H^+)=5.30\times10^{-3}$（$mol \cdot L^{-1}$）

$$pH=2.28$$

滴入 19.80mL NaOH 溶液时，即溶液中有 99.00%HCl 被中和，

$$c(H^+)=5.00\times10^{-4}(mol \cdot L^{-1})$$

$$pH=3.30$$

滴入 19.98mL NaOH 溶液时，即溶液中有 99.90% HCl 被中和，

$$c(H^+)=5.00\times10^{-5}\ (mol \cdot L^{-1})$$

$$pH=4.30$$

（3）化学计量点时　已滴入 20.00mL NaOH 溶液，即溶液中的 HCl 完全被中和，此时溶液组成为 NaCl，溶液呈中性。

$$c(H^+)=c(OH^-)=1.00\times10^{-7}\ (mol \cdot L^{-1})$$

$$pH=7.00$$

（4）化学计量点后　溶液组成为 NaCl 和过量的 NaOH，溶液呈碱性，其碱度取决于过量 NaOH 的浓度，OH^- 的浓度可按下式计算：

$$c(OH^-)=c(NaOH_{过量})=\frac{c(NaOH)V(NaOH_{过量})}{V_{总}}$$

当滴入 20.02mL NaOH 溶液时，过量 NaOH 的体积为 0.02mL，即过量 0.1%，溶液总体积为 40.02mL。

$$c(OH^-)=\frac{0.1000\times0.02}{40.02}=5.0\times10^{-5}(mol \cdot L^{-1})$$

$$pOH=4.30 \qquad pH=9.70$$

如此逐一计算，将计算结果列于表 5-4 中。如果以 NaOH 溶液的加入量（或中和百分数）为横坐标，以 pH 值为纵坐标来绘制曲线，就得到酸碱滴定曲线（图 5-1)。它表示了滴

定过程中溶液的 pH 值随标准滴定溶液用量变化而改变的规律。

表 5-4 用 $c(NaOH)=0.1000mol\cdot L^{-1}$ 的 NaOH 溶液滴定 20.00mL $c(HCl)=0.1000mol\cdot L^{-1}$ 的 HCl 溶液的 pH 变化

加入 NaOH 溶液的体积/mL	中和百分数/%	过量 NaOH 溶液的体积/mL	$c(H^+)/mol\cdot L^{-1}$	pH	
0.00	0.00		1×10^{-1}	1.00	
18.00	90.00		5.26×10^{-3}	2.28	
19.80	99.00		5.02×10^{-4}	3.30	
19.96	99.80		1.00×10^{-4}	4.00	
19.98	99.90		5.00×10^{-5}	4.30	突跃范围
20.00	100.0		1.00×10^{-7}	7.00	
20.02	100.1	0.02	2.00×10^{-10}	9.70	
20.04	100.2	0.04	1.00×10^{-10}	10.00	
20.20	101.0	0.20	2.00×10^{-11}	10.70	
22.00	110.0	2.00	2.10×10^{-12}	11.70	
40.00	200.0	20.00	3.33×10^{-13}	12.52	

从表 5-4 和图 5-1 可以看出，在远离化学计量点时，随着 NaOH 溶液的加入，溶液的 pH 值变化非常缓慢。而在化学计量点附近，NaOH 溶液的加入量对 pH 值的影响却非常明显。从中和剩余 0.02mL HCl 到过量 0.02mL NaOH 溶液，即滴定由不足 0.1%到过量 0.1%，总共才加入 0.04mL（1 滴）NaOH 溶液，但是溶液的 pH 值却从 4.30 增加到 9.70，变化近 5.4 个 pH 单位，形成滴定曲线的突跃部分。指示剂的选择主要以此为依据。

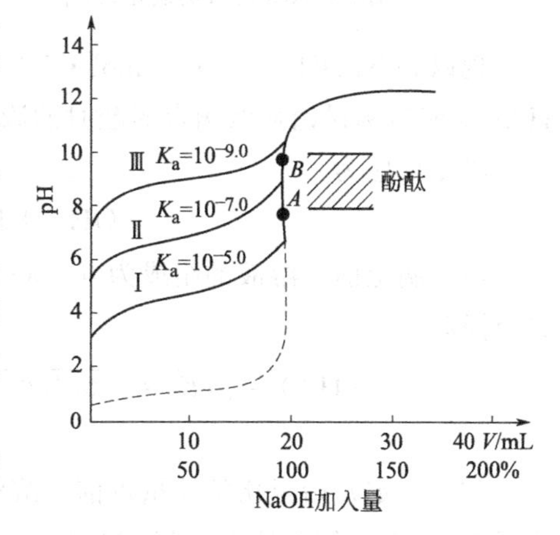

图 5-1 $0.1000mol\cdot L^{-1}$NaOH 溶液滴定 20.00mL $0.1000mol\cdot L^{-1}$HCl 溶液的滴定曲线

理想的指示剂应恰好在滴定的化学计量点时变色。但实际上，凡是在突跃范围（pH4.30～9.70）内变色的指示剂（即指示剂的变色域全部或大部分落在滴定突跃范围内），都可保证测定有足够的准确度。因此，甲基红（pH 值 4.4～6.2）、酚酞（pH 值 8.0～9.6）等，均可作为这类滴定的指示剂。若使用甲基橙（pH 值 3.1～4.4）作指示剂，必须滴定至溶液完全显碱式色（黄色）时，溶液的 pH 值约等于 4.4，才能保证滴定误差不超过−0.1%（如滴定到溶液刚变为橙色时，溶液的 pH 值约为 4，滴定误差为−0.2%）。

如果反过来改用 $0.1000mol\cdot L^{-1}$ HCl 溶液滴定 $0.1000mol\cdot L^{-1}$ NaOH 溶液，滴定曲线的形状与图 5-1 相同，但位置相反。此时酚酞和甲基红都可用作指示剂。如果用甲基橙作指示剂，是从黄色滴到橙色，甚至还可能滴过一点，故将有+0.2%以上的误差，所以不能用甲基橙作指示剂。

必须指出，滴定突跃范围的大小与滴定剂及待测组分的浓度有关。图 5-2 是不同浓度的 NaOH 与 HCl 溶液的滴定曲线。当酸碱浓度增大 10 倍时，突跃范围增加两个 pH 单位；当酸碱浓度减小 10 倍时，突跃范围减小两个 pH 单位，显然，溶液越浓，突跃范围越大，可供选择的指示剂越多。反之，可供选择的指示剂越少。

如果用 $c(HCl)=0.1000mol\cdot L^{-1}$HCl 溶液滴定 $c(NaOH)=0.1000mol\cdot L^{-1}$NaOH 溶

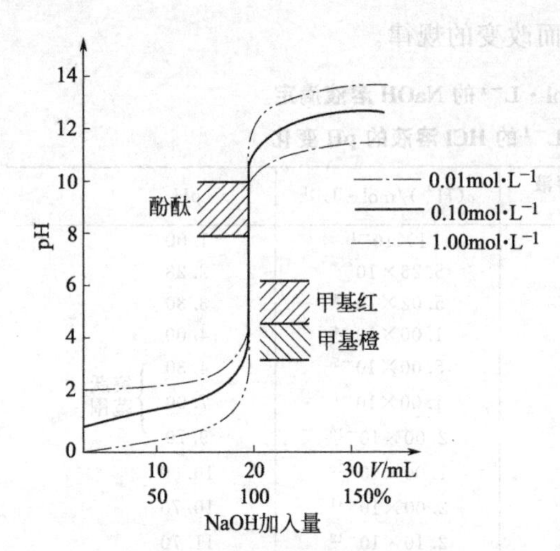

图 5-2　不同浓度 NaOH 溶液滴定不同浓度 HCl 溶液的滴定曲线

液时，只应滴至橙色（pH＝4.0），若滴至红色（pH＝3.1），将产生＋0.2%以上的误差。为了消除这种误差，可进行指示剂校正。即取 40mL 0.05mol·L^{-1}NaCl 溶液，加入与滴定时相同量的甲基橙，再用 0.1000mol·L^{-1} HCl 溶液滴定至溶液的颜色恰好与被滴定的溶液颜色相同为止，记下 HCl 溶液的用量（称为校正值）。滴定 0.1000mol·L^{-1} NaOH 溶液时所消耗的 HCl 溶液用量减去校正值后得到 HCl 溶液的用量才是实际用量。

5.3.2　强碱（酸）滴定一元弱酸（碱）

一元弱酸在水溶液中存在离解平衡，强碱滴定一元弱酸的基本反应为

$$OH^- + HA \rightleftharpoons H_2O + A^-$$

现以 $c(NaOH)=0.1000mol\cdot L^{-1}$ 的 NaOH 溶液滴定 $c(HAc)=0.1000mol\cdot L^{-1}$ 的 HAc 溶液为例讨论强碱滴定弱酸时的滴定曲线及指示剂的选择。

滴定反应为

$$OH^- + HAc \rightleftharpoons H_2O + Ac^-$$

（1）滴定前　溶液的组成为 0.1000mol·L^{-1} HAc 溶液，溶液中的 H^+ 浓度可按式（5-2）计算

$$c(H^+)=\sqrt{cK_a}=\sqrt{0.1000\times 1.8\times 10^{-5}}=1.34\times 10^{-3}(mol\cdot L^{-1})$$

$$pH=2.87$$

（2）滴定开始至化学计量点前　溶液中有未反应的 HAc 和反应产生的共轭碱 Ac^-，组成了 HAc-Ac^- 缓冲体系，其 pH 值可按式(5-7) 计算

$$pH=pK_a+\lg\frac{c(Ac^-)}{c(HAc)}$$

当加入 NaOH 溶液 19.98mL 时，剩余的 HAc 为 0.02mL，此时

$$c(HAc)=\frac{0.02\times 0.1000}{20.00+19.98}=5.0\times 10^{-5}(mol\cdot L^{-1})$$

$$c(Ac^-)=\frac{19.98\times 0.1000}{20.00+19.98}=5.0\times 10^{-2}(mol\cdot L^{-1})$$

$$pH=pK_a+\lg\frac{c(Ac^-)}{c(HAc)}=4.74+\lg\frac{5.0\times 10^{-2}}{5.0\times 10^{-5}}=7.74$$

（3）计量点时　加入 NaOH 溶液的体积为 20.00mL，此时溶液中所有的 HAc 全部反应，生成了共轭碱 Ac^-。溶液中 OH^- 的浓度可按式(5-3) 计算

$$c(OH^-)=\sqrt{cK_b}=\sqrt{c\times\frac{K_w}{K_a}}=\sqrt{\frac{0.1000}{2}\times\frac{10^{-14}}{1.8\times 10^{-5}}}=5.3\times 10^{-6}(mol\cdot L^{-1})$$

$$pOH=5.28\qquad pH=8.72$$

（4）计量点后　溶液组成为 Ac^- 和过量的 NaOH，由于 NaOH 抑制了 Ac^- 的离解，溶液的碱度就由过量的 NaOH 决定，溶液的 pH 值的变化与强碱滴定强酸的情况相同。

$$c(OH^-)=\frac{c(NaOH)V(NaOH_{过量})}{V_{总}}=\frac{0.1000\times0.02}{20.00+20.02}=5.0\times10^{-5}(mol\cdot L^{-1})$$

当加入 NaOH 溶液 20.02mL 时，即过量 0.02mL

$$pOH=4.30 \qquad pH=9.70$$

如此逐一计算出滴定过程中溶液的 pH 值，结果列于表 5-5 中，并绘制滴定曲线，见图 5-3 中的曲线Ⅰ。该图中的虚线为 0.1000mol·L^{-1} NaOH 滴定 20.00mL HCl 溶液的前半部分。

表 5-5 0.1000mol·L^{-1}NaOH 溶液滴定 20.00mL 0.1000mol·L^{-1}HAc 溶液的 pH 变化

NaOH 加入量		剩余 HAc/mL	过量 NaOH/mL	pH 值
mL	%			
0.00	0.00	20.00		2.87
10.00	50.00	10.00		4.74
18.00	90.00	2.00		5.70
19.80	99.00	0.20		6.74
19.98	99.90	0.02		7.74
20.00 20.02	100.0	0.00		8.72 突跃范围
20.20	100.1		0.02	9.70
22.00	101.0		0.20	10.70
40.00	110.0		2.00	11.70
	200.0		20.00	12.50

比较图 5-3 中的曲线Ⅰ与虚线，可以看出：滴定前，由于 HAc 是弱酸，溶液的 pH 值比同浓度 HCl 的 pH 值大。滴定开始后，pH 值升高快，这是因为反应产生的 Ac^- 抑制了 HAc 的离解。随着滴定的进行，HAc 的浓度不断降低，而 Ac^- 浓度逐渐增加，溶液中形成了 HAc-Ac^- 缓冲体系，故溶液的 pH 值变化缓慢，滴定曲线较为平坦。接近计量点时，溶液中 HAc 浓度极小，溶液的缓冲作用减弱，继续滴如 NaOH 溶液时，溶液的 pH 值变化速度加快，直到计量点时，由于 HAc 的浓度急剧减小，使溶液的 pH 值发生突变。由于溶液的组成为 NaAc，计量点时的 pH 值不再是 7.00，而是 8.72。

计量点后溶液 pH 值的变化规律与滴定 HCl 时情况相同，因而这一滴定过程的 pH 突跃范围为 7.74～9.70，比强碱滴定强酸时小得多，而且落在碱性范围。因此可以选择在碱性范围内变色的指示剂，如酚酞、百里酚酞或百里酚蓝等。在酸性范围内变色的指示剂，如甲基橙、甲基红则不合适。

如果用相同浓度的强碱溶液滴定不同强度的一元弱酸，则可得到如图 5-3 所示Ⅰ、Ⅱ、Ⅲ三条滴定曲线。由图可知：K_a 值越大，即酸越强，滴定突跃范围越大；K_a 值越小，酸越弱，滴定的突跃范围越小。当 $K_a<10^{-9.0}$ 时已无明显的突跃，使用一般的酸碱指示剂就无法判断滴定终点。

另一方面，当酸的强度一定时，酸溶液的浓度越大，突跃范围也越大。综合考虑溶液浓度和酸的强度两个因素对滴定突跃大小的影响，得到用指示剂法进行强碱滴定弱酸的条件是：

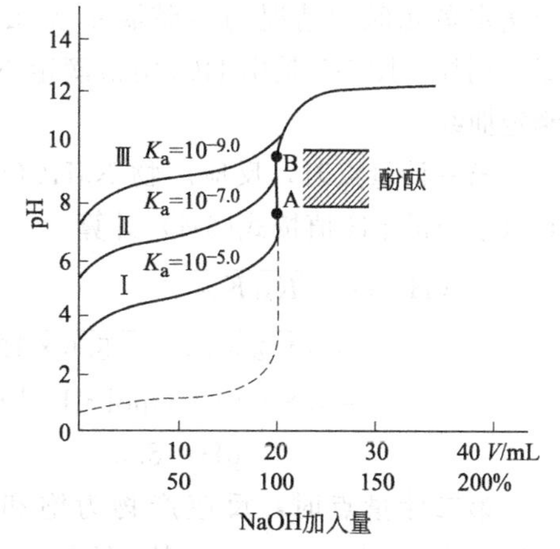

图 5-3 NaOH 溶液滴定不同强度弱酸溶液的滴定曲线

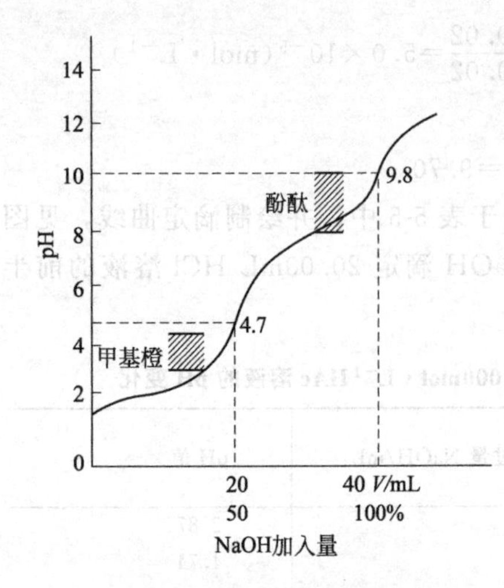

图 5-4 NaOH 溶液滴定 H_3PO_4 溶液的滴定曲线

$$cK_a \geqslant 10^{-8}$$

强酸滴定弱碱情况与此类似，弱碱被准确滴定的条件是：

$$cK_b \geqslant 10^{-8}$$

5.3.3 多元酸（碱）的滴定

5.3.3.1 多元酸的滴定

多元酸多数是弱酸，它们在溶液中分级离解。二元弱酸能否分步滴定？可按下列原则大致判断。

若 $cK_a \geqslant 10^{-8}$，且 $K_{a1}/K_{a2} \geqslant 10^4$，则可分步滴定至第一终点；若同时 $cK_{a2} \geqslant 10^{-8}$，则可继续滴定至第二终点；若 cK_{a1} 和 cK_{a2} 都大于 10^{-8}，但 $K_{a1}/K_{a2} < 10^4$，则只能滴定到第二终点。

对于三元、四元弱酸分步滴定的判断，可以作类似处理。例如，用 NaOH 溶液滴定 $c(H_3PO_4)=0.1mol \cdot L^{-1}$ 的 H_3PO_4 溶液的滴定曲线如图 5-4 所示。

第一计量点时，反应产物为 NaH_2PO_4，它是两性物质，其水溶液的 pH 值可按式(5-4)计算

$$c(H^+)=\sqrt{K_{a1}K_{a2}}=\sqrt{7.52\times10^{-3}\times6.23\times10^{-8}}=2.2\times10^{-5}(mol \cdot L^{-1})$$

$$pH=4.66$$

第二计量点时，反应产物为 Na_2HPO_4，也是两性物质，其水溶液的 pH 值为

$$c(H^+)=\sqrt{K_{a2}K_{a3}}=\sqrt{6.23\times10^{-8}\times4.4\times10^{-13}}=1.6\times10^{-10}(mol \cdot L^{-1})$$

$$pH=9.80$$

可分别选用甲基橙和酚酞作指示剂。如果改用溴甲酚绿和甲基橙、酚酞和百里酚酞混合指示剂则终点变色明显。

5.3.3.2 多元碱的滴定

无机多元碱一般是指多元酸与强碱作用生成的盐，如 Na_2CO_3、$Na_2B_4O_7$ 等，通常又称水解盐。强酸滴定多元碱的情况与强碱滴定多元酸的情况相类似。例如，图 5-5 是用 HCl 溶液滴定 Na_2CO_3 溶液的滴定曲线。

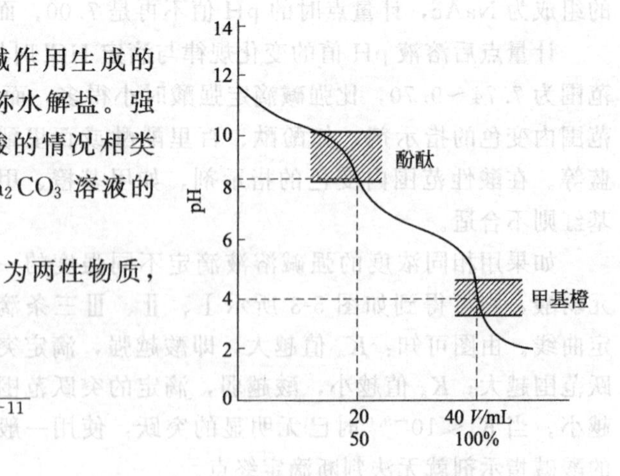

图 5-5 HCl 溶液滴定 Na_2CO_3 溶液的滴定曲线

第一计量点时，反应产物 $NaHCO_3$ 为两性物质，其水溶液的 pH 值按式(5-4) 计算

$$c(H^+)=\sqrt{K_{a1}K_{a2}}$$

$$=\sqrt{4.2\times10^{-7}\times5.6\times10^{-11}}$$

$$=4.8\times10^{-9}(mol \cdot L^{-1})$$

$$pH=8.3$$

第二计量点时，反应产物为饱和的 CO_2 溶液，浓度约为 $0.04mol \cdot L^{-1}$，其 pH 按式 (5-2) 计算

$$c(H^+)=\sqrt{cK_a}=\sqrt{0.04\times4.2\times10^{-7}}=1.3\times10^{-4}(mol \cdot L^{-1})$$

$$pH=3.9$$

按照计量点时溶液的 pH 值，可分别选用酚酞、甲基橙作指示剂。由于 K_{b2} 不够大，第二计量点时 pH 突跃较小，用甲基橙作指示剂终点变色不太明显。另外，CO_2 易形成过饱和溶液，使酸度增大而导致终点过早出现，所以在滴定接近终点时，应剧烈地摇动或加热溶液，以除去过量的 CO_2，待冷却后再滴定。

*5.3.4 酸碱滴定可行性的判断

滴定分析是通过滴定操作、采用指示剂确定滴定终点后，根据滴定反应的化学计量关系来计算得到测定结果的。因此，滴定反应的完全程度、指示剂指示终点引入的终点误差以及滴定操作误差等均是影响滴定分析准确度的因素。

在酸碱滴定中，如果用 K_t 表示滴定反应的平衡常数，平衡常数越大、被滴定组分的浓度越大，反应进行得越完全，则滴定分析的准确度越高。如果指示剂指示的终点与理论终点完全一致，由于目视判断终点至少会有 0.2 个 pH 单位的出入，即 $\Delta pH \geqslant 0.2$。当滴定误差要求小于 0.1%时，不同类型的酸碱滴定应满足什么条件才能准确进行滴定呢？现归纳列表如表 5-6 所示。

表 5-6 酸碱滴定法能否准确滴定的判断标准

<table>
<tr><th>滴定剂</th><th>被滴定组分</th><th>可行性判断标准</th><th>说 明</th></tr>
<tr><td>碱</td><td>弱酸</td><td>$cK_a \geqslant 10^{-8}$</td><td rowspan="6">c——被测组分的浓度，$mol \cdot L^{-1}$；
K_a——酸的离解常数；
K_b——碱的离解常数；
K_{ai}——第 i 级酸离解常数；
K_{bi}——第 i 级碱离解常数</td></tr>
<tr><td>酸</td><td>弱碱</td><td>$cK_b \geqslant 10^{-8}$</td></tr>
<tr><td>碱
酸</td><td>两性物质</td><td>$cK_{ai} \geqslant 10^{-8}$
$cK_{bi} \geqslant 10^{-8}$</td></tr>
<tr><td>碱</td><td>多元酸</td><td>$cK_{ai} \geqslant 10^{-8}$ 可准确滴定至 i 级
$K_{ai}/K_{ai+1} \geqslant 10^5$ 能分步滴定</td></tr>
<tr><td>酸</td><td>多元碱</td><td>$cK_{bi} \geqslant 10^{-8}$ 可准确滴定至 i 级
$K_{bi}/K_{bi+1} \geqslant 10^5$ 能分步滴定</td></tr>
</table>

不能满足以上条件的酸、碱和两性物质就很难采用指示剂法确定滴定终点。此时可以根据实际情况考虑采用其它方法进行测定。例如用仪器来检测滴定终点；利用适当的化学反应使弱酸或弱碱强化，也可在酸性比水更弱的非水介质中进行滴定等，从而扩大酸碱滴定的应用范围。

酸碱滴定无合适的指示剂，怎么办?

在实际生产和科研工作中，有时候要想用酸碱滴定法测定某物质的含量，可是又没有合适的指示剂。例如在生产硼砂的过程中，要求测定硼砂中硼酸的含量；生产柠檬酸盐的过程中要求测定柠檬酸与柠檬酸盐的含量等。如何解决呢？

为了解决这些问题，可以利用待测物质的有关性质去强化反应，以达到可进行滴定的条件。例如 H_3BO_3 的 $K_{a1}=5.8\times10^{-10}$，按常规是无法测定的。如果加入一种多元醇（甘露醇或甘油），使它与 H_3BO_3 反应生成另一种酸，其 K_a 为 5.5×10^{-5}，可以直接用碱滴定。

医药食品工业生产中为了测定柠檬酸盐含量，可以利用小型阳离子交换柱来完成测定。方法是，先取一定量的样品，以酚酞作指示剂，用 NaOH 标准滴定溶液测定柠檬酸含量。然后再取同样量的样品，经阳离子交换柱交换之后，淋洗液以酚酞为指示剂，用同浓度的

NaOH 标准滴定溶液再滴定一次，按下面的计算公式就可分别求出柠檬酸和柠檬酸盐的含量。

$$\rho_{柠檬酸}(\mathrm{mg \cdot mL^{-1}})=\frac{c(\mathrm{NaOH})V_1\times\frac{1}{3}M(柠檬酸)}{V_s}$$

$$\rho_{柠檬酸盐}(\mathrm{mg \cdot mL^{-1}})=\frac{c(\mathrm{NaOH})\times(V_2-V_1)\times\frac{1}{3}M(柠檬酸盐)}{V_s}$$

式中 V_1——样品未经离子交换柱交换，滴定时消耗 NaOH 标准滴定溶液的体积，mL；

V_2——样品经离子交换柱交换后，滴定时消耗 NaOH 标准滴定溶液的体积，mL；

V_s——柠檬酸与柠檬酸盐取样量，mL。

5.4 酸碱标准滴定溶液的制备

酸碱滴定中最常用的酸标准滴定溶液是 HCl 溶液，当需要加热或在温度较高情况下使用时宜用 H_2SO_4 溶液。HNO_3 有氧化性，本身稳定性又差，一般不用。碱标准滴定溶液一般都用 NaOH 溶液，有时也用 KOH 溶液。

标准滴定溶液的浓度一般配成 0.01～1mol·L^{-1}，常常配成 0.1mol·L^{-1}左右。

5.4.1 NaOH 标准滴定溶液的配制和标定

(1) 配制　固体氢氧化钠有很强的吸水性，而且容易吸收空气中的 CO_2，因而市售 NaOH 常含有 Na_2CO_3，此外还有少量的其它杂质。因此，不能用直接法配制准确浓度的溶液。

制备不含 Na_2CO_3 的 NaOH 溶液最常用的方法是：将 NaOH 先配成饱和溶液（约 50%），在此溶液中 c(NaOH)约为 20mol·L^{-1}。在此浓碱溶液中，Na_2CO_3 几乎不溶解而慢慢沉淀下来，吸取上层清液，用无 CO_2 的蒸馏水稀释至所需浓度即可。国家标准 GB/T 601—2002 中采用此法。

若分析测定要求不高，可采用比较简便的方法配制：称取比需要量稍多的 NaOH，用少量水迅速清洗 2～3 次，除去固体表面形成的碳酸盐，然后溶解在无 CO_2 的蒸馏水中。

(2) 标定　NaOH 标准滴定溶液常用基准物质邻苯二甲酸氢钾（$KHC_8H_4O_4$）标定，它与 NaOH 的反应为

$$C_6H_4(COOH)(COOK) + NaOH = C_6H_4(COONa)(COOK) + H_2O$$

化学计量点时 pH 值为 9.1，可用酚酞作指示剂。

$$c(\mathrm{NaOH})=\frac{m}{(V-V_0)\times\frac{M(\mathrm{KHC_8H_4O_4})}{1000}}$$

式中 m——所取 $KHC_8H_4O_4$ 的质量，g；

V——滴定时消耗 NaOH 溶液的体积，mL；

V_0——空白试验消耗 NaOH 溶液的体积，mL；

$M(\mathrm{KHC_8H_4O_4})$——$KHC_8H_4O_4$ 的摩尔质量，204.22g·mol^{-1}。

配制好的 NaOH 标准滴定溶液应盛装在附有碱石灰干燥管及有引出导管的试剂瓶中。

5.4.2 HCl 标准滴定溶液的配制和标定

(1) 配制　市售盐酸的密度为ρ＝1.19g·mL^{-1}，HCl 的质量分数 w(HCl)约为 0.37，

其物质的量浓度约为 12mol·L^{-1}。配制时先用浓 HCl 配成所需近似浓度，然后用基准物质进行标定，以获得准确浓度。由于浓盐酸具有挥发性，配制时所取 HCl 的量应适当多些。

(2) 标定　国家标准 GB/T 601—2002 中使用于 270～300℃灼烧至恒重的基准无水碳酸钠进行标定，标定反应为

$$Na_2CO_3 + 2HCl \longrightarrow 2NaCl + H_2O + CO_2$$

化学计量点时 pH=3.9，用甲基红-溴甲酚绿混合指示液，溶液由绿色变为暗红色时为终点，近终点时要煮沸赶除 CO_2 后继续滴定至暗红色。

$$c(HCl) = \frac{m \times 10^3}{(V - V_0) \times M\left(\frac{1}{2}Na_2CO_3\right)}$$

式中　m——所取 Na_2CO_3 的质量，g；

V——滴定时消耗 HCl 溶液的体积，mL；

V_0——空白试验消耗 HCl 溶液的体积，mL；

$M\left(\frac{1}{2}Na_2CO_3\right)$——以$\left(\frac{1}{2}Na_2CO_3\right)$为基本单元的摩尔质量，52.99g·mol^{-1}。

5.5 酸碱滴定法在无机物定量分析中的应用

酸碱滴定法是滴定分析中应用最广的方法之一，也是无机物定量分析中最基本的方法。例如，食醋中总酸量的测定、工业硫酸纯度的测定、氨水中氨含量的测定、纯碱中总碱度的测定、烧碱中 NaOH 和 Na_2CO_3 含量的测定、天然水总碱度以及土壤、肥料中氮与磷含量的测定等，都可用酸碱滴定法来测定。

5.5.1 工业硫酸纯度的测定

硫酸是重要的化工产品，广泛应用于化工、轻工、制药及国防科研等部门中。同时，硫酸又是基本工业原料，在国民经济中占有重要地位。

纯硫酸是一种无色透明的油状黏稠液体，比水几乎重一倍。它的纯度常用硫酸的质量分数 $w(H_2SO_4)$表示。

5.5.1.1 测定原理

硫酸是强酸，可用 NaOH 标准滴定溶液滴定，其反应为

$$H_2SO_4 + 2NaOH \longrightarrow Na_2SO_4 + 2H_2O$$

根据反应式可知，H_2SO_4 的基本单元为$\frac{1}{2}H_2SO_4$。此反应属于强碱滴定强酸类型，化学计量点时溶液的 pH=7，可选用甲基橙、甲基红等指示剂指示终点。

国家标准 GB 534—2002 中规定使用甲基红-亚甲基蓝混合指示剂指示终点。

$$w(H_2SO_4) = \frac{c(NaOH)V(NaOH) \times M\left(\frac{1}{2}H_2SO_4\right) \times 10^{-3}}{m_s}$$

5.5.1.2 注意事项

① 硫酸具有强腐蚀性，使用和称取试样时，严禁溅出。

② 硫酸稀释时放出大量热需冷却后再滴定或转移至容量瓶中稀释。

③ 试样的称取量由硫酸的密度和大致含量及 NaOH 标准滴定溶液的浓度来决定。

5.5.2 混合碱的分析

(1) 烧碱中 NaOH 和 Na_2CO_3 含量的测定　NaOH 俗称烧碱，在生产和贮藏过程中，常因吸收空气中的 CO_2 而产生部分 Na_2CO_3，测定烧碱中的 NaOH 和 Na_2CO_3 含量，可采用双指示剂法。所谓双指示剂法是指用 HCl 标准滴定溶液滴定时，根据滴定过程中溶液 pH 值的变化情况，选用酚酞和甲基橙两种不同的指示剂分别指示第一、第二化学计量点。此法简便、快速，在生产实际中应用广泛。

准确称取一定质量的试样，溶于水后，先以酚酞为指示剂，用 HCl 标准滴定溶液滴定至终点（由红色恰好变为无色），记录消耗 HCl 溶液的体积为 V_1(mL)。此时溶液中的 NaOH 全部被中和，Na_2CO_3 被中和至 $NaHCO_3$。

$$NaOH + HCl \longrightarrow NaCl + H_2O$$

$$Na_2CO_3 + HCl \longrightarrow NaHCO_3 + NaCl$$

然后加入甲基橙指示剂，继续用 HCl 标准滴定溶液滴定，使溶液由黄色转变为橙色即为终点，记录消耗 HCl 溶液的体积为 V_2(mL)。此时溶液中的 $NaHCO_3$ 被中和至 H_2CO_3（分解为 H_2O+CO_2）。

$$NaHCO_3 + HCl \longrightarrow NaCl + H_2O + CO_2$$

滴定过程为

$$\begin{matrix} OH^- \\ CO_3^{2-} \end{matrix} \xrightarrow[V_1]{H^+} \begin{matrix} H_2O \\ HCO_3^- \end{matrix} \xrightarrow[V_2]{H^+} H_2CO_3(H_2O+CO_2)$$

（酚酞终点）　　（甲基橙终点）

显然，试样中的 Na_2CO_3 总共消耗 HCl 标准滴定溶液的体积为 $2V_2$，NaOH 消耗 HCl 标准滴定溶液的体积为 (V_1-V_2)。故烧碱中 NaOH 和 Na_2CO_3 的含量（质量分数）可按下式计算：

$$w(NaOH) = \frac{c(HCl)(V_1-V_2)\times M(NaOH)\times 10^{-3}}{m_s}$$

$$w(Na_2CO_3) = \frac{c(HCl)\times 2V_2\times M\left(\frac{1}{2}Na_2CO_3\right)\times 10^{-3}}{m_s}$$

(2) 纯碱中 Na_2CO_3 和 $NaHCO_3$ 含量的测定　测定方法与烧碱中 NaOH 和 Na_2CO_3 含量的测定相类似。

滴定过程为

$$\begin{matrix} CO_3^{2-} \\ HCO_3^- \end{matrix} \xrightarrow[V_1]{H^+} \begin{matrix} HCO_3^- \\ HCO_3^- \end{matrix} \xrightarrow[V_2]{H^+} H_2CO_3(H_2O+CO_2)$$

（酚酞终点）　（甲基橙终点）

$$w(Na_2CO_3) = \frac{c(HCl)\times V_1\times M(Na_2CO_3)\times 10^{-3}}{m_s}$$

$$w(NaHCO_3) = \frac{c(HCl)\times(V_2-V_1)\times M(NaHCO_3)\times 10^{-3}}{m_s}$$

双指示剂法不仅用于混合碱的定量分析，还可根据 V_1 与 V_2 之间的关系用于未知碱样的定性分析。设某碱样可能含有 NaOH，$NaHCO_3$，Na_2CO_3 或它们的混合物。假设酚酞终点时用去 HCl 标准滴定溶液 V_1 (mL)，继续滴定至甲基橙终点时又用去 V_2 (mL)，则未知碱样的组成与 V_1、V_2 的关系见表 5-7。

表 5-7　V_1、V_2 的大小与未知碱样组成的关系

V_1 与 V_2 的关系	$V_1>V_2$，$V_2\neq0$	$V_1<V_2$，$V_1\neq0$	$V_1=V_2$	$V_1\neq0$　$V_2=0$	$V_1=0$　$V_2\neq0$
碱的组成	$OH^-+CO_3^{2-}$	$HCO_3^-+CO_3^{2-}$	CO_3^{2-}	OH^-	HCO_3^-

【注意】 混合碱中，NaOH 与 $NaHCO_3$ 不能共存。

你能判断这四瓶碱溶液吗？

现在有四瓶没有标签的碱溶液，你能分别取出适量溶液进行试验后，根据下述现象判断出其中哪一瓶是 NaOH、Na_2CO_3、$NaHCO_3$ 或是什么混合液吗？

样品 1：滴入酚酞指示液，溶液不显红色。

样品 2：滴入酚酞指示液后，用 HCl 标准滴定溶液滴定时需要消耗 15.26mL 溶液改变颜色。再加甲基橙指示液，则又需消耗 HCl 标准滴定溶液 17.90mL 才变色。

样品 3：用 HCl 标准滴定溶液滴定时，酚酞指示液粉红色消失后，滴入甲基橙指示液，溶液呈浅红色。

样品 4：滴入酚酞指示液后，用 HCl 标准滴定溶液滴定时需要消耗 15.00mL 溶液改变颜色。另取一份相同量的样品，加甲基橙指示液，用同样的 HCl 标准滴定溶液滴定时需要消耗 30.00mL 溶液改变颜色。

答案：样品 1 为 $NaHCO_3$；　　样品 2 为 $Na_2CO_3+NaHCO_3$；

样品 3 为 $NaOH+Na_2CO_3$；　　样品 4 为 Na_2CO_3。

你的判断正确吗？

5.5.3　铵盐中氮含量的测定

常见的铵盐有硫酸铵、氯化铵、硝酸铵及碳酸氢铵。它们都是重要的化工原料，也是农用化肥。除碳酸氢铵可以用酸标准溶液直接滴定外，通常将样品作适当处理转化为氨后，再进行测定。常用的方法有甲醛法和蒸馏法两种。

5.5.3.1　甲醛法（执行 GB/T 3600—2008）

(1) 测定原理　在试样中加入过量甲醛，与 NH_4^+ 作用生成一定量的酸和六亚甲基四胺，生成的酸可用 NaOH 标准滴定溶液来滴定，计量点溶液中存在的六亚甲基四胺是很弱的有机碱（$K_b=1.4\times10^{-9}$）使溶液呈碱性，可选酚酞作指示剂。反应如下：

$$4NH_4^+ + 6HCHO = (CH_2)_6N_4 + 4H^+ + 6H_2O$$

$$H^+ + OH^- = H_2O$$

按下式计算氮的质量分数

$$w(N)=\frac{c(NaOH)\times V(NaOH)\times M(N)\times10^{-3}}{m_s}$$

(2) 注意事项　如果试样中含有游离的酸或碱，则应先加以中和，采用甲基红作指示剂，不能用酚酞，否则有部分 NH_4^+ 被中和；如果甲醛中含有少量甲酸，使用前也要中和，中和甲酸用酚酞作指示剂。

5.5.3.2　蒸馏法

置铵盐试液于蒸馏瓶中，加入过量的浓碱溶液，加热将 NH_3 蒸馏出来，吸收到一定量过量的标准 HCl 溶液中，然后用 NaOH 标准滴定溶液滴定剩余的酸。反应如下：

蒸馏反应　$NH_4^+ + OH^- \longrightarrow NH_3\uparrow + H_2O$

吸收反应　$NH_3 + H^+ \longrightarrow NH_4^+$

返滴定反应　$H^+(\text{剩余}) + OH^- \longrightarrow H_2O$

$$w(N)=\frac{[c(HCl)\times V(HCl)-c(NaOH)\times V(NaOH)]\times M(N)\times 10^{-3}}{m_s}$$

由于计量点时溶液中存在 NH_4^+，呈酸性，可用甲基红作指示剂。

蒸馏法也可用硼酸溶液吸收 NH_3，生成 $NH_4H_2BO_3$，由于 $H_2BO_3^-$ 是较强的碱，可用 HCl 标准滴定溶液滴定。

吸收反应　$NH_3 + H_3BO_3 \longrightarrow NH_4^+ + H_2BO_3^-$

滴定反应　$H_2BO_3^- + H^+ \longrightarrow H_3BO_3$

计量点溶液的 pH 为 5 左右，可选用甲基红和溴甲酚绿混合指示剂。其中 H_3BO_3 作为吸收剂，只需过量即可，不需知道其准确的量。

$$w(N)=\frac{c(HCl)\times V(HCl)\times M(N)\times 10^{-3}}{m_s}$$

蒸馏法测定结果比较准确，但较费时。

5.6　酸碱滴定法计算示例

【例 5-7】 称取 1.000g 发烟硫酸试样，溶于水后用 $c(NaOH)=0.5000mol\cdot L^{-1}$ 氢氧化钠标准滴定溶液滴定，消耗 42.82mL，计算试样中 H_2SO_4 和 SO_3 的质量分数。

解　发烟硫酸是 H_2SO_4 和 SO_3 的混合物，它们与 NaOH 的反应分别为

$$SO_3 + 2NaOH \longrightarrow Na_2SO_4 + H_2O$$

$$H_2SO_4 + 2NaOH \longrightarrow Na_2SO_4 + 2H_2O$$

由以上反应可知，应取 $\frac{1}{2}SO_3$、$\frac{1}{2}H_2SO_4$ 作为基本单元，查知 $M\left(\frac{1}{2}SO_3\right)=40.03g\cdot mol^{-1}$，$M\left(\frac{1}{2}H_2SO_4\right)=49.04g\cdot mol^{-1}$

按题意列出计算式：

设试样中含 SO_3 为 m(g)，则含 H_2SO_4 $(1.000-m)$g

$$\frac{m}{M\left(\frac{1}{2}SO_3\right)}+\frac{1.000-m}{M\left(\frac{1}{2}H_2SO_4\right)}=c(NaOH)\times V(NaOH)\times 10^{-3}$$

解得　　$m=0.2217$ (g)　　$1.000-m=0.7783$ (g)

$$w(SO_3)=0.2217=22.17\%\qquad w(H_2SO_4)=0.7783=77.83\%$$

答：试样中含 H_2SO_4 77.83%和 SO_3 22.17%。

【例 5-8】 称取硫酸铵试样 1.6160g，溶解后转移至 250mL 容量瓶中并稀释至刻度，摇匀。吸取 25.00mL 于蒸馏装置中，加入过量氢氧化钠进行蒸馏，蒸出的氨用 50.00mL $c(H_2SO_4)=0.05100mol\cdot L^{-1}$ 硫酸溶液吸收，剩余的硫酸以 $c(NaOH)=0.09600mol\cdot L^{-1}$ 氢氧化钠标准滴定溶液返滴定，消耗氢氧化钠溶液 27.90mL，写出计算公式，并计算试样中硫酸铵及氨的含量。

解　蒸馏反应　$NH_4^+ + OH^- \longrightarrow NH_3\uparrow + H_2O$

吸收反应 $NH_3 + H^+ = NH_4^+$

滴定反应 $H^+(剩余) + OH^- = H_2O$

由上述反应可知 应取$\frac{1}{2}(NH_4)_2SO_4$、$\frac{1}{2}H_2SO_4$ 和 NH_3 作为基本单元，并将 $c(H_2SO_4)=0.05100mol \cdot L^{-1}$换算为$c\left(\frac{1}{2}H_2SO_4\right)=0.1020mol \cdot L^{-1}$

查知$M\left[\frac{1}{2}(NH_4)_2SO_4\right]=66.06g \cdot mol^{-1}$，$M(N)=14.01g \cdot mol^{-1}$按题意列出计算式：

(1) 计算试样中$(NH_4)_2SO_4$含量

$$w[(NH_4)_2SO_4]=\frac{\left[c\left(\frac{1}{2}H_2SO_4\right)\times V(H_2SO_4)-c(NaOH)\times V(NaOH)\right]\times M\left[\frac{1}{2}(NH_4)_2SO_4\right]\times 10^{-3}}{m\times\frac{25.00}{250.0}}$$

$$=\frac{(0.1020\times 50.00-0.09600\times 27.90)\times 0.06606}{1.6160\times\frac{25.00}{250.0}}$$

$$=0.9899=98.99\%$$

(2) 计算试样中 N 含量

$$w(N)=\frac{\left[c\left(\frac{1}{2}H_2SO_4\right)\times V(H_2SO_4)-c(NaOH)\times V(NaOH)\right]\times M(N)\times 10^{-3}}{m\times\frac{25.00}{250.0}}$$

$$=\frac{(0.1020\times 50.00-0.09600\times 27.90)\times 0.01401}{1.6160\times\frac{25.00}{250.0}}$$

$$=0.2099=20.99\%$$

答：试样中硫酸铵的含量为 98.99%，换算成氮含量为 20.99%。

【例 5-9】 将 2.500g 大理石试样溶解于 50.00mL $c(HCl)=1.000mol \cdot L^{-1}$盐酸溶液中，在中和剩余的酸时用去 $c(NaOH)=0.1000mol \cdot L^{-1}$氢氧化钠溶液 30.00mL，求试样中$CaCO_3$的含量。

解 HCl 与 $CaCO_3$ 的反应为

$$CaCO_3 + 2H^+ = Ca^{2+} + H_2O + CO_2\uparrow$$

滴定剩余酸的反应为

$$OH^- + H^+ = H_2O$$

由上述反应可知，应取$\frac{1}{2}CaCO_3$、HCl 和 NaOH 为基本单元，查知$M\left(\frac{1}{2}CaCO_3\right)=50.04g \cdot mol^{-1}$

按题意列出计算式

$$w(CaCO_3)=\frac{[c(HCl)\times V(HCl)-c(NaOH)\times V(NaOH)]\times M\left(\frac{1}{2}CaCO_3\right)\times 10^{-3}}{m}$$

$$=\frac{(1.000\times 50.00-0.1000\times 30.00)\times 50.04\times 10^{-3}}{2.500}$$

$$=0.9408=94.08\%$$

答：大理石中碳酸钙的含量为 94.08％。

【例 5-10】 称取 Na_3PO_4 和 Na_2HPO_4 的混合试样 1.000g，溶于适量水后，以百里酚酞为指示剂，用 $c(HCl)=0.2000mol\cdot L^{-1}$ 的盐酸标准滴定溶液滴定至终点，消耗 15.00mL，再加入甲基红指示剂，继续用盐酸标准滴定溶液滴定至终点，又消耗 20.00mL，计算混合试样中 Na_2HPO_4 的质量分数。

解 滴定过程为：

$$\begin{matrix} PO_4^{3-} \\ HPO_4^{2-} \end{matrix} \xrightarrow[V_{1HCl}]{H^+} HPO_4^{2-} \xrightarrow[V_{2HCl}]{H^+} H_2PO_4^-$$

（百里酚酞终点）（甲基红终点）

显然，V_{1HCl}为滴定至百里酚酞终点时，PO_4^{3-} 所消耗的酸的量，而 PO_4^{3-} 滴至 HPO_4^{2-} 和 HPO_4^{2-} 滴至 $H_2PO_4^-$ 所消耗的酸的量相等。则（$V_{2HCl}-V_{1HCl}$）为滴定原混合试样中 Na_2HPO_4 所消耗的酸的量。又查知 $M(Na_2HPO_4)=142.0g\cdot mol^{-1}$。

按题意列出计算式：

$$w(Na_2HPO_4)=\frac{c(HCl)\times(V_2-V_1)\times M(Na_2HPO_4)\times10^{-3}}{m_s}$$

$$=\frac{0.2000\times(20.00-15.00)\times142.0\times10^{-3}}{1.000}$$

$$=0.1420=14.20\%$$

答：混合试样中 Na_2HPO_4 的含量为 14.20％。

本 章 小 结

一、酸碱质子理论

① 质子理论认为：凡能给出质子的物质是酸，凡能接受质子的物质是碱。酸 HA 给出质子后转变为碱 A^-，碱 A^- 接受质子后转变为酸 HA。酸 HA 和 A^- 之间的相互关系称为共轭关系。酸和碱可以是中性分子，也可以是正离子或负离子。

② 酸碱反应的实质是质子转移，是两个共轭酸碱对共同作用的结果。

③ 在溶液中酸碱的强弱不仅决定于酸碱本身给出质子和接受质子能力的大小，还与溶剂接受和给出质子的能力有关。在水溶液中，酸碱的强弱常用离解常数 K_a 或 K_b 值的大小来衡量。

④ 水既是质子酸又是质子碱。在一定温度下，水溶液中 H^+ 和 OH^- 浓度的乘积是常数，称为水的离子积常数 $K_w=1.0\times10^{-14}$(298K)。

⑤ 共轭酸碱对具有相互依存的关系，$K_aK_b=K_w$。

二、水溶液中 H^+ 浓度的计算

溶液的酸度是指溶液中 H^+ 的浓度，在分析化学中常用 pH 值来表示。

(1) 一元强酸溶液　$pH=-\lg c(H^+)=-\lg c$（酸）

一元强碱溶液　$pOH=-\lg c(OH^-)=-\lg c$（碱）

(2) 一元弱酸（碱）溶液中的 H^+ 的浓度

一元弱酸溶液　$c/K_a\geqslant500$

$$c(H^+)=\sqrt{cK_a}$$

一元弱碱溶液　　$c/K_b \geqslant 500$

$$c(OH^-)=\sqrt{cK_b}$$

(3) 多元弱酸（碱） 在水溶液中分步逐级离解，一般以第一级为主，H^+或OH^-的浓度可按一元弱酸（碱）来计算。

$$c/K_{a1} \geqslant 500$$

$$c(H^+)=\sqrt{cK_{a1}}$$

$$c/K_{b1} \geqslant 500$$

$$c(OH^-)=\sqrt{cK_{b1}}$$

(4) 两性物质水溶液（酸式盐） 二元弱酸酸式盐或三元弱酸二氢盐

$$c(H^+)=\sqrt{K_{a1}K_{a2}}$$

三元弱酸一氢盐

$$c(H^+)=\sqrt{K_{a2}K_{a3}}$$

三、缓冲溶液

1. 缓冲溶液的定义

缓冲溶液是一种能对溶液的酸度起控制作用的溶液。也就是使溶液的pH值不因外加少量酸、碱或稀释而发生显著变化。

2. 缓冲溶液的组成和溶液pH值的计算

酸式缓冲溶液是由弱酸及其共轭碱组成（HA-A^-），例如HAc-Ac^-。

$$pH=pK_a+\lg\frac{c(A^-)}{c(HA)}$$

碱式缓冲溶液是由弱碱及其共轭酸组成（例如B^--BH），例如NH_3-NH_4^+。

$$pH=14-\left[pK_b+\lg\frac{c(BH)}{c(B)}\right]$$

3. 缓冲范围

缓冲溶液所能控制的pH范围称为缓冲范围。

酸式缓冲溶液的缓冲范围为　　$pH=pK_a\pm1$

碱式缓冲溶液的缓冲范围为　　$pH=14-(pK_b\pm1)$

四、酸碱滴定

1. 以酸碱中和反应为基础的滴定分析方法叫做酸碱滴定法，又叫中和法。

2. 常用的滴定剂是$c(HCl)=0.1mol\cdot L^{-1}$盐酸标准滴定溶液和$c(NaOH)=0.1mol\cdot L^{-1}$氢氧化钠标准滴定溶液。

3. 滴定曲线及突跃范围

表示滴定过程中溶液pH值随滴定剂加入量变化而改变的曲线，叫滴定曲线。在化学计量点附近溶液pH值变化的突跃范围称为滴定的突跃范围。突跃范围的大小，随滴定剂和被滴定物质浓度的增大而增大；随被滴定物酸碱强度的减弱而减小，pK_a（或pK_b）$<10^{-8}$的弱酸（或碱）不能用指示剂法准确滴定。

4. 不同类型的酸碱滴定

强酸滴定强碱　化学计量点时溶液呈中性pH=7；常用酚酞或甲基橙作指示剂。

强碱滴定弱酸　化学计量点时溶液呈碱性pH>7；常用酚酞作指示剂。

强酸滴定弱碱　化学计量点时溶液呈酸性pH<7；常用甲基红或甲基橙作指示剂。

五、酸碱滴定终点的控制——指示剂法

1. 酸碱指示剂的变色原理

酸碱指示剂是一种有机弱酸或弱碱，当溶液的pH值改变时，由于指示剂的分子结构变化而引起颜色的改变。

2. 变色域

能明显地观察到指示剂颜色变化的pH范围，称为指示剂的变色域。不同的指示剂有不同的变色域，$pH=pK(HIn)\pm1$。

3. 指示剂的选择原则

指示剂的变色域应全部或部分落在滴定突跃范围之内。

为了使指示剂的颜色变化更敏锐，减小滴定误差，日常工作中常用混合指示剂来指示滴定终点。

六、酸碱标准滴定溶液的制备

酸碱标准滴定溶液一般不用直接配制法，而是先配成近似浓度的溶液，然后用基准物质标定其准确浓度。

配制和标定方法执行GB 601—2002中的有关规定。

复习思考题

一、回答下列问题

1. 溶液的pH值和pOH值之间有什么关系？
2. 酸度和酸的浓度是不是同一概念？为什么？
3. 什么叫缓冲溶液？举例说明缓冲溶液的组成。
4. 缓冲溶液的pH值决定于哪些因素？
5. 酸碱滴定法的实质是什么？酸碱滴定有哪些类型？
6. 酸碱指示剂为什么能变色？什么叫指示剂的变色域？
7. 酸碱滴定曲线说明什么问题？什么叫pH突跃范围？在各种不同类型的滴定中为什么突跃范围不同？
8. 选择酸碱指示剂的原则是什么？
9. 什么叫混合指示剂？举例说明使用混合指示剂有什么优点？
10. 某溶液滴入酚酞为无色，滴入甲基橙为黄色，指出该溶液的pH范围。
11. 判断在下列pH值溶液中，指示剂显什么颜色？

 (1) pH=3.5溶液中滴入甲基红指示液

 (2) pH=7.0溶液中滴入溴甲酚绿指示液

 (3) pH=4.0溶液中滴入甲基橙指示液

 (4) pH=10.0溶液中滴入甲基橙指示液

 (5) pH=6.0溶液中滴入甲基红和溴甲酚绿指示液

12. 用$c(NaOH)=0.1mol\cdot L^{-1}$的NaOH溶液滴定下列各种酸能出现几个滴定突跃？各选何种指示剂？

 (1) CH_3COOH　　(2) $H_2C_2O_4\cdot2H_2O$

 (3) H_3PO_4　　(4) H_3BO_3

13. 为什么NaOH可以滴定HAc但不能直接滴定H_3BO_3？
14. 什么叫双指示剂法？
15. 为什么烧碱中常含有Na_2CO_3？怎样才能分别测出Na_2CO_3和NaOH的含量？
16. 用基准Na_2CO_3标定HCl溶液时，为什么不选用酚酞指示剂而用甲基橙作指示剂？为什么要在近

终点时加热赶去CO_2？

17. 如何测定H_2SO_4的含量？你能设计测定HAc的含量吗？

18. 酸碱滴定法测定物质含量的计算依据是什么？

二、判断题

1. 滴定分析中一般利用指示剂颜色的突变来判断计量点的到达，在指示剂变色时停止滴定，这一点称为计量点。（　　）

2. 在纯水中加入一些酸，则溶液中的$c(H^+)$与$c(OH^-)$的乘积增大了。（　　）

3. 强酸强碱滴定化学计量点时pH值等于7。（　　）

4. 将pH=3和pH=5的两种溶液等体积混合后，其pH值变为4。（　　）

5. $NaHCO_3$和Na_2HPO_4两种物质均含有氢，这两种物质的水溶液都呈酸性。（　　）

6. $c(H_2C_2O_4)=1.0mol \cdot L^{-1}$的$H_2C_2O_4$溶液，其$H^+$浓度为$2.0mol \cdot L^{-1}$。（　　）

7. $c(HAc)=0.1mol \cdot L^{-1}$的HAc溶液的pH=2.87。（　　）

8. 强碱滴定弱酸常用的指示剂为酚酞。（　　）

9. NaOH标准滴定溶液可以用直接配制法配制。（　　）

10. HCl标准滴定溶液的准确浓度可用基准无水Na_2CO_3标定。（　　）

三、选择题

1. 物质的量浓度相同的下列物质的水溶液，其pH值最高的是（　　）。

A. NaCl　　B. NH_4Cl　　C. NH_4Ac　　D. Na_2CO_3

2. 用纯水将下列溶液稀释10倍时，其中pH值变化最小的是（　　）。

A. $c(HCl)=0.1mol \cdot L^{-1}$的HCl溶液

B. $c(NH_3)=0.1mol \cdot L^{-1}$的$NH_3 \cdot H_2O$溶液

C. $c(HAc)=0.1mol \cdot L^{-1}$的HAc溶液

D. $c(HAc)=0.1mol \cdot L^{-1}$的HAc溶液+$c(NaAc)=0.1mol \cdot L^{-1}$的NaAc溶液

3. 酸碱滴定中选择指示剂的原则是（　　）。

A. 指示剂应在pH=7.0时变色

B. 指示剂的变色域一定要包括计量点在内

C. 指示剂的变色域全部落在滴定的pH突跃范围之内

D. 指示剂的变色域全部或部分落在滴定的pH突跃范围之内

4. 用$c(HCl)=0.1mol \cdot L^{-1}$的HCl溶液滴定$c(NH_3)=0.1mol \cdot L^{-1}$的氨水溶液至化学计量点时溶液的pH值为（　　）。

A. 等于7.0　　B. 大于7.0

C. 小于7.0　　D. 等于8.0

5. 用$c(HCl)=0.1mol \cdot L^{-1}$的HCl溶液滴定$Na_2CO_3$至第一化学计量点时，可选用的指示剂为（　　）。

A. 甲基橙　　B. 酚酞　　C. 甲基红　　中性红

6. 标定NaOH溶液常用的基准物质是（　　）。

A. 无水碳酸钠　　B. 硼砂　　C. 邻苯二甲酸氢钾　　D. 碳酸钙

7. 用HCl滴定Na_2CO_3溶液的第一、二个化学计量点可分别用（　　）作为指示剂。

A. 甲基红和甲基橙　　B. 酚酞和甲基橙

C. 甲基橙和酚酞　　D. 酚酞和甲基红

8. 用同一瓶NaOH标准滴定溶液，分别滴定体积相等的H_2SO_4和HAc溶液，若消耗NaOH的体积相等，则说明H_2SO_4和HAc两溶液中的（　　）。

A. 氢离子浓度相等　　B. H_2SO_4的浓度为HAc浓度的1/2

C. H_2SO_4和HAc溶液的浓度相等　　D. H_2SO_4和HAc溶液的电离度相等

练习题

1. 求下列溶液的pH值

(1) $c(HCl)=0.001mol \cdot L^{-1}$ HCl溶液；

(2) $c(NaOH)=0.001mol \cdot L^{-1}$ NaOH溶液；

(3) $c(HAc)=0.01mol \cdot L^{-1}$ HAc溶液；($K_a=1.8\times10^{-5}$)

(4) $c(NH_3)=0.01mol \cdot L^{-1}$氨水溶液；($K_b=1.8\times10^{-5}$)

(5) $c(HAc)=0.1mol \cdot L^{-1}$ HAc和$c(NaOH)=0.1mol \cdot L^{-1}$ NaOH等体积混合溶液；

(6) $c(NH_3)=0.01mol \cdot L^{-1}$氨水和$c(HCl)=0.01mol \cdot L^{-1}$ HCl等体积混合溶液；

(7) $c(HAc)=0.1mol \cdot L^{-1}$ HAc和$c(NaAc)=0.1mol \cdot L^{-1}$ NaAc等体积混合溶液；

(8) $c(NaHCO_3)=0.1mol \cdot L^{-1}$ $NaHCO_3$溶液。($K_{a1}=4.2\times10^{-7}$、$K_{a2}=5.6\times10^{-11}$)

2. 欲配制pH＝6.0的HAc-NaAc缓冲溶液1000mL，已称取$NaAc \cdot 3H_2O$ 100g，问需加浓度为$15mol \cdot L^{-1}$的冰醋酸多少毫升？

3. 用0.2369g无水碳酸钠标定HCl标准滴定溶液的浓度，消耗22.35mL HCl溶液，计算该HCl溶液的物质的量浓度。

4. 中和30.00mL NaOH溶液，用去38.40mL $c\left(\frac{1}{2}H_2SO_4\right)=0.1000mol \cdot L^{-1}$的硫酸溶液，求NaOH溶液的物质的量浓度。

5. 称取0.8206g邻苯二甲酸氢钾（$KHC_8H_4O_4$），溶于水后用$c(NaOH)=0.2000mol \cdot L^{-1}$的NaOH标准滴定溶液滴定，问需消耗NaOH溶液多少毫升？

6. 称取1.5312g纯Na_2CO_3配成250.0mL溶液，计算此溶液的物质的量浓度。若取此溶液20.00mL，用HCl溶液滴定耗用34.20mL，计算HCl溶液的物质的量浓度。

7. 用基准无水Na_2CO_3标定$c(HCl)=0.1mol \cdot L^{-1}$的HCl标准滴定溶液，应取无水$Na_2CO_3$多少克？

8. 用邻苯二甲酸氢钾基准试剂标定$c(NaOH)=0.1mol \cdot L^{-1}$的NaOH标准滴定溶液，应称取邻苯二甲酸氢钾多少克？

9. 称取工业硫酸样品7.6521g，定容至250.0mL，取出25.00mL，滴定时用去$c(NaOH)=0.7500mol \cdot L^{-1}$的NaOH溶液20.00mL，计算样品中硫酸的质量分数为多少？

10. 称取工业品Na_2CO_3 0.9753g，用水溶解，以$c(H_2SO_4)=0.2500mol \cdot L^{-1}$的$H_2SO_4$标准滴定溶液滴定，以甲基橙为指示剂，滴定至溶液由黄色变为橙色，消耗硫酸溶液35.00mL，计算Na_2CO_3的纯度。

11. 称取含有杂质的CaO 1.500g，溶于40.00mL $c(HCl)=0.5000mol \cdot L^{-1}$的HCl溶液中，为滴定过量的HCl，用去2.50mL NaOH溶液，若1.00mL HCl相当于1.25mL NaOH溶液，问样品中CaO的质量分数为多少？

12. 将1.000g钢样中的S转化成SO_3，然后被50.00mL $c(NaOH)=0.01000mol \cdot L^{-1}$的NaOH溶液吸收，过量的NaOH再用$c(HCl)=0.01400mol \cdot L^{-1}$的HCl溶液滴定，用去22.65mL，计算钢样中的S含量。

13. 测定0.2471g肥料中的含氮量时，加浓碱溶液蒸馏，产生的NH_3用$c(HCl)=0.1015mol \cdot L^{-1}$的HCl溶液50.00mL吸收，滴定过量的HCl溶液时用去$c(NaOH)=0.1022mol \cdot L^{-1}$的NaOH溶液11.67mL，计算样品中的含氮量。

14. 今有含NaOH和Na_2CO_3的样品1.1790g，用水溶解后以酚酞为指示剂，加$c(HCl)=0.3000mol \cdot L^{-1}$的HCl溶液48.16mL时，溶液变为无色，再加甲基橙指示剂，继续用该酸滴定，则需消耗24.08mL，计算样品中NaOH和Na_2CO_3的含量。

15. 称取混合碱样品0.6839g，以酚酞为指示剂，用$c(HCl)=0.2000mol \cdot L^{-1}$的HCl标准滴定溶液滴定至终点，用去HCl溶液23.10mL，再加甲基橙指示剂，继续滴定至终点，又消耗HCl溶液26.81mL，求混合碱的组成及各组分的含量。

16. 用$c(HCl)=0.1200mol \cdot L^{-1}$的HCl标准滴定溶液滴定含25% CaO、70% $CaCO_3$、5%惰性杂质的混合物，若使HCl的用量在30mL左右，应称取试样多少克？

17. 为使$c(HCl)=1.003mol \cdot L^{-1}$的HCl标准滴定溶液滴定的毫升数的3倍恰好等于样品中Na_2CO_3的质量分数，问应称取样品多少克？

18. 一物质可能是苛性钠，也可能是苛性钾，此物质1.10g可与$c(HCl)=0.860mol \cdot L^{-1}$的HCl溶液31.4mL中和。问此物质是苛性钠还是苛性钾？其中含有多少不与酸起反应的杂质？

6 络合滴定法

学习指南 络合滴定法是利用形成络合物的反应为基础的滴定分析方法。最常用的络合剂为EDTA，用EDTA作为标准滴定溶液对金属离子进行定量滴定的方法，称为EDTA络合滴定法。本章主要讨论的是EDTA络合滴定法。由于络合滴定反应涉及的平衡比较复杂，为了处理各种因素对络合平衡的影响，引入了酸效应系数、络合效应系数及条件稳定常数等概念。通过本章内容的学习，除了应该掌握这些概念外，还必须掌握溶液的酸度对络合滴定的影响、络合滴定的基本原理；了解金属指示剂的作用原理以及金属指示剂应具备的条件；会应用络合滴定法进行无机物的定量分析；了解如何判断络合滴定法测定金属离子的可行性；熟悉提高络合滴定选择性的途径；熟练地掌握络合滴定的操作技能和有关计算。

络合滴定法是利用形成络合物的反应为基础的滴定分析方法。络合反应的实质可以用以下通式来表示：

$$\underset{\text{(金属离子)}}{M} + \underset{\text{(络合剂)}}{L} \rightleftharpoons \underset{\text{(络合物)}}{ML}$$

例如，用$AgNO_3$溶液滴定CN^-，Ag^+与CN^-发生络合反应，生成络离子$[Ag(CN)_2]^-$，其反应式如下：

$$Ag^+ + 2CN^- \rightleftharpoons [Ag(CN)_2]^-$$

当滴定到达化学计量点后，稍过量的Ag^+与$[Ag(CN)_2]^-$结合生成$Ag[Ag(CN)_2]$白色沉淀，使溶液变浑浊，指示终点的到达。

大多数金属离子都能与多种络合剂形成稳定性不同的络合物，但不是所有的络合反应都能用于络合滴定。能用于络合滴定的反应除必须满足滴定分析的基本条件外，还必须能生成稳定的、中心离子与络合体比例恒定的络合物，而且要易溶于水。

无机络合反应能用于滴定分析的很少。目前应用最广的是一种有机络合剂乙二胺四乙酸及其二钠盐，简称EDTA。EDTA能与大多数金属离子形成稳定而且组成简单的络合物，加上又可利用金属指示剂来指示滴定终点，而且还可通过控制溶液的酸度以及使用适当的掩蔽剂来消除共存离子的干扰，使EDTA络合滴定法广泛应用于无机物的定量分析中。

6.1 EDTA及其络合物

6.1.1 EDTA的性质

乙二胺四乙酸简称EDTA或EDTA酸，常用H_4Y表示其化学式。其结构式为：

$$\begin{matrix} HOOCH_2C \\ HOOCH_2C \end{matrix} \!\!>\! N-CH_2-CH_2-N \!<\!\! \begin{matrix} CH_2COOH \\ CH_2COOH \end{matrix}$$

由于它在水中的溶解度小（298K时，每100mL水溶解0.02g），通常用它的二钠盐$Na_2H_2Y \cdot 2H_2O$，也称EDTA或EDTA的二钠盐。它是一种无臭、无毒，易精制而且稳定的白色结晶状粉末。在水中的溶解度较大（298K时，每100mL水可溶解11.2g），此时溶液的浓度约为$0.3mol \cdot L^{-1}$，pH值约为4.4。

当 H_4Y 在酸度较高的溶液中时，可再接受 2 个 H^+ 生成 H_6Y^{2+}，这样 EDTA 就相当于六元酸，有六级离解常数：

$$H_6Y^{2+} \rightleftharpoons H_5Y^+ + H^+ \qquad K_{a1} = \frac{c(H^+)c(H_5Y^+)}{c(H_6Y^{2+})} = 10^{-0.9}$$

$$H_5Y^+ \rightleftharpoons H_4Y + H^+ \qquad K_{a2} = \frac{c(H^+)c(H_4Y)}{c(H_5Y^+)} = 10^{-1.6}$$

$$H_4Y \rightleftharpoons H_3Y^- + H^+ \qquad K_{a3} = \frac{c(H^+)c(H_3Y^-)}{c(H_4Y)} = 10^{-2.0}$$

$$H_3Y^- \rightleftharpoons H_2Y^{2-} + H^+ \qquad K_{a4} = \frac{c(H^+)c(H_2Y^{2-})}{c(H_3Y^-)} = 10^{-2.67}$$

$$H_2Y^{2-} \rightleftharpoons HY^{3-} + H^+ \qquad K_{a5} = \frac{c(H^+)c(HY^{3-})}{c(H_2Y^{2-})} = 10^{-6.46}$$

$$HY^{3-} \rightleftharpoons Y^{4-} + H^+ \qquad K_{a6} = \frac{c(H^+)c(Y^{4-})}{c(HY^{3-})} = 10^{-10.26}$$

在水溶液中，EDTA 总是以上述 7 种形式存在。在不同 pH 值的溶液中 EDTA 的主要存在形式不同，具体情况如表 6-1 所示。

表 6-1 不同 pH 值时，EDTA 的主要存在形式

pH 值	<0.9	0.9～1.6	1.6～2.0	2.0～2.67	2.67～6.16	6.16～10.26	>10.26
主要存在形式	H_6Y^{2+}	H_5Y^+	H_4Y	H_3Y^-	H_2Y^{2-}	HY^{3-}	Y^{4-}

在 pH<1 的强酸溶液中，EDTA 主要以 H_6Y^{2+} 存在；在 pH 为 2.67～6.16 时，主要以 H_2Y^{2-} 存在；仅在 pH>10.26 时才主要以 Y^{4-} 存在。值得注意的是，在 7 种形式中只有 Y^{4-}（为了方便，以下均用符号 Y 来表示 Y^{4-}）能与金属离子直接络合。因此，溶液的酸度成为影响 EDTA 金属离子络合物稳定性的重要因素。

6.1.2 EDTA 与金属离子形成的络合物

EDTA 分子中含有 2 个氨氮和 4 个羧氧，也就是说它有 6 个结合能力很强的配位原子。它能和大多数金属离子形成稳定的络合物。

EDTA 与金属离子的络合反应有以下特点：

① EDTA 与不同价态的金属离子形成络合物时，一般情况下络合比是 1∶1，化学计量关系简单。如以 M 代表金属、H_2Y^{2-} 代表 EDTA，其反应式如下：

$$M^{2+} + H_2Y^{2-} \rightleftharpoons MY^{2-} + 2H^+$$

$$M^{3+} + H_2Y^{2-} \rightleftharpoons MY^- + 2H^+$$

$$M^{4+} + H_2Y^{2-} \rightleftharpoons MY + 2H^+$$

上述反应的通式为

$$M^{n+} + H_2Y^{2-} \rightleftharpoons MY^{(n-4)} + 2H^+$$

② 络合物的稳定性高。EDTA 与大多数金属离子形成多个五元环的螯合物，具有较高的稳定性。图 6-1 为 Ca^{2+} 与 EDTA 所形成螯合物的立体结构示意图。由图可见，络离子中具有 5 个五元环，稳定性很好。

③ 大多数金属离子与 EDTA 形成络合物的反应速度很快（瞬间生成），符合滴定要求。

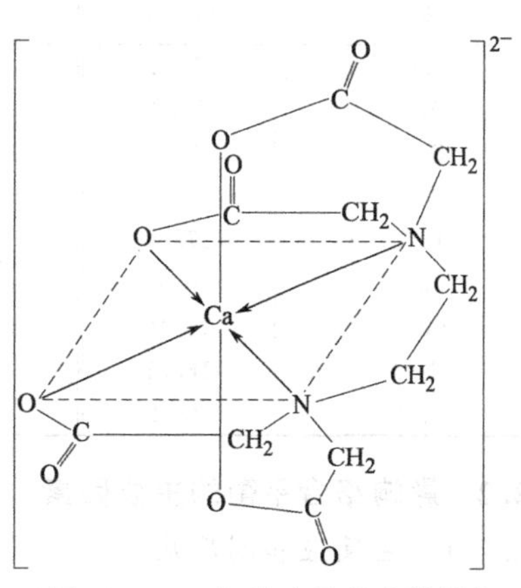

图 6-1 CaY^{2-} 络合物的立体结构

④ EDTA 的金属络合物易溶于水，与无色金属离子所形成的络合物都是无色的，与有色金属离子则形成颜色更深的络合物。例如

CaY^{2-}	无色	CoY^{2-}	紫红色
MgY^{2-}	无色	CuY^{2-}	深蓝色
NiY^{2-}	蓝绿色	FeY^{-}	黄色

⑤ EDTA 络合滴定法分析结果计算方便。

6.2 络合物在水溶液中的离解平衡

6.2.1 络合物的稳定常数

在络合反应中，络合物的形成和离解，同处于相对的平衡状态中，其平衡常数可以用稳定常数或不稳定常数（即离解常数）来表示，习惯上常用稳定常数 $K_{稳}$ 表示。

对于 1∶1 型的络合物 ML 来说，例如 Ca^{2+} 与 EDTA 的络合反应为：

$$Ca^{2+} + Y^{4-} \rightleftharpoons CaY^{2-}$$

当络合反应达到平衡时

$$K_{稳} = \frac{c(CaY^{2-})}{c(Ca^{2+})c(Y^{4-})} = 4.90 \times 10^{10}$$

$$\lg K_{稳} = 10.69$$

对于具有相同配位数的络合物或络离子，$K_{稳}$ 或 $\lg K_{稳}$ 值越大，说明络合物越稳定。反之，则不稳定。

EDTA 与金属离子形成 1∶1 型络合物的通式可简写为：

$$M + Y \rightleftharpoons MY$$

将各组分的电荷略去，络合物的稳定常数为

$$K_{MY} = \frac{c(MY)}{c(M) \times c(Y)} \tag{6-1}$$

K_{MY} 也称为 MY 的形成常数。一些金属离子与 EDTA 形成的络合物 MY 的稳定常数见表 6-2。由表中数据可知，绝大多数金属离子与 EDTA 形成的络合物都相当稳定。

表 6-2 一些金属离子 EDTA 络合物的 $\lg K_{MY}$ （I=0.1，293～298K）

离子	$\lg K_{MY}$	离子	$\lg K_{MY}$	离子	$\lg K_{MY}$
Ag^{+}	7.32	Cu^{2+}	18.80	Ni^{2+}	18.62
Al^{3+}	16.3	Fe^{2+}	14.32	Pb^{2+}	18.04
Ba^{2+}	7.86	Fe^{3+}	25.1	Sn^{2+}	22.11
Be^{2+}	9.3	Hg^{2+}	21.7	Sr^{2+}	8.73
Bi^{3+}	27.94	In^{3+}	25.0	Th^{4+}	23.2
Ca^{2+}	10.69	Mg^{2+}	8.7	Ti^{3+}	21.3
Cd^{2+}	16.46	Mn^{2+}	13.87	Tl^{3+}	37.8
Co^{2+}	16.31	Mo^{2+}	28	Zn^{2+}	16.50
Cr^{3+}	23.4	Na^{+}	1.66	ZrO^{2+}	29.5

6.2.2 影响络合平衡的主要因素

6.2.2.1 主反应和副反应

在络合滴定中。往往涉及多个化学平衡，除 EDTA 与被测金属离子 M 之间的络合反应

外，还存在着 EDTA 与 H^+ 和其它共存金属离子 N 之间的反应，被测金属离子与溶液中其它络合剂的反应等。一般将 EDTA（Y）与被测金属离子 M 的反应称为主反应，而溶液中存在的其它反应都称为副反应。

$$
\begin{array}{ccccccc}
M & + & Y & \rightleftharpoons & MY & & \text{主反应} \\
\swarrow^{OH^-} \searrow^{L} & & \swarrow^{H^+} \searrow^{N} & & \swarrow^{H^+} \searrow^{OH^-} & & \\
M(OH) \quad ML & & HY \quad NY & & MHY \quad M(OH)Y & & \text{副反应} \\
\vdots \qquad \vdots & & \vdots & & & & \\
M(OH)_n \quad ML_n & & H_6Y & & & &
\end{array}
$$

由于副反应的存在，使主反应的化学平衡发生移动，主反应产物 MY 的稳定性发生变化。其中 H^+ 与 Y 的副反应对主反应的影响是必然存在的，往往也是影响最大的因素，所以是在 EDTA 滴定中首先要考虑的问题。

6.2.2.2 酸效应和酸效应曲线

因 H^+ 的存在使 EDTA 络合化合物稳定性降低的现象称为酸效应。酸效应的程度用酸效应系数来衡量，EDTA 的酸效应系数用符号 $\alpha_{Y(H)}$ 表示。所谓酸效应系数是指在一定酸度下，EDTA 各种存在形式的总浓度 $c(Y')$ 与能直接参与主反应的 Y^{4-} 的平衡浓度之比，用符号 $\alpha_{Y(H)}$ 表示。即

$$\alpha_{Y(H)}=\frac{c(Y')}{c(Y^{4-})} \tag{6-2}$$

表 6-3 给出了不同 pH 值下的 $\lg\alpha_{Y(H)}$ 值。由表 6-3 可知，随溶液的酸度增大，$\lg\alpha_{Y(H)}$ 值增大。即酸效应显著，显然，$c(Y')$ 值一定时，溶液的酸度愈大，$\lg\alpha_{Y(H)}$ 值愈大，$c(Y^{4-})$ 值则愈小，也就是 EDTA 参与络合反应的能力显著降低。而在 pH 大于 12 时，可忽略酸效应的影响。

表 6-3 EDTA 的酸效应系数 [$\lg\alpha_{Y(H)}$]

pH	$\lg\alpha_{Y(H)}$	pH	$\lg\alpha_{Y(H)}$	pH	$\lg\alpha_{Y(H)}$
0.0	21.38	3.4	9.71	6.8	3.55
0.4	19.59	3.8	8.86	7.0	3.32
0.8	18.01	4.0	8.44	7.5	2.78
1.0	17.20	4.4	7.64	8.0	2.26
1.4	15.68	4.8	6.84	8.5	1.77
1.8	14.21	5.0	6.45	9.0	1.29
2.0	13.51	5.4	5.69	9.5	0.83
2.4	12.24	5.8	4.98	10.0	0.45
2.8	11.13	6.0	4.65	11.0	0.07
3.0	10.63	6.4	4.06	12.0	0.00

以 pH 对 $\lg\alpha_{Y(H)}$ 作图，即得 EDTA 的酸效应曲线（图 6-2），从酸效应曲线上也可查得不同 pH 下的 $\lg\alpha_{Y(H)}$ 值。

6.2.3 EDTA 络合物的条件稳定常数

前面已经就式(6-1) 讨论了 EDTA 与金属离子所形成络合物的稳定常数 K_{MY} 越大，表示络合反应进行完全的趋势越大，生成的络合物 MY 就越稳定。其实，这是在理想状态下的平衡常数，没有考虑溶液中其它条件的影响。这个常数称为绝对稳定常数。而实际工作中会有副反

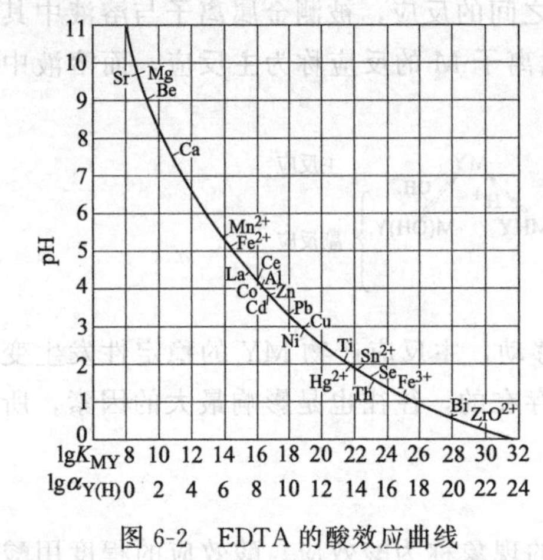

图 6-2　EDTA 的酸效应曲线

应存在，主反应的平衡要发生移动，络合物的稳定性降低。这时就不能采用 K_{MY} 来衡量络合物的实际稳定性了，而是应该采用络合物的条件稳定常数 K'_{MY}。它表示在一定条件下 MY 的实际稳定程度，因此，K'_{MY} 是用副反应校正后的实际稳定常数。

将式(6-2) 代入式(6-1) 得

$$K_{MY}=\frac{c(MY)}{c(M)c(Y^{4-})}=\frac{c(MY)\alpha_{Y(H)}}{c(M)c(Y')}$$

$$\frac{c(MY)}{c(M)c(Y')}=\frac{K_{MY}}{\alpha_{Y(H)}}=K'_{MY} \tag{6-3}$$

等式两边取对数得

$$\lg K'_{MY}=\lg K_{MY}-\lg\alpha_{Y(H)} \tag{6-4}$$

这里，络合物的条件稳定常数仅考虑酸效应对 EDTA 的影响（通常情况下其它副反应在实际测定条件下，大多可以不考虑，故在此未考虑），它说明了溶液在一个确定的 pH 值时，络合物的实际稳定程度。由此可见，溶液的 pH 值越大，$\lg\alpha_{Y(H)}$ 值越小，K'_{MY} 值就越大，络合反应越完全，对络合滴定越有利。

【例 6-1】 计算 pH＝5 和 pH＝10 时，MgY 的条件稳定常数 K'_{MgY}。

解　已知 $\lg K_{MgY}=8.69$　pH＝5 时 $\lg\alpha_{Y(H)}=6.45$

$$\lg K'_{MY}=\lg K_{MY}-\lg\alpha_{Y(H)}=8.69-6.45=2.24$$

pH＝10 时 $\lg\alpha_{Y(H)}=0.45$　$\lg K'_{MY}=\lg K_{MY}-\lg\alpha_{Y(H)}=8.69-0.45=8.24$

计算表明，MgY 在 pH＝10 时的 K'_{MY} 比 pH＝5 时的 K'_{MY} 大 10^6 倍，故稳定性较好。

必须指出：在络合滴定中，要全面考虑酸度对络合滴定的影响。过高的 pH 值会使某些金属离子水解生成氢氧化物沉淀而降低金属离子的浓度。例如滴定 Mg^{2+} 时要求溶液的 pH＜12，否则会产生 $Mg(OH)_2$ 沉淀。任何金属离子的络合滴定都要求控制在一定酸度范围内进行。此外，络合反应本身会释放出 H^+，使溶液的酸度升高，为此在络合滴定时，总要加入一定量 pH 缓冲溶液，以保持溶液的酸度基本稳定不变。

6.3　络合滴定的基本原理

6.3.1　络合滴定曲线

在络合滴定中，被测的是金属离子。所以，滴定过程中随着 EDTA 标准滴定溶液的滴入，溶液中金属离子的浓度不断减小。由于金属离子浓度一般较小（10^{-2}mol·L^{-1}），常用 pM [$=-\lg c(M)$] 来表示，滴定到达化学计量点时，pM 将发生突变，可利用适当方法指示。利用滴定过程中 pM 随滴定剂 EDTA 滴入量的变化而变化的关系来绘制成曲线，该曲线称为络合滴定曲线。图 6-3 表示在不同 pH 值下，用 $c(EDTA)=0.01$mol·L^{-1} 的 EDTA 标准滴定溶液滴定 $c(Ca^{2+})=0.01$mol·L^{-1} 的 Ca^{2+} 溶液时，滴定过程中 Ca^{2+} 浓度随 EDTA 加入量的变化而变化的情况。

由图可知，该滴定曲线与酸碱滴定曲线相似，随着滴定剂 EDTA 的加入，金属离子的浓度在化学计量点附近有突跃变化。

讨论络合滴定的滴定曲线主要是为了选择适当的条件，其次是为选择指示剂提供一个大概的范围。

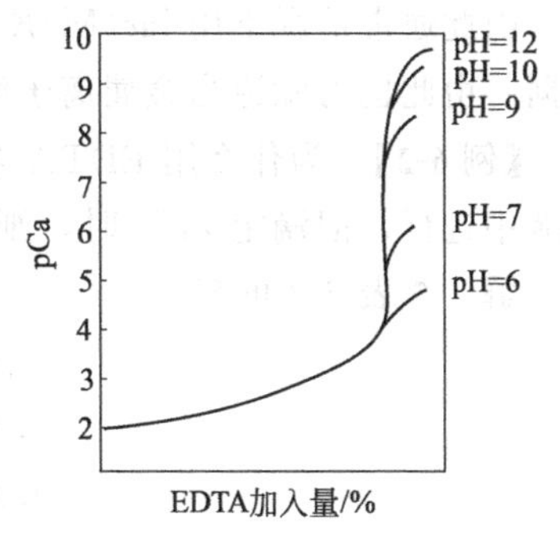

图 6-3 不同 pH 值时用 $c(\mathrm{EDTA})=0.01\mathrm{mol\cdot L^{-1}}$ 的 EDTA 溶液滴定 $c(\mathrm{Ca^{2+}})$ $0.01\mathrm{mol\cdot L^{-1}}$ 的 $\mathrm{Ca^{2+}}$ 的滴定曲线

6.3.2 影响滴定突跃范围大小的因素

络合滴定曲线下限起点的高低，取决于金属离子的原始浓度 $c(\mathrm{M})$，曲线上限的高低，则取决于络合物的 $\lg K'_{\mathrm{MY}}$ 值，因此，滴定曲线突跃范围的大小取决于被滴定金属离子的浓度及络合物的条件稳定常数。

6.3.2.1 被滴定金属离子浓度的影响

金属离子的浓度越低，滴定曲线的起点就越高，滴定突跃就越小（见图 6-4）。

6.3.2.2 络合物的条件稳定常数对滴定突跃的影响

络合物的条件稳定常数越大，滴定突跃也越大。而影响络合物条件稳定常数的因素除绝对稳定常数 K_{MY} 外，还有溶液酸度的影响。

（1）K_{MY}的影响　络合物的 K_{MY} 值由其本性决定，K_{MY} 值越大，条件稳定常数 K'_{MY} 值也越大，突跃增大（见图 6-5）。

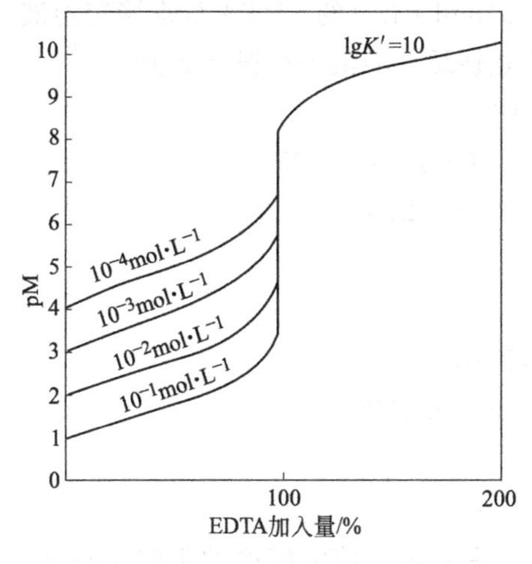

图 6-4 EDTA 滴定不同浓度 $\mathrm{M^{n+}}$ 的滴定曲线

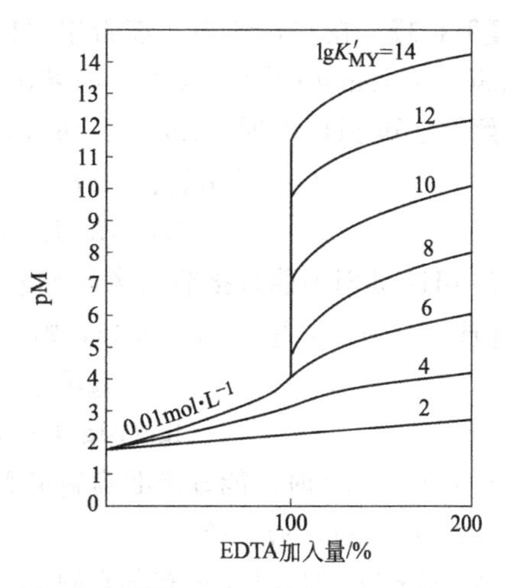

图 6-5 不同 $\lg K'_{\mathrm{MY}}$ 时用 $0.01\mathrm{mol\cdot L^{-1}}$ EDTA 溶液滴定 $0.01\mathrm{mol\cdot L^{-1}}$ $\mathrm{M^{n+}}$ 的滴定曲线

（2）溶液 pH 值的影响　溶液的酸度越高，$\lg\alpha_{\mathrm{Y(H)}}$ 就越大，$\lg K'_{\mathrm{MY}}$ 值也越小，滴定曲线中计量点后的平台部分（即上限）降低，突跃减小。如果酸度太高，则突跃太小，就无法用指示剂确定终点。

6.3.3 单一金属离子滴定可行性的判断和酸度的选择

6.3.3.1 可行性判断

在络合滴定中，通常采用指示剂来指示终点。在理想的情况下，指示剂的变色点与化学计量点一致，但由于肉眼判断颜色的局限性仍可能造成滴定终点与化学计量点之间有差距（$\Delta\mathrm{pM}=\pm0.2\mathrm{pM}$ 单位），络合滴定一般要求滴定的相对误差不超过±0.1%，根据终点误差理论可知，此时要求被滴定金属离子的浓度 $c(\mathrm{M})$ 与其络合物的条件稳定常数 K'_{MY} 的乘积≥10^6，即

$$\lg c(\mathrm{M})K'_{\mathrm{MY}}\geqslant 6 \tag{6-5}$$

因此通常情况下用 $\lg c(M)K'_{MY} \geqslant 6$ 作为络合滴定中判断能否准确滴定单一金属离子的依据。由此也可知道当金属离子浓度为 10^{-2} mol·L^{-1}，要求络合物的 $\lg K'_{MY} \geqslant 8$。

【例 6-2】 为什么用 EDTA 溶液滴定 Ca^{2+} 时，必须在 pH=10.0 而不能在 pH=5.0 的溶液中进行，但滴定 Zn^{2+} 时，则可以在 pH=5.0 时进行？

解 查表 6-3 可知

$$pH=5.0 \text{ 时}，\lg\alpha_{Y(H)}=6.45$$

$$pH=10.0 \text{ 时}，\lg\alpha_{Y(H)}=0.45$$

$$\lg K_{ZnY}=16.50，\lg K_{CaY}=10.7$$

根据式(6-4) $\quad \lg K'_{MY}=\lg K_{MY}-\lg\alpha_{Y(H)}$

pH=5.0 时，$\lg K'_{ZnY}=\lg K_{ZnY}-\lg\alpha_{Y(H)}=16.50-6.45=10.05>8$

$\lg K'_{CaY}=\lg K_{CaY}-\lg\alpha_{Y(H)}=10.7-6.45=4.25<8$

pH=10.0 时，$\lg K'_{ZnY}=\lg K_{ZnY}-\lg\alpha_{Y(H)}=16.50-0.45=16.05>8$

$\lg K'_{CaY}=\lg K_{CaY}-\lg\alpha_{Y(H)}=10.7-0.45=10.25>8$

由此可见，pH=5.0 时，用 EDTA 溶液不能准确滴定 Ca^{2+}，但可以准确滴定 Zn^{2+}。而 pH=10 时，Ca^{2+} 和 Zn^{2+} 都可以用 EDTA 溶液准确滴定。

【例 6-3】 在 pH=5 时，能否用 c(EDTA)=0.01mol·L^{-1}的 EDTA 标准滴定溶液直接准确滴定 0.01mol·L^{-1} Mg^{2+}？如果在 pH=10 的氨性缓冲溶液中情况又如何？

解 已知 pH=5 时，$\lg\alpha_{Y(H)}=6.45 \quad \lg K_{MgY}=8.7$

$$\lg K'_{MgY}=\lg K_{MgY}-\lg\alpha_{Y(H)}=8.7-6.45=2.25$$

$$\lg c(Mg)K'_{MgY}=-2+2.25=0.25<6$$

故 pH=5 时不能直接准确滴定 Mg^{2+}。

pH=10.0 时，$\lg\alpha_{Y(H)}=0.45$，则

$$\lg K'_{MgY}=8.7-0.45=8.25$$

$$\lg c(Mg)K'_{MgY}=-2+8.25=6.25>6$$

故 pH=10.0 时，能直接准确滴定 Mg^{2+}。

6.3.3.2 *溶液酸度的选择*

如果除酸效应以外，没有其它副反应，则 $\lg K'_{MY}$ 主要是受溶液酸度的影响。酸度增高，$\lg K'_{MY}$ 值减小，最后可能会导致 $\lg c(M)K'_{MY}<6$，这就不能准确地进行滴定了。因此，溶液的酸度是有一个上限的，超过此值就会引起较大的滴定误差（>0.1%）。这一最高允许的酸度就是滴定该金属离子的最高允许酸度，与之相应的溶液的 pH，称为最低允许 pH 值。滴定不同的金属离子有不同的最高允许酸度。

金属离子的最高允许酸度与它被测时的浓度有关。在络合滴定中，c(M) 一般为 0.01mol·L^{-1}左右，若 $\lg K'_{MY} \geqslant 8$ 金属离子可被准确滴定，又不考虑其它副反应的影响，则

$$\lg K'_{MY}=\lg K_{MY}-\lg\alpha_{Y(H)} \geqslant 8$$

$$\lg\alpha_{Y(H)} \leqslant \lg K_{MY}-\lg K'_{MY}=\lg K_{MY}-8 \tag{6-6}$$

当金属离子确定后，按式(6-6)可计算出 $\lg\alpha_{Y(H)}$，它所对应的酸度就是滴定该金属离子的最高允许酸度。然后从表 6-3 或酸效应曲线便可求得相应的 pH，即最低 pH。

【例 6-4】 计算用 c(EDTA)=0.01mol·L^{-1}的 EDTA 溶液滴定 $c(Mg^{2+})$=0.01mol·L^{-1}的 Mg^{2+}时的最高允许酸度（最低允许 pH）。

解　已知　　　　　　　　$\lg K_{MgY}=8.7$

则　　　　　　　　$\lg\alpha_{Y(H)}\leqslant\lg K_{MgY}-8=0.7$

查表或酸效应曲线可知，此时 pH≥9.7，所以，滴定 $c(Mg^{2+})=0.01mol\cdot L^{-1}$ 的 Mg^{2+} 时的最高允许酸度（最低允许 pH）约为 10。

用上述方法可以计算出滴定各种金属离子时的最低 pH 值，列于表 6-4 中。

表 6-4　部分金属离子被 EDTA 溶液滴定的最低 pH 值

金属离子	$\lg K_{MY}$	最低 pH 值	金属离子	$\lg K_{MY}$	最低 pH 值
Mg^{2+}	8.7	≈9.7	Pb^{2+}	18.04	≈3.2
Ca^{2+}	10.96	≈7.5	Ni^{2+}	18.62	≈3.0
Mn^{2+}	13.87	≈5.2	Cu^{2+}	18.80	≈2.9
Fe^{2+}	14.32	≈5.0	Hg^{2+}	21.80	≈1.9
Al^{3+}	16.30	≈4.2	Sn^{2+}	22.12	≈1.7
Co^{3+}	16.31	≈4.0	Cr^{3+}	23.40	≈1.4
Cd^{2+}	16.46	≈3.9	Fe^{3+}	25.10	≈1.0
Zn^{2+}	16.50	≈3.9	ZrO^{2+}	29.50	≈0.4

也可将滴定各种金属离子时的最低 pH 值标注在 EDTA 的酸效应曲线上，可供实际工作时参考。这曲线通常又称为 Ringbom（林邦）曲线。

从酸效应曲线可以得到什么结论呢？

请你仔细分析一下酸效应曲线（图 6-2），可以得到什么样的结论？从酸效应曲线可知：

① 用 EDTA 准确滴定各种金属离子时，溶液应控制的最低 pH 值。例如，用 EDTA 滴定 Zn^{2+} 时，最低 pH 值为 3.9；滴定 Fe^{3+} 时，最低 pH 值为 1。

② 用 EDTA 滴定某种金属离子时，判断哪些离子可能会有干扰。例如，pH＝12 时，用 EDTA 滴定 Hg^{2+} 时，Fe^{3+} 会有干扰；在 pH＝10 左右滴定 Mg^{2+}，则 Ca^{2+}、Mn^{2+} 等有干扰。

③ 当溶液中有几种金属离子共存时，可以利用控制溶液酸度的方法进行选择性滴定或连续滴定。处在曲线上相隔愈远的离子愈容易利用控制溶液酸度进行选择性滴定或连续滴定。而相近的离子则不行。

6.4　金属指示剂

在络合滴定中，通常利用一种能与金属离子生成有色络合物的显色剂来指示滴定终点，这种显色剂称为金属离子指示剂，简称金属指示剂。

6.4.1　金属指示剂的变色原理

金属指示剂本身常常是一种络合剂，它能和金属离子 M 生成与其本身颜色（A 色）不同的有色（B 色）络合物。

$$\underset{\substack{(\text{指示剂})\\(\text{A色})}}{In} + M \rightleftharpoons \underset{\substack{(\text{指示剂-金属络合物})\\(\text{B色})}}{MIn}$$

在滴定过程中，随着 EDTA 的滴加，溶液中游离的金属离子逐渐地被络合形成 MY，由于 EDTA 与金属离子形成的络合物 MY 比指示剂与金属离子形成的络合物 MIn 更稳定（$\lg K'_{MY} > \lg K'_{MIn}$）。因此，滴定达到化学计量点时，EDTA 就夺取 MIn（B色）中的 M 形成 MY 而置换出 In，使溶液呈现 In 本身的颜色（A色）。

$$\underset{(B色)}{MIn} + Y \rightleftharpoons MY + \underset{(A色)}{In}$$

许多金属指示剂不仅具有络合剂的性质，而且也是多元弱酸（碱），能随溶液 pH 值的变化而显示出不同的颜色。例如铬黑 T 是一种三元弱酸，在 pH<6 或>12 时，指示剂溶液本身呈红色，与形成的金属离子络合物 MIn 的颜色没有显著的差别；在 pH=8～11 时，指示剂溶液呈蓝色，显然在此 pH 范围内进行滴定到终点时，溶液颜色由红色变为蓝色，颜色变化明显。因此，使用金属指示剂时必须选有合适的 pH 范围。

6.4.2　金属指示剂应具备的条件

① 在滴定的 pH 范围内，MIn 与 In 的颜色要有显著的差别。

② MIn 要有足够的稳定性，但又应比 MY 的稳定性略低。一般要求 $\lg K'_{MIn} \geqslant 5$，$\lg K'_{MY} - \lg K'_{MIn} > 2$。

③ 指示剂与金属离子的显色反应必须灵敏、迅速，有良好的变色可逆性，有一定的选择性。

④ 指示剂要稳定，便于贮存和使用。

⑤ 指示剂与金属离子形成的络合物易溶于水。

MIn 的稳定性对滴定终点的影响

如果 MIn 的稳定性过低，容易使滴定终点提前到达，且变色不敏锐；如果 MIn 的稳定性过高，就会使滴定终点拖后，甚至使 EDTA 不能夺取其中的金属离子而不出现滴定终点，这种现象称为指示剂的封闭现象。例如，用铬黑 T 作指示剂，在 pH=10 时用 EDTA 滴定 Ca^{2+}、Mg^{2+} 时，若溶液中有 Al^{3+}、Fe^{3+}、Ni^{2+} 或 Co^{2+}，则对铬黑 T 有封闭作用。这时可加入少量三乙醇胺（掩蔽 Al^{3+}、Fe^{3+}）和 KCN（掩蔽 Ni^{2+}、Co^{2+}）以消除干扰。

*6.4.3　金属指示剂的选择

从络合滴定曲线可知，在化学计量点附近，被滴定的金属离子的浓度（或 pM）发生突跃变化。因此，要求指示剂变色点的 pM 值处于滴定曲线的突跃范围内。实际工作中，对于络合滴定大多采用实验的方法选择合适的指示剂。

6.4.4　常用金属指示剂及其配制方法

常用金属指示剂及其配制方法见表 6-5。

表 6-5　常用金属指示剂及其配制方法

指示剂	使用 pH 范围	颜色变化		直接滴定离子	配制方法
		In	MIn		
铬黑 T(EBT)	8～10	蓝	红	pH = 10，Mg^{2+}、Zn^{2+}、Cd^{2+}、Pb^{2+}、Mn^{2+}	1g 铬黑 T 与 100g NaCl 混合研细，5g·L^{-1} 醇溶液加 20g 盐酸羟胺
二甲酚橙(XO)	<6	黄	红紫	pH 为 1～3，Bi^{3+} pH 为 5～6，Zn^{2+}、Cd^{2+}、Pb^{2+}	2g·L^{-1} 水溶液

续表

指示剂	使用pH范围	颜色变化		直接滴定离子	配制方法
		In	MIn		
钙指示剂(NN)	12～13	蓝	红	pH为12～13，Ca^{2+}	1g钙指示剂与100g NaCl混合研细
磺基水杨酸钠	1.5～2.5	淡黄	紫红	pH为1.5～3，Fe^{3+}	$100g\cdot L^{-1}$水溶液
K-B指示剂	8～13	蓝	红	pH=10，Mg^{2+}、Zn^{2+} pH=13，Ca^{2+}	100g酸性铬蓝K与2.5g萘酚绿B和50g KNO_3混合研细
PAN	2～12	黄	红	pH为2～3，Bi^{3+} pH为4～5，Cu^{2+}、Ni^{2+} pH为5～6，Cu^{2+}、Cd^{2+}、Pb^{2+}、Zn^{2+}、Sn^{2+} pH=10，Cu^{2+}、Zn^{2+}	$1g\cdot L^{-1}$或$2g\cdot L^{-1}$乙醇溶液

6.5 提高络合滴定选择性的方法

由于EDTA能与许多金属离子形成稳定的络合物，那么如何来提高络合滴定的选择性，避免干扰，分别滴定某一种或几种离子呢？提高选择性的途径主要是：设法降低干扰离子的浓度或降低干扰离子与EDTA络合物的稳定性，实质上就是减小干扰离子与EDTA络合物的条件稳定常数。常用的方法如下。

6.5.1 控制溶液的酸度

前面已经讨论过不同金属离子的EDTA络合物的稳定常数是不同的，因而在滴定时允许的最低pH值也不同。若溶液中同时有两种或两种以上的金属离子，控制溶液的酸度，使其只能满足某一种离子的最低pH值，则此时只要能有一种离子形成稳定的络合物而被滴定，其它离子不容易被络合，这样就可避免干扰。

例如，含有Fe^{3+}、Al^{3+}、Ca^{2+}和Mg^{2+}的溶液，如果控制溶液的酸度，使溶液的pH=1，此时只能满足滴定Fe^{3+}的最低允许pH值要求，而这个pH值已远低于Al^{3+}、Ca^{2+}和Mg^{2+}等离子的最低允许pH值了。因此，用EDTA溶液滴定Fe^{3+}时，其它三种离子就不会产生干扰。

当几种离子共存时，能否用控制溶液酸度的方法来分别滴定呢？一般来说，若溶液中两种金属离子M和N，它们均可与EDTA形成络合物，而且$\lg K'_{MY}>\lg K'_{NY}$。当用EDTA滴定时，若M、N的浓度相等，M首先被滴定，若$\lg K'_{MY}$与$\lg K'_{NY}$相差足够大，则M被定量滴定后，EDTA才与N作用，这样，N的存在并不干扰M的准确滴定。显然，两种金属离子的EDTA络合物的条件稳定常数相差越大，被测金属离子的浓度越大，共存离子浓度越小，则在N离子存在下准确滴定M离子的可能性就越大。根据理论推导，要想在M、N两种离子共存时通过控制溶液的酸度来准确滴定M离子，必须满足：

$$\frac{c(\mathrm{M})K'_{\mathrm{MY}}}{c(\mathrm{N})K'_{\mathrm{NY}}}\geqslant 10^5 \tag{6-7}$$

即必须同时满足式(6-6)和式(6-7)两个条件。

当M与N两种金属离子浓度相等时，式(6-7)也可写作$\lg K'_{MY}-\lg K'_{NY}\geqslant 5$，这样就可以从酸效应曲线上很方便地查知能否在N离子共存时准确滴定M离子。

【例6-5】 若在一溶液中，同时含有Fe^{3+}、Al^{3+}，而且浓度均为$0.01mol\cdot L^{-1}$，问能

否通过控制溶液的酸度用 EDTA 选择滴定 Fe^{3+}？如何控制？

解 已知 $\lg K_{FeY}=25.1$，$\lg K_{AlY}=16.3$

在同一溶液中，$c(Fe^{3+})=c(Al^{3+})$，EDTA 的酸效应一定，在无其它副反应时：

$$\lg K'_{MY}-\lg K'_{NY}=\lg K_{MY}-\lg\alpha_{Y(H)}-\lg K_{NY}+\lg\alpha_{Y(H)}=\lg K_{MY}-\lg K_{NY}$$

$$\lg K_{FeY}-\lg K_{AlY}=25.1-16.3=8.8>5$$

所以，可通过控制溶液的酸度来选择性滴定 Fe^{3+}，而 Al^{3+} 不干扰。

从酸效应曲线上查得 Fe^{3+} 的最高允许酸度为 pH=1.2，而在 pH=1.8 时，Fe^{3+} 要发生水解生成氢氧化铁沉淀，所以，可控制溶液 pH 为 1.2～1.8 滴定 Fe^{3+}，从酸效应曲线上可看出，这时 Al^{3+} 不会被滴定。然后再调整溶液的酸度，在 pH=4.0～4.2 滴定 Al^{3+}。由于 Al^{3+} 与 EDTA 的络合反应速度较慢，常采用加入过量 EDTA 标准滴定溶液后，再用 Zn^{2+} 标准滴定溶液回滴剩余的 EDTA 的方法来测定 Al^{3+} 的含量。

6.5.2 掩蔽和解蔽

当被测金属离子和干扰离子络合物的稳定常数相差不大，即不能满足式(6-7) 时，就不能用控制溶液酸度的方法进行选择性滴定。此时，可以加入某种试剂，使之仅与干扰离子 N 反应，使溶液中 N 离子的浓度大大地降低。这样，N 离子对 M 离子的干扰就会减弱甚至消除。这种方法称为掩蔽法。常用的掩蔽法有：络合掩蔽法、氧化还原掩蔽法和沉淀掩蔽法等。

(1) 络合掩蔽法　利用络合反应降低干扰离子的浓度的方法，称为络合掩蔽法。例如，溶液中有 Al^{3+} 和 Zn^{2+} 时，在 pH=5.5 的酸性溶液中，可用 NH_4F 掩蔽 Al^{3+} 以滴定 Zn^{2+}。

(2) 氧化还原掩蔽法　利用氧化还原反应，改变干扰离子的价态，以消除干扰的方法，称为氧化还原掩蔽法。例如，在滴定 Bi^{3+} 时，为防止 Fe^{3+} 的干扰，可加入抗坏血酸或盐酸羟胺等，将 Fe^{3+} 还原为 Fe^{2+}，由于 Fe^{2+} 的 EDTA 络合物稳定常数（$10^{14.33}$）比 Fe^{3+} 的 EDTA 络合物稳定常数（$10^{25.1}$）小得多，完全可以避免 Fe^{3+} 的干扰。

(3) 沉淀掩蔽法　利用沉淀反应降低干扰离子的浓度，以消除干扰的方法，称为沉淀掩蔽法。例如，于 pH≥12 的溶液中，用 EDTA 滴定 Ca^{2+} 时 Mg^{2+} 生成了 $Mg(OH)_2$ 沉淀，此时可采用钙指示剂用 EDTA 滴定 Ca^{2+}。

常用的掩蔽剂列于表 6-6。

表 6-6　常用的掩蔽剂

掩蔽剂	pH 范围	被掩蔽的离子	备　注
KCN	pH>8	Cu^{2+}、Ni^{2+}、Co^{2+}、Cd^{2+}、Zn^{2+}、Hg^{2+}、Ag^{+}、Fe^{3+}、Fe^{2+}	
	pH=6	Cu^{2+}、Ni^{2+}、Co^{2+}	
NH₄F	强碱性	Mn^{2+}	Mn^{2+} 氧化成 Mn^{3+} 再络合
	pH 为 4～6	Al^{3+}、Ti^{3+}、Sn^{4+}	
	pH=10	Al^{3+}、Mg^{2+}、Ca^{2+}、Sr^{2+}、Ba^{2+}	
酒石酸	pH 为 4～6	Fe^{3+}、Al^{3+}、Sb^{3+}、Sn^{4+}	
	pH≥10		
草酸	酸性	Fe^{3+}、Fe^{2+}、Cu^{2+}、Al^{3+}、Sn^{4+}	
乙酰丙酮	pH 为 5～6	Fe^{3+}、Al^{3+}	
三乙醇胺	碱性	Fe^{3+}、Al^{3+}、Mn^{2+}	

续表

掩蔽剂	pH 范围	被掩蔽的离子	备 注
抗坏血酸	酸性	Fe^{3+}、Cu^{2+}、Hg^{2+}	
	pH>6	Cr^{3+}	
邻二氮菲	pH 为 5～6	Cu^{2+}、Ni^{2+}、Co^{2+}、Cd^{2+}、Zn^{2+}、Hg^{2}、Mn^{2+}	
二巯基丙醇	pH=10	Hg^{2+}、Cd^{2+}、Zn^{2+}、Pb^{2+}、Bi^{3+}、Ag^{+}、Sb^{3+}、Sn^{4+}及少量Cu^{2+}、Ni^{2+}、Co^{2+}、Fe^{3+}	
硫脲	pH 为 5～6	Cu^{2+}、Hg^{2+}	
铜试剂(DDTC)	pH=10	与Cu^{2+}、Hg^{2+}、Pb^{2+}、Cd^{2+}、Bi^{3+}生成沉淀	

解蔽　将干扰离子掩蔽起来滴定被测离子后，再加入一种试剂，使已经被掩蔽剂结合的干扰离子重新释放出来，再进行滴定的方法称为解蔽。

例如，用络合滴定法测定 Zn^{2+} 和 Pb^{2+} 时，可在氨性溶液中加 KCN 掩蔽 Zn^{2+}，以铬黑 T 为指示剂，用 EDTA 溶液滴定 Pb^{2+}（pH＝10），然后加入甲醛或三氯乙醛破坏 $[Zn(CN)_4]^{2-}$，再用 EDTA 溶液滴定 Zn^{2+}。

$$4HCHO+[Zn(CN)_4]^{2-}+4H_2O = Zn^{2+}+4H_2C(OH)CN+4OH^-$$

表 6-7 列举了几种离子的掩蔽和解蔽方法示例。

表 6-7　掩蔽和解蔽方法示例

离子	掩 蔽 方 法	解 蔽 方 法
Sn^{4+}	加 NH_4F，生成 SnF_6^{2-}	加 H_3BO_3（生成 BF_4^-）
Mg^{2+}	pH>12，生成 $Mg(OH)_2\downarrow$	pH<10，沉淀溶解
Ca^{2+}	加 NH_4F，生成 $CaF_2\downarrow$	加入 Al^{3+}（生成 AlF_6^{3-}）

6.5.3　预先分离

如果用控制溶液的酸度和使用掩蔽剂等方法都不能消除共存离子的干扰，就只有预先将干扰离子分离出来，然后再滴定被测离子。

分离的方法很多，可根据干扰离子和被测离子的性质进行选择。例如，磷矿石溶解后的溶液中，一般含有 Fe^{3+}、Al^{3+}、Ca^{2+}、Mg^{2+}、PO_4^{3-} 和 F^- 等离子。如果要用 EDTA 溶液滴定其中的金属离子，则 F^- 会有严重的干扰。因为它能与 Fe^{3+}、Al^{3+} 生成稳定的络合物，酸度小时又能与 Ca^{2+} 生成 CaF_2 沉淀。因此。在滴定前必须先加酸并加热，使 F^- 生成 HF 而挥发除去。

6.6　EDTA 标准滴定溶液的制备

6.6.1　EDTA 标准滴定溶液的配制

通常用的 EDTA 标准滴定溶液是用乙二胺四乙酸二钠盐 [$Na_2H_2Y\cdot 2H_2O$，$M(Na_2H_2Y\cdot 2H_2O)=372.2g\cdot mol^{-1}$] 配制的。称取一定量乙二胺四乙酸二钠盐，以蒸馏水溶解，必要时可加热。溶解后用水稀释至一定体积，摇匀。配制 EDTA 溶液时，对蒸馏水的质量要求比较高。若水中含有 Al^{3+}、Cu^{2+} 等离子，易封闭指示剂，使滴定终点难以判断。若水中含有 Ca^{2+}、Mg^{2+}、Pb^{2+} 等离子，则会消耗部分 EDTA 溶液而影响测定结果。

配制好的 EDTA 溶液应该贮存于聚乙烯塑料瓶或硬质玻璃瓶中。

一般常用 $c(EDTA)=0.02mol\cdot L^{-1}$ 的 EDTA 标准滴定溶液。

6.6.2 EDTA 标准滴定溶液的标定

6.6.2.1 标定 EDTA 溶液常用的基准物质

(1) 纯金属 如 Zn、Cu、Pb 等，纯度应达 99.95%以上。使用前应预处理，除去表面氧化膜。

(2) 金属氧化物 如 ZnO、MgO 等，使用前应高温灼烧至恒重，然后用盐酸溶解。

(3) 其它 $CaCO_3$、$MgSO_4\cdot 7H_2O$ 等盐类。

现将常用的基准试剂及处理方法列于表 6-8 中。

表 6-8 标定 EDTA 常用的基准试剂

基准试剂	基准试剂的处理	测量条件		终点颜色变化
		pH 值	指示剂	
铜片	用稀硝酸溶解，除去表面氧化层后，用水和无水乙醇充分洗涤，再在 105℃烘箱中烘 3min 取出冷却，称量，以(1+1) HNO_3 溶液溶解，再加 H_2SO_4 蒸发除去 NO_2	4.3 (HAc-NaAc 缓冲溶液)	PAN	红变黄
铅	处理方法同上，加热除去 NO_2			红变蓝 红变黄
锌片	用(1+5)HCl 溶液溶解除去表面氧化层，用水和无水乙醇充分洗涤，再在 105℃烘箱中烘 3min 取出冷却称量，以(1+1)HCl 溶液溶解	10 (NH_3-NH_4Cl 缓冲溶液) 5～10(六亚甲基四胺)	铬黑 T(EBT) 二甲酚橙(XO)	红变蓝 红变黄
ZnO	于 900℃灼烧至恒重，称量，溶于 2mL HCl 溶液和 25mL 水中			红变蓝 红变黄
$CaCO_3$	在 110℃烘箱中烘 2h，取出冷却，称量，以(1+1)HCl 溶液溶解	≥12.5	钙指示剂(NN 指示剂)	酒红变蓝
MgO	在 1000℃灼烧后，以(1+1)HCl 溶液溶解	10 (NH_3-NH_4Cl 缓冲溶液)	铬黑 T(EBT) 或酸性铬蓝 K-萘酚绿 B	红变蓝

6.6.2.2 标定原理

锌标准溶液可用基准物金属锌、氧化锌或硫酸锌等基准物直接配制。现以用氧化锌标准溶液标定 EDTA 溶液为例加以讨论。

称取一定量的 ZnO，溶解后配制成 250mL 溶液，取出 25.00mL，用来标定 EDTA 溶液。在 pH=10 的 NH_3-NH_4Cl 缓冲溶液中，以铬黑 T 为指示剂直接滴定。

标定的原理如下。

① 在 pH=10 时，铬黑 T 与 Zn^{2+} 生成络合物 $ZnIn^-$，使溶液呈红色。

$$Zn^{2+}+\underset{(蓝色)}{HIn^{2-}}\rightleftharpoons \underset{(红色)}{ZnIn^-}+H^+$$

② 滴入 EDTA 溶液时，溶液中游离的 Zn^{2+} 先与 EDTA 的阴离子反应，生成络合物 ZnY^{2-}。

$$Zn^{2+}+H_2Y^{2-}\rightleftharpoons ZnY^{2-}+2H^+$$

③ 达化学计量点时，EDTA 夺取络合物 $ZnIn^-$ 中的 Zn^{2+}，释放出指示剂 HIn^{2-}，使溶液由红色变为蓝色即为终点。

$$\underset{(红色)}{ZnIn^-}+H_2Y^{2-}\rightleftharpoons ZnY^{2-}+\underset{(蓝色)}{HIn^{2-}}+H^+$$

6.6.2.3 标定结果的计算

$$c(\mathrm{EDTA})=\frac{m\times\frac{25.00}{250.0}}{(V_1-V_0)\times M(\mathrm{ZnO})\times10^{-3}}$$

式中 $c(\mathrm{EDTA})$——EDTA 标准滴定溶液的浓度，$\mathrm{mol\cdot L^{-1}}$；

m——基准物 ZnO 的质量，g；

V_1——滴定消耗 EDTA 溶液的用量，mL；

V_0——空白试验滴定消耗 EDTA 溶液的用量，mL；

$M(\mathrm{ZnO})$——基准物 ZnO 的摩尔质量，$\mathrm{g\cdot mol^{-1}}$。

EDTA 标准滴定溶液贮存在普通玻璃试剂瓶中，合适吗？

这样是不合适的。因为 EDTA 标准滴定溶液在贮存过程中，会与普通玻璃试剂瓶表面上的钙离子发生作用，从而使 EDTA 标准滴定溶液的实际浓度变小。如果用此溶液测定样品中金属离子的含量，则将使测定结果偏高。

6.7 络合滴定在无机物定量分析中的应用

6.7.1 水的硬度测定

水的硬度是指水中含有可溶性钙盐和镁盐的多少。天然水中的雨水属于软水，普通地面水硬度不高，但地下水的硬度较高。水硬度的测定是水质控制的重要指标之一。工业上不能用硬度大的水，因为这样的水会使锅炉及换热器中结垢而影响热效率。生活中饮用硬度过高的水会影响肠胃的消化功能。使用硬度大的水洗衣服则不易洗干净。所以，水硬度的测定很有实际意义。

水的硬度分为暂时硬度和永久硬度两种。“暂硬”主要由钙、镁的酸式碳酸盐所形成，煮沸时即分解成碳酸盐沉淀而失去其硬度。“永硬”主要由钙、镁的硫酸盐、氯化物及硝酸盐等形成。不能用煮沸方法除去。

“暂硬”和“永硬”之和称为“总硬”。由镁离子形成的硬度称为“镁硬”，由钙离子形成的硬度称为“钙硬”。

EDTA 络合物滴定法测定水中钙、镁是测定水的硬度应用最广泛的标准方法。

6.7.1.1 基本原理

(1) 总硬度（钙镁含量）的测定　在 pH=10 的氨性缓冲溶液中，以铬黑 T 为指示剂，用 EDTA 滴定钙镁含量。

EDTA 首先与 Ca^{2+} 络合，而后与 Mg^{2+} 络合：

$$H_2Y^{2-}+Ca^{2+}=\!=\!=2H^{+}+CaY^{2-}\qquad(pK=10.59)$$

$$H_2Y^{2-}+Mg^{2+}=\!=\!=2H^{+}+MgY^{2-}\qquad(pK=8.69)$$

滴定终点时 $$\underset{(红色)}{MgIn^{-}}+H_2Y^{2-}=\!=\!=MgY^{2-}+\underset{(蓝色)}{HIn^{2-}}+H^{+}$$

由于铬黑 T 与 Mg^{2+} 显色的灵敏度高，与 Ca^{2+} 显色的灵敏度低，所以当水样中 Mg^{2+} 的含量较低时，用铬黑 T 作指示剂时往往得不到敏锐的终点。这时可在 EDTA 标准滴定溶

液中加入适量 Mg^{2+} 溶液（标定前加入，对测定结果是否有影响?）或在缓冲溶液中加入一定量的 Mg-EDTA 盐，利用置换滴定法的原理来提高终点变色的敏锐性。加入的 MgY^{2-} 发生下列置换反应：

$$MgY^{2-}+Ca^{2+} \longrightarrow CaY^{2-}+Mg^{2+}$$

MgY^{2-} 与铬黑 T 显很深的红色。滴定到终点时，EDTA 夺取 $MgIn^{-}$ 中的 Mg^{2+}，又形成 MgY^{2-}，游离出 HIn^{2-}，颜色变化明显。

(2) 钙硬度的测定　在 pH＞12.5 时，Mg^{2+} 生成 $Mg(OH)_2$ 沉淀。用 EDTA 标准滴定溶液滴定溶液中的 Ca^{2+}，钙指示剂与 Ca^{2+} 的络合物显红色，灵敏度高，滴定终点时呈指示剂自身的蓝色。

终点时反应为：

$$CaIn^{-}+H_2Y^{2-} \longrightarrow CaY^{2-}+HIn^{2-}+H^{+}$$

(3) 镁硬度的测定　镁硬度为总硬度与钙硬度之差。

6.7.1.2　分析结果的计算

水硬度的表示方法尚未统一，目前我国采用的表示方法主要有两种，一种是以每升水中所含 $CaCO_3$ 的量（mg/L 或 mmol/L）表示，另一种是以每升水中含有 10mg CaO 为 1 度（以 1°表示，即德国度）。日常应用中，水质分类见表 6-9。

表 6-9　水质分类

总硬度	0°～4°	4°～8°	8°～16°	16°～25°	25°～40°	40°～60°	60°以上
水质	很软水	软水	中硬水	硬水	高硬水	超硬水	特硬水

根据 EDTA 标准滴定溶液的用量来计算水的硬度。

$$镁硬度=总硬度-钙硬度$$

$$总硬度=\frac{c(EDTA)V_1(EDTA)\times M(CaO)}{V_{水样}}\times 1000(mg \cdot L^{-1})$$

或

$$总硬度=\frac{c(EDTA)V_1(EDTA)\times M(CaO)}{V_{水样}\times 10}\times 1000(°)$$

$$钙硬度=\frac{c(EDTA)V_2(EDTA)\times M(CaO)}{V_{水样}}\times 1000(mg \cdot L^{-1})$$

或

$$钙硬度=\frac{c(EDTA)V_2(EDTA)\times M(CaO)}{V_{水样}}\times 1000(°)$$

式中　$c(EDTA)$——EDTA 标准滴定溶液的浓度，$mol \cdot L^{-1}$；

$V_1(EDTA)$——滴定溶液中钙镁总量时消耗 EDTA 标准滴定溶液的体积，mL；

$V_2(EDTA)$——滴定溶液中钙时消耗 EDTA 标准滴定溶液的体积，mL；

$M(CaO)$——CaO 的摩尔质量，$g \cdot mol^{-1}$；

$V_{水样}$——所取水样的体积，mL。

6.7.2　铝盐中铝含量的测定

6.7.2.1　测定原理

Al^{3+} 与 EDTA 的络合反应比较缓慢，需要加过量的 EDTA 并加热煮沸才能使络合反应完全。Al^{3+} 对二甲酚橙指示剂有封闭作用，酸度不高时 Al^{3+} 会水解，故对滴定不利。为了避免这些问题可采用返滴定法。

先加入一定量过量的 EDTA 标准滴定溶液，在 pH≈3.5 时，煮沸溶液，使络合反应完全。冷却后调节溶液的 pH 为 5～6。加入二甲酚橙指示剂，用 Zn^{2+} 标准滴定溶液滴定剩余的 EDTA。根据两种标准滴定溶液的用量计算铝的含量。

主要反应为：

$$Al^{3+} + H_2Y^{2-} = AlY^- + 2H^+$$

$$\underset{(\text{剩余})}{H_2Y^{2-}} + Zn^{2+} = ZnY^{2-} + 2H^+$$

6.7.2.2 分析结果的计算

$$w(Al) = \frac{[c(EDTA) \times V(EDTA) - c(Zn^{2+}) \times V(Zn^{2+}) \times M(Al) \times 10^{-3}]}{m_s}$$

式中 $c(EDTA)$——EDTA 标准滴定溶液的浓度，mol・L^{-1}；

$V(EDTA)$——加入 EDTA 标准滴定溶液的体积，mL；

$c(Zn^{2+})$——Zn^{2+} 标准滴定溶液的浓度，mol・L^{-1}；

$V(Zn^{2+})$——滴定时消耗 Zn^{2+} 标准滴定溶液的体积，mL；

$M(Al)$——Al 的摩尔质量，g・mol^{-1}；

m_s——铝盐样品的质量，g。

其它离子存在时应如何测定铝离子？

铝离子与 EDTA 反应慢，需要用返滴定来测定，若溶液中同时又含有其它金属离子时，该如何测定铝离子呢？

在这种情况下，可将返滴定和置换滴定联合使用。即先用返滴定法用 Zn^{2+} 标准滴定溶液滴定剩余的 EDTA 后（此时消耗的 Zn^{2+} 标准滴定溶液不必计量），加入一定量的 NH_4F，加热煮沸。因其它金属离子与 EDTA 形成的络合物较稳定，不能释放出来，只有 AlY^- 能与 F^- 反应置换出相当量的 EDTA，再用 Zn^{2+} 标准滴定溶液滴定置换出来的 EDTA，二甲酚橙指示液由亮黄色变为紫红色为终点。根据第二次消耗的 Zn^{2+} 标准滴定溶液的体积来计算铝含量。

主要反应为

$$Al^{3+} + H_2Y^{2-} = AlY^- + 2H^+$$

$$AlY^- + 6F^- + 2H^+ = AlF_6^{3-} + H_2Y^{2-}$$

$$Zn^{2+} + H_2Y^{2-} = ZnY^{2-} + 2H^+$$

分析结果的计算

$$w(Al) = \frac{c(Zn^{2+}) \times V(Zn^{2+}) \times M(Al) \times 10^{-3}}{m_s}$$

式中 $c(Zn^{2+})$——Zn^{2+} 标准滴定溶液的浓度，mol・L^{-1}；

$V(Zn^{2+})$——第二次滴定时消耗 Zn^{2+} 标准滴定溶液的体积，mL；

$M(Al)$——Al 的摩尔质量，g・mol^{-1}；

m_s——铝盐样品的质量，g。

6.7.3 铜合金中锌含量的测定

（1）测定原理 铜合金溶解后，可在氨性试液中加入 KCN 掩蔽 Cu^{2+}、Zn^{2+}。此时，合金中的少量 Pb^{2+}、Mg^{2+} 等离子均不被掩蔽。故可在 pH=10 时，以铬黑 T 为指示剂，用 EDTA 标准滴定溶液滴定它们。在滴定 Pb^{2+}、Mg^{2+} 后的溶液中，加入甲醛以解蔽出

Zn^{2+}，然后用 EDTA 标准滴定溶液滴定释放出来的 Zn^{2+}。

解蔽反应为

$$4HCHO + Zn(CN)_4^{2-} + 4H_2O \longrightarrow Zn^{2+} + 4H_2C(OH)CN + 4OH^- $$

(羟基乙腈)

滴定反应为

$$Zn^{2+} + H_2Y^{2-} \longrightarrow ZnY^{2-} + 2H^+$$

$Cu(CN)_4^{2-}$ 比较稳定，不易解蔽。在实际工作中，要注意甲醛的用量［通常加（1+8）甲醛溶液 5mL］、加入速度和温度。否则，$Cu(CN)_4^{2-}$ 络离子也有可能部分被解蔽，影响 Zn^{2+} 的测定结果。

（2）分析结果的计算

$$w(Zn) = \frac{c(EDTA) \times V(EDTA) \times M(Zn) \times 10^{-3}}{m_s}$$

式中 $c(EDTA)$——EDTA 标准滴定溶液的浓度，$mol \cdot L^{-1}$；

$V(EDTA)$——滴定时消耗 EDTA 标准滴定溶液的体积，mL；

$M(Zn)$——Zn 的摩尔质量，$g \cdot mol^{-1}$；

m_s——铜合金样品的质量，g。

6.7.4 铅、铋含量的连续测定

（1）测定原理 Pb^{2+}、Bi^{3+} 均能与 EDTA 形成稳定的络合物，其稳定常数 $\lg K_{MY}$ 分别为 18.04 和 27.94。由于两种络合物 $\lg K_{MY}$ 值相差较大，故可利用控制溶液不同的酸度来进行分别滴定。

酸效应曲线可知，控制溶液 pH=1 时滴定 Bi^{3+}，然后再调节溶液的酸度至 pH=5～6 时滴定 Pb^{2+}。

滴定反应为

$$Bi^{3+} + H_2Y^{2-} \longrightarrow BiY^- + 2H^+$$

$$Pb^{2+} + H_2Y^{2-} \longrightarrow PbY^- + 2H^+$$

（2）分析结果的计算

$$w(Bi) = \frac{c(EDTA) \times V_1(EDTA) \times M(Bi) \times 10^{-3}}{m_s}$$

$$w(Pb) = \frac{c(EDTA) \times V_2(EDTA) \times M(Pb) \times 10^{-3}}{m_s}$$

式中 $c(EDTA)$——EDTA 标准滴定溶液的浓度，$mol \cdot L^{-1}$；

$V_1(EDTA)$——滴定 Bi^{3+} 时消耗 EDTA 标准滴定溶液的体积，mL；

$V_2(EDTA)$——滴定 Pb^{2+} 时消耗 EDTA 标准滴定溶液的体积，mL；

$M(Bi)$——Bi 的摩尔质量，$g \cdot mol^{-1}$；

$M(Pb)$——Pb 的摩尔质量，$g \cdot mol^{-1}$；

m_s——样品的质量，g。

6.8 络合滴定的方式和计算示例

在络合滴定中，可采用不同的方式来扩大络合滴定的应用范围，同时也可以提高滴定的选择性。常用的方式有以下几种。

6.8.1 直接滴定

这是络合滴定中最基本的方法。这种方法是将待测物质处理成溶液后，调节溶液的酸度，加入指示剂（有时还需要加入其它辅助试剂或掩蔽剂），然后直接用 EDTA 标准滴定溶液进行滴定，根据 EDTA 标准滴定溶液的浓度和体积来计算试样中待测组分的含量。

【例 6-6】 测定 $ZnCl_2$ 试样中 $ZnCl_2$ 的含量时，准确称取样品 0.2500g，溶于水后，在 pH=6 时，以二甲酚橙为指示剂，用 $c(\mathrm{EDTA})=0.1024\mathrm{mol}\cdot\mathrm{L}^{-1}$ 的 EDTA 标准滴定溶液进行滴定，用去 17.90mL，求试样中 $ZnCl_2$ 的含量。

解 滴定反应为

$$Zn^{2+}+H_2Y^{2-} = ZnY^{2-}+2H^+$$

根据测定原理可列出计算式

$$w(\mathrm{ZnCl_2})=\frac{c(\mathrm{EDTA})\times V(\mathrm{EDTA})\times M(\mathrm{ZnCl_2})\times 10^{-3}}{m_s}$$

$$=\frac{0.1024\times 17.90\times 136.3\times 10^{-3}}{0.2500}$$

$$=0.9993 \qquad 即\ 99.93\%$$

答：试样中 $ZnCl_2$ 的含量为 99.93%。

6.8.2 返滴定

返滴定法是在试样中先加入已知过量的 EDTA 标准滴定溶液，待 EDTA 与被测组分反应完全后，用另一种标准滴定溶液滴定剩余的 EDTA，根据两种标准滴定溶液的浓度和体积，即可求出待测组分的含量。

【例 6-7】 称取不纯的 $BaCl_2$ 试样 0.2000g，溶于水后加入 40.00mL 浓度为 $c(\mathrm{EDTA})=0.1000\mathrm{mol}\cdot\mathrm{L}^{-1}$ 的 EDTA 标准滴定溶液，待 Ba^{2+} 与 EDTA 络合后，再用 NH_3-NH_4Cl 缓冲溶液调节溶液酸度至 pH=10，以铬黑 T 为指示剂，用 $c(\mathrm{MgSO_4})=0.1000\mathrm{mol}\cdot\mathrm{L}^{-1}$ 的 $MgSO_4$ 标准滴定溶液滴定过量的 EDTA，用去 31.00mL，求试样中 $BaCl_2$ 的含量。

解 滴定反应为

$$Ba^{2+}+\underset{(过量)}{H_2Y^{2-}} = BaY^{2-}+2H^+$$

$$Mg^{2+}+\underset{(剩余)}{H_2Y^{2-}} = MgY^{2-}+2H^+$$

根据物质的量关系可知

$$n(\mathrm{BaCl_2})=n(\mathrm{EDTA})-n(\mathrm{MgSO_4})$$

故可得出以下计算式

$$w(\mathrm{BaCl_2})=\frac{[c(\mathrm{EDTA})V(\mathrm{EDTA})-c(\mathrm{MgSO_4})V(\mathrm{MgSO_4})]\times M(\mathrm{BaCl_2})\times 10^{-3}}{m_s}$$

$$=\frac{(40.00\times 0.1000-31.00\times 0.1000)\times 208.3\times 10^{-3}}{0.2000}$$

$$=0.9374 \qquad 即\ 93.74\%$$

答：试样中 $BaCl_2$ 的含量为 93.74%。

6.8.3 置换滴定

利用置换反应置换出等物质的量的另一种金属离子或 EDTA，然后再用标准滴定溶液滴定置换出来的金属离子或 EDTA，这种方法就是置换滴定法。

【例 6-8】 称取含磷试样 0.2008g，处理成可溶性磷酸盐。然后在一定条件下定量沉淀为 $MgNH_4PO_4$，过滤、洗涤沉淀，再用 HCl 溶解，调节溶液 pH=10。然后用 $c(EDTA)=0.0200mol \cdot L^{-1}$ 的 EDTA 标准滴定溶液滴定至终点，消耗 30.05mL，计算试样中的磷含量（以 P_2O_5 计）。

解 由题意可知 $MgNH_4PO_4$ 用 HCl 溶解后，溶液中的 Mg^{2+} 被 EDTA 标准滴定溶液滴定，滴定反应为

$$Mg^{2+}+H_2Y^{2-} \longrightarrow MgY^{2-}+2H^+$$

由于 $2Mg^{2+} \sim 2MgNH_4PO_4 \sim 2PO_4^{3-} \sim P_2O_5$，则 P_2O_5 的基本单元为 $\frac{1}{2}P_2O_5$。

列出计算式

$$w(P_2O_5)=\frac{c(EDTA)\times V(EDTA)\times M\left(\frac{1}{2}P_2O_5\right)\times 10^{-3}}{m_s}$$

$$=\frac{0.0200\times 30.05\times \frac{1}{2}\times 141.95\times 10^{-3}}{0.2008}$$

$$=0.2124 \qquad 即\ 21.24\%$$

答：试样中 P_2O_5 的含量为 21.24%。

本 章 小 结

一、络合滴定法

络合滴定法是以生成稳定的络合物的络合反应为基础的一种滴定分析方法。

乙二胺四乙酸二钠盐是目前应用最广泛的络合剂，简称 EDTA。它能与绝大多数金属离子生成易溶于水、络合比为 1∶1 的稳定络合物。

二、络合物的稳定性

EDTA 与金属离子生成的络合物稳定性的大小，常用稳定常数表示。

对于络合反应

$$M+Y \rightleftharpoons MY$$

$$K_{MY}=\frac{c(MY)}{c(M)\times c(Y)}$$

1. 稳定常数 K_{MY}

又称绝对稳定常数，适用于溶液中无其它络合剂存在，pH≥12 时判断络合物的稳定性。

2. 条件稳定常数 K'_{MY}

$$\lg K'_{MY}=\lg K_{MY}-\lg\alpha_{Y(H)}$$

此式表示在一定条件下，络合物 MY 的实际稳定程度，条件稳定常数 K'_{MY} 是利用副反应系数校正后的实际稳定常数。此处仅考虑了 EDTA 的酸效应。

3. 酸效应及酸效应曲线

由溶液的酸度引起的副反应，使 EDTA 的络合能力减弱的现象称为 EDTA 的酸效应。酸度（H^+）对 EDTA 的影响程度，可用酸效应系数 $\alpha_{Y(H)}$ 表示。

$$\alpha_{Y(H)}=\frac{c(Y)}{c(Y^{4-})}$$

不同 pH 值时 EDTA 的酸效应系数 $\alpha_{Y(H)}$ 可查表 6-3 得到。酸度越大，$\alpha_{Y(H)}$ 值越大，$c(Y^{4-})$值越小，溶液中 EDTA 的实际络合能力越小。数据表明：

当溶液的pH<12 时，$\alpha_{Y(H)}>1$， $c(Y^{4-})<c(EDTA)$；

pH≥12 时，$\alpha_{Y(H)}=1$， $c(Y^{4-})=c(EDTA)$。

以 $\lg K_{MY}$ [或对应的 $\lg\alpha_{Y(H)}$] 值为横坐标，溶液相应的 pH 值为纵坐标绘制的曲线称为酸效应曲线。

酸效应曲线的应用：

① 确定单独滴定某金属离子的酸度；

② 判断在某一酸度下滴定金属离子时，哪些金属离子可能会有干扰；

③ 确定能否用控制溶液的酸度的方法，进行几种金属离子的选择性滴定或连续滴定。

三、准确滴定单一金属离子的可行性判断

在络合滴定中，用 EDTA 准确滴定单一金属离子的条件为：

$$\lg c(M)K'_{MY}\geqslant 6 \quad 或 \quad \lg K'_{MY}\geqslant 8[c(M)=10^{-2}\mathrm{mol\cdot L^{-1}}]$$

酸度条件为：

$$\lg\alpha_{Y(H)}\leqslant \lg K_{MY}-8$$

由此可得到用 EDTA 滴定各种金属离子的最高允许酸度或最低 pH 值。

四、金属指示剂

金属指示剂是一种有机弱酸，又是络合剂，它能与金属离子形成与其本身颜色不同的络合物。可用来指示滴定过程中金属离子浓度的变化。

对金属指示剂的要求：$\lg K'_{MIn}\geqslant 5$ 且 $\lg K'_{MY}-\lg K'_{MIn}>2$

常见金属指示剂的变色情况及配制方法可查表 6-5。

五、络合滴定曲线

描述滴定过程中金属离子浓度 $c(M)$ 随滴定剂 EDTA 滴入量的变化而变化的关系曲线称为络合滴定曲线。与酸碱滴定曲线相似，在化学计量点附近金属离子的浓度发生突跃变化。溶液的 pH 值一定时，$\lg K_{MY}$值越大，滴定的突跃也越大。溶液的酸度增大，$\lg K'_{MY}$值减小，则突跃减小。为了指示滴定终点应选择能在 pM 突跃区间内发生颜色变化的金属指示剂，且要求指示剂变色点的 pM 等于有色络合物的 $\lg K'_{MIn}$。

六、提高络合滴定选择性的方法

(1) 控制溶液的酸度　控制溶液有一个合适的酸度，使 $\lg c(M)K'_{MY}-\lg c(N)K'_{NY}\geqslant 5$，可消除 N 离子对 M 离子的干扰。

(2) 掩蔽法　若用控制溶液酸度的方法不能解决 N 离子的干扰时，可用掩蔽法。

常用的有络合掩蔽法、氧化还原掩蔽法和沉淀掩蔽法。

常用的掩蔽剂可查表 6-6。

七、采用不同的络合滴定方式

采用不同的络合滴定方式可扩大络合滴定的应用范围，同时也可提高滴定的选择性。常用的滴定方式有：直接滴定法、返滴定法和置换滴定法。

八、络合滴定中的计算

1. 标定 EDTA 溶液的浓度计算

$$c(\text{EDTA})V(\text{EDTA})=c(\text{M}^{n+})V(\text{M}^{n+})$$

2. 络合滴定分析结果的计算

$$w(\text{M})=\frac{c(\text{EDTA})\times V(\text{EDTA})\times M(\text{M})\times 10^{-3}}{m_s}$$

式中 $c(\text{EDTA})$——EDTA标准滴定溶液的浓度，$\text{mol}\cdot\text{L}^{-1}$；

$V(\text{EDTA})$——滴定时消耗EDTA标准滴定溶液的体积，mL；

$M(\text{M})$——待测金属的摩尔质量，$\text{g}\cdot\text{mol}^{-1}$；

m_s——样品的质量，g。

九、EDTA标准滴定溶液的制备（执行GB/T 601—2002 4.15）

标定EDTA溶液常用的基准物质是Zn、ZnO或$CaCO_3$。

复习思考题

一、问答题

1. EDTA与金属离子的络合物有何特点？
2. 络合物的稳定常数K_{MY}与条件稳定常数K'_{MY}有何区别和联系？
3. 什么叫酸效应？什么叫酸效应系数？什么叫酸效应曲线？
4. EDTA的酸效应曲线在络合滴定中有什么用途？
5. 为什么在络合滴定中必须控制好溶液的酸度？
6. 什么叫金属指示剂？金属指示剂的变色原理是什么？金属指示剂必须具备哪些条件？
7. 什么是金属指示剂的封闭现象？如何避免？
8. 什么叫水的硬度？如何表示？
9. 用EDTA标准滴定溶液准确滴定单一金属离子的条件是什么？
10. 如何提高络合滴定的选择性？
11. 络合滴定有哪些方式？如何应用这些方式？
12. 在络合滴定中为什么常使用缓冲溶液？
13. 讨论络合滴定曲线有什么意义？影响滴定突跃范围大小的主要因素是什么？
14. 在pH=5时，能否用EDTA滴定Mg^{2+}？在pH=10时，情况又如何？
15. 在测定含Bi^{3+}、Pb^{2+}、Al^{3+}和Mg^{2+}混合溶液中的Pb^{2+}含量时，其它三种离子是否有干扰？为什么？

二、判断题

1. 由于EDTA分子中含有氨氮和羧氧两种结合能力很强的配位原子，所以它能和许多金属离子形成1∶1的环状结构的螯合物，且稳定性好。（　）
2. 酸效应是影响络合物稳定性的主要因素之一。（　）
3. EDTA的酸效应系数$\alpha[\text{Y(H)}]=\frac{c(\text{Y})}{c(\text{Y}^{4-})}$。（　）
4. 金属离子与EDTA形成络合物MY的条件稳定常数越大，络合物越稳定。（　）
5. 用EDTA标准滴定溶液滴定某金属离子时，必须使溶液的酸度高于允许最高酸度。（　）
6. 络合滴定曲线的突跃范围与溶液的pH值有关，pH值越大，则滴定突跃范围也越大。（　）
7. 标定EDTA溶液的浓度时，如果所用金属锌不纯，则会导致标定结果偏高。（　）
8. 用EDTA标准滴定溶液测定Ca^{2+}、Mg^{2+}总量时，以铬黑T为指示剂，溶液的pH值应控制在pH=12。（　）
9. 在络合滴定中选择适当的pH值，使被测离子的$\lg K'_{MY}$与干扰离子的$\lg K'_{NY}$相差5，就可消除N离子的干扰。（　）

10. 用 EDTA 标准滴定溶液准确滴定金属离子的必要条件是 $\lg c(M)K'_{MY} \geqslant 6$。（ ）

11. 用含有少量 Ca^{2+}、Mg^{2+} 的蒸馏水配制 EDTA 溶液，然后于 pH=5.5，以二甲酚橙为指示剂，用锌标准滴定溶液标定 EDTA 的浓度，最后在 pH=10.0 的条件下，用上述 EDTA 溶液滴定试样中 Ni^{2+}，则测定结果偏低。（ ）

12. 用含有少量 Cu^{2+} 的蒸馏水配制 EDTA 溶液，于 pH=5.0，以二甲酚橙为指示剂，用锌标准滴定溶液标定 EDTA 的浓度，然后用上述 EDTA 溶液于 pH=10.0 时滴定试样中 Ca^{2+} 的含量，则对测定结果基本上无影响。（ ）

三、选择题

1. 在 EDTA 滴定中，下列有关酸效应的叙述，正确的是（ ）。

A. pH 值越大，酸效应系数越大

B. 酸效应系数越大，络合物的稳定性越大

C. 酸效应系数越小，络合物的稳定性越大

D. 酸效应系数越大，滴定曲线的突跃范围越大

2. EDTA 的酸效应系数 $\alpha_{Y(H)}$，在一定酸度下等于（ ）。

A. $\frac{c(Y^{4-})}{c(Y)}$　B. $\frac{c(Y)}{c(Y^{4-})}$　C. $\frac{c(H^{+})}{c(Y^{4-})}$　D. $\frac{c(Y^{4-})}{c(H^{+})}$

3. 用 EDTA 标准滴定溶液滴定金属离子时，若要求相对误差小于 0.1%。则滴定的酸度条件必须满足（ ）。

A. $\lg \alpha_{Y(H)} K_{MY} \geqslant 6$　B. $\lg c(M)K'_{MY} < 6$　C. $\lg c(M)K_{MY} \geqslant 6$　D. $\lg c(M)K'_{MY} \geqslant 6$

4. 络合滴定终点所呈现的颜色是（ ）。

A. 游离金属指示剂的颜色

B. EDTA 与待测金属离子形成络合物的颜色

C. 金属指示剂与待测金属离子形成络合物的颜色

D. 上述 A 与 C 项的混合色

5. 在 EDTA 滴定中，要求金属指示剂与待测金属离子形成络合物的条件稳定常数 K'_{MIn} 值应（ ）。

A. $>K'_{MY}$　B. $<K'_{MY}$　C. $=K'_{MY}$　D. $>100K'_{MY}$

6. 某溶液主要含有 Ca^{2+}、Mg^{2+} 及少量 Fe^{3+}、Al^{3+}。在 pH=10 时，加入三乙醇胺后，用 EDTA 标准滴定溶液滴定，以铬黑 T 为指示剂，则测出的是（ ）。

A. Ca^{2+}、Mg^{2+}、Fe^{3+}、Al^{3+} 的总量　B. Fe^{3+}、Al^{3+} 的总量

C. Ca^{2+}、Mg^{2+} 的总量　D. 仅是 Mg^{2+} 的含量

7. 在 Ca^{2+}、Mg^{2+} 混合液中，用 EDTA 标准滴定溶液滴定 Ca^{2+} 时，为了消除 Mg^{2+} 的干扰，宜选用（ ）。

A. 控制溶液酸度法　B. 氧化还原掩蔽法

C. 络合掩蔽法　D. 沉淀掩蔽法

8. 通常测定水的硬度所用的方法是（ ）。

A. 酸碱滴定法　B. 氧化还原滴定法

C. 络合滴定法　D. 沉淀滴定法

9. 当溶液中有两种金属离子（M、N）共存时，欲以 EDTA 标准滴定溶液滴定 M，而 N 不干扰，则要求（ ）。

A. $\lg c(M)K_{MY} - \lg c(N)K_{NY} \geqslant 5$　B. $\lg c(M)K_{MY} - \lg c(N)K_{NY} \geqslant 8$

C. $\lg c(M)K_{NY} - \lg c(N)K_{MY} \geqslant 5$　D. $\lg c(N)K_{NY} - \lg c(M)K_{MY} \geqslant 8$

10. $K_{CaY}=10^{10.69}$，当 pH=9 时，$\lg \alpha_{Y(H)}=1.29$，则 K'_{CaY} 等于（ ）。

A. $10^{1.29}$　B. $10^{-9.40}$　C. $10^{9.40}$　D. $10^{-10.69}$

练习题

1. 计算 pH=4 和 pH=6 时，$\lg K'_{MgY}$值。

2. 计算用 EDTA 标准滴定溶液滴定 $c(Pb^{2+})=0.01mol\cdot L^{-1}$的 Pb^{2+}溶液的最低允许 pH 值。

3. 称取含钙样品 0.2000g，溶解后配成 100.0mL 溶液。取出 25.00mL 溶液，用 $c(EDTA)=0.0200mol\cdot L^{-1}$ EDTA 标准滴定溶液滴定，用去 15.40mL，求样品中 CaO 的含量。

4. 称取基准 ZnO 0.2000g，用 HCl 溶解后，标定 EDTA 溶液，用去 24.00mL，求 EDTA 标准滴定溶液的浓度。

5. 称取纯 $CaCO_3$ 0.4206g，用 HCl 溶解后移入 500mL 容量瓶中，稀释至刻度。摇匀后取出 50.00mL，在 pH=12 时，加入钙指示剂，用 EDTA 溶液滴定至终点，消耗 38.84mL。计算：

(1) EDTA 标准滴定溶液的浓度（$mol\cdot L^{-1}$），滴定度 $T_{EDTA/CaO}$。

(2) 配制 1L 这种浓度的溶液需称取 $Na_2H_2Y\cdot 2H_2O$ 多少克？

6. 称取 ZnO 试样 0.1000g，加水和盐酸溶解，调节溶液的 pH=10，用铬黑 T 作指示剂，以 $c(EDTA)=0.05000mol\cdot L^{-1}$的 EDTA 标准滴定溶液滴定至溶液由红色变为蓝色，消耗 24.01mL，计算 ZnO 的纯度。

7. 移取 50.00mL 含 Fe^{3+} 的试液，在 pH=2.0 时，以磺基水杨酸为指示剂，用 $c(EDTA)=0.01200mol\cdot L^{-1}$的EDTA标准滴定溶液滴定至溶液由紫红色变为淡黄色，消耗 13.70mL。计算 Fe^{3+}的浓度。(以 $mg\cdot L^{-1}$表示)

8. 某试剂厂生产的无水 $ZnCl_2$，现采用 EDTA 滴定法测定产品中 $ZnCl_2$ 的含量。称样 0.2600g，溶于水后控制溶液的酸度 pH=6.0，以二甲酚橙为指示剂，用 $c(EDTA)=0.1025mol\cdot L^{-1}$的 EDTA 标准滴定溶液滴定 Zn^{2+}，用去 18.60mL，计算样品中 $ZnCl_2$ 的含量。

9. 测定无机盐中的 SO_4^{2-}，称取样品 3.0g，溶解后稀释至 250.00mL。移取 25.00mL 溶液，加入 $c(BaCl_2)=0.05000mol\cdot L^{-1}$的 $BaCl_2$ 溶液 25.00mL，加热使之沉淀后，用 $c(EDTA)=0.02000mol\cdot L^{-1}$的 EDTA 标准滴定溶液滴定剩余的 Ba^{2+}，用去 17.15mL，计算样品中 SO_4^{2-} 的含量？

10. 测定铝盐中铝含量时，称取试样 0.2555g，溶解后加入 50.00mL $c(EDTA)=0.05018mol\cdot L^{-1}$的 EDTA 标准滴定溶液，加热煮沸、冷却后调节溶液的 pH=5.00，以二甲酚橙为指示剂，用 $c[Pb(Ac)_2]=0.02000mol\cdot L^{-1}$的醋酸铅标准滴定溶液滴定至终点，消耗 25.00mL，求试样中铝的含量。

11. 在 pH=10 的氨性缓冲溶液中，以铬黑 T 为指示剂，滴定 100mL 含 Ca^{2+}、Mg^{2+}的工业废水，消耗 $c(EDTA)=0.01016mol\cdot L^{-1}$的 EDTA 标准滴定溶液 15.28mL；另取同一水样 100mL。加入 NaOH 溶液，与 Mg^{2+}生成 $Mg(OH)_2$ 沉淀，然后在 pH=12 条件下，加钙指示剂以同浓度的 EDTA 标准滴定溶液滴定 Ca^{2+}，消耗 EDTA 溶液 10.43mL，分别计算钙（以 $CaCO_3$ 计 $mg\cdot L^{-1}$）和镁（以 $MgCO_3$ 计 $mg\cdot L^{-1}$）的浓度。

12. 称取含铝试样 1.032g，处理成溶液，移入 250mL 容量瓶中，稀释至刻度、摇匀。吸取 25.00mL，加入每毫升相当于 1.505mg Al_2O_3 的 EDTA 溶液 10.00mL，以二甲酚橙为指示剂，用 $Zn(Ac)_2$ 标准滴定溶液返滴定至紫红色为终点，消耗 12.20mL。已知 1mL $Zn(Ac)_2$ 溶液相当于 0.68mL EDTA 溶液，求试样中铝的含量（以 Al_2O_3 计）。

7 氧化还原滴定法

学习指南 氧化还原滴定法是以氧化还原反应为基础的滴定分析方法。通常根据所用氧化剂或还原剂的不同，可将氧化还原滴定法分为高锰酸钾法、重铬酸钾法、碘量法、溴酸钾法和铈量法。通过本章学习应该掌握以上各种方法的原理和反应条件及其每种方法的优缺点，从而明确严格控制反应条件是氧化还原滴定法获得准确结果的关键。同时还要熟练掌握氧化还原反应方程式的配平和正确选择物质的基本单元，并能在定量分析计算中灵活应用。经技能训练能正确控制各种方法的滴定终点，达到准确测定无机物含量的目的。

7.1 氧化还原滴定法的特点

氧化还原滴定法是基于溶液中氧化剂与还原剂之间电子的转移而进行反应的一种分析方法。氧化还原滴定法较其它滴定分析的方法有如下不同的特点：

① 氧化还原反应的机理较复杂，副反应多；

② 氧化还原反应速度慢；

③ 氧化还原滴定法应用范围较广。

7.2 氧化还原平衡

7.2.1 氧化还原电对

物质的氧化型（高价态）和还原型（低价态）所组成的体系称为氧化还原电对，简称电对。常用氧化型/还原型来表示，无论是氧化剂获得电子还是还原剂失去电子，电对都写成氧化型/还原型的形式。例如

$2I^- - 2e^- = I_2$　　电对为 I_2/I^-

$Fe^{2+} - e^- = Fe^{3+}$　　电对为 Fe^{3+}/Fe^{2+}

$MnO_4^- + 8H^+ + 5e^- = Mn^{2+} + 4H_2O$　　电对为 MnO_4^-/Mn^{2+}

上述表示一个电对得失电子的反应又称氧化还原半电池反应或电极反应。

7.2.2 电极电位

电极电位是指电极与溶液接触的界面存在双电层而产生的电位差，用 φ 来表示，单位为 V。任一氧化还原电对都有其相应的电极电位，电极电位值越高，则此电对的氧化型的氧化能力越强；电极电位越低，则此电对的还原型的还原能力越强，电极电位值的大小表示了电对得失电子能力的强弱。

（1）标准电极电位 $\varphi^{\ominus}$　电极电位值与浓度和温度有关，在热力学标准状态（即 298K 有关物质的浓度 $1mol \cdot L^{-1}$，有关气体压力为 100kPa）下，某电极的电极电位称为该电极的标准电极电位。有关氧化还原电对的标准电极电位可参考书后附录六。

（2）能斯特方程（Nernst）　在一定状态下，电极电位的大小，不仅与电对本身有关，

而且也与溶液中离子的浓度、气体的压力、温度等因素有关，如果温度、浓度发生变化，则电极电位值也要改变，电极电位和温度及浓度的定量关系式称为能斯特方程。

对于下述氧化还原半电池反应

$$\underset{\text{（氧化型）}}{\mathrm{Ox}}+n\mathrm{e}^- \rightleftharpoons \underset{\text{（还原型）}}{\mathrm{Red}}$$

$$\varphi_{\mathrm{Ox/Red}}=\varphi^{\ominus}_{\mathrm{Ox/Red}}+\frac{RT}{nF}\ln\frac{c(\mathrm{Ox})}{c(\mathrm{Red})} \tag{7-1}$$

式中 $\varphi_{\mathrm{Ox/Red}}$——氧化型物质和还原型物质为任意浓度时电对的电极电位；

$\varphi^{\ominus}_{\mathrm{Ox/Red}}$——电对的标准电极电位；

R——气体常数，等于 $8.314\mathrm{J\cdot mol^{-1}\cdot K^{-1}}$；

n——电极反应得失电子数目；

F——Faraday 常数。

298K 时，将各常数代入式(7-1)，并将自然对数换成常用对数，即得

$$\varphi_{\mathrm{Ox/Red}}=\varphi^{\ominus}_{\mathrm{Ox/Red}}+\frac{0.059}{n}\lg\frac{c(\mathrm{Ox})}{c(\mathrm{Red})} \tag{7-2}$$

利用能斯特方程计算给定氧化型或还原型物质浓度时电对的电极电位。

使用能斯特方程必须注意几个问题：

① 参与电极反应的所有物质都应包括在内；

② 气体浓度用该气体的分压和标准态压力（$p^{\ominus}$）的比值代入公式，固体、液体及水为常数，规定为 1，其余物质应均使用物质的量浓度；

③ 温度改变，方程式的系数也随之改变。

【例 7-1】 MnO_4^- 在酸性溶液中的半反应为

$$MnO_4^- +8H^+ +5e^- \rightleftharpoons Mn^{2+}+4H_2O \qquad \varphi^{\ominus}=1.51\mathrm{V}$$

已知 $c(MnO_4^-)=0.10\mathrm{mol\cdot L^{-1}}$，$c(Mn^{2+})=0.001\mathrm{mol\cdot L^{-1}}$，$c(H^+)=1.0\mathrm{mol\cdot L^{-1}}$，计算该电对的电极电位。

解 由式(7-2) 得

$$\begin{aligned}\varphi_{\mathrm{MnO_4^-/Mn^{2+}}}&=\varphi^{\ominus}_{\mathrm{MnO_4^-/Mn^{2+}}}+\frac{0.059}{n}\lg\frac{c(\mathrm{MnO_4^-})\times c^8(\mathrm{H^+})}{c(\mathrm{Mn^{2+}})}\\&=1.51+\frac{0.059}{5}\lg\frac{0.10\times1.0^8}{0.001}\\&=1.53\ (\mathrm{V})\end{aligned}$$

【例 7-2】 用 $K_2Cr_2O_7$ 标准滴定溶液在 $c(\mathrm{HCl})=1\mathrm{mol\cdot L^{-1}}$的 HCl 溶液中滴定 Fe^{2+}，反应达化学计量点时的电位是 1.02V，求此时 Fe^{3+} 与 Fe^{2+} 的浓度比。

解 电对的半反应为

$$Fe^{3+}+e^- \rightleftharpoons Fe^{2+}$$

查附录六知

$$\varphi^{\ominus}_{\mathrm{Fe^{3+}/Fe^{2+}}}=0.77\mathrm{V}$$

代入能斯特方程式得

$$1.02=0.77+0.059\lg\frac{c(\mathrm{Fe^{3+}})}{c(\mathrm{Fe^{2+}})} \qquad \lg\frac{c(\mathrm{Fe^{3+}})}{c(\mathrm{Fe^{2+}})}=4.24$$

则

$$\frac{c(\mathrm{Fe^{3+}})}{c(\mathrm{Fe^{2+}})}=\frac{1.74\times10^4}{1}$$

由此数值说明 Fe^{2+} 已被完全氧化。

诺贝尔奖获得者——能斯特

德国物理化学家能斯特（Walther Hermann Nernst），1864年6月25日生于西普鲁士的布利森。进入莱比锡大学后，在奥斯特瓦尔德指导下学习和工作。1887年获博士学位。1891年任哥廷根大学物理化学教授。1905年任柏林大学教授。1925年起担任柏林大学原子物理研究院院长。1932年被选为伦敦皇家学会会员。由于纳粹政权的迫害，1933年退职，在农村度过了他的晚年。1941年11月18日在柏林逝世。应特别一提的是，他曾以拒绝讲学等方式抗议希特勒法西斯暴政，并斥责"希特勒一伙是摧毁人类文明的暴徒"。能斯特一生心血倾注在科学研究和培养学生身上。人们纷纷纪念他，把他骨灰移葬到哥廷根大学，使这位该校第一任物理化学教授安息在校园内。

能斯特的研究主要在热力学方面。1889年，他提出溶解压假说，从热力学导出电极势与溶液浓度的关系式，即电化学中著名的能斯特方程。同年，还引入溶度积这个重要概念，用来解释沉淀反应。他用量子理论的观点研究低温下固体的比热；提出光化学的"原子链式反应"理论。1906年，根据对低温现象的研究，得出了热力学第三定律，人们称之为"能斯特热定理"，这个定理有效地解决了计算平衡常数问题和许多工业生产难题。因此获得了1920年诺贝尔化学奖金。此外，还研制出含氧化锆及其它氧化物发光剂的白炽电灯；设计出用指示剂测定介电常数、离子水化度和酸碱度的方法；发展了分解和接触电势、钯电极性状和神经刺激理论。主要著作有《新热定律的理论与实验基础》等。

7.2.3 条件电极电位

在实际工作中，若溶液的浓度大，且离子价态高时，不能不考虑离子强度及氧化型或还原型的存在形式，否则计算电极电位的结果与实际情况相差较大。为了这个问题，人们通过实验测定了在特定条件下，当氧化型和还原型的分析浓度均为 $1mol \cdot L^{-1}$ [或其浓度比 $c(Ox)/c(Red)=1$] 时，校正了各种外界因素的影响后的实际电极电位，称为条件电极电位，用 $\varphi'_{Ox/Red}$ 表示。有关氧化还原电对的条件电极电位列于附录七。

引入条件电极电位概念以后，能斯特方程可以写成

$$\varphi_{Ox/Red}=\varphi'_{Ox/Red}+\frac{0.059}{n}\lg\frac{c(Ox)}{c(Red)} \tag{7-3}$$

标准电极电位与条件电极电位的关系，与络合反应中的绝对稳定常数 K 和条件稳定常数 K' 的关系相似。条件电位是校正了各种外界因素的影响，处理问题就比较简单，也比较符合实际情况，应用条件电位比用标准电极电位能更正确地判断氧化还原反应方向、次序和反应完成的程度。

若缺少所需条件下的条件电极电位时，可采用条件相近的条件电极电位。例如查不到 $3mol \cdot L^{-1}$ H_2SO_4 溶液中 $Cr_2O_7^{2-}/Cr^{3+}$ 电对的条件电位时，可用 $4mol \cdot L^{-1}$ H_2SO_4 溶液中该电对的条件电位（1.51V）代替，如果采用标准电极电位（1.33V）则误差更大。

如果查不到氧化还原电对的条件电极电位，当然也可以用标准电极电位作近似计算。

7.2.3.1 判断氧化还原反应的方向和次序

在一般情况下可根据氧化还原反应中两电对的条件电位或通过有关氧化还原电对电极电位值的计算，大致判断氧化还原反应进行的方向和次序。

氧化还原反应的方向是 φ' 值高的电对中氧化型与 φ' 值低的电对中还原型相互作用，并

向其对应的方向进行。也就是比较强的氧化剂和比较强的还原剂作用，生成比较弱的氧化剂和比较弱的还原剂。

【例 7-3】 判断在酸性介质中 $2Fe^{3+}+Sn^{2+} = Sn^{4+}+2Fe^{2+}$ 反应的方向。

解 查附录七知 $\varphi'_{Fe^{3+}/Fe^{2+}}=0.72V$ $\varphi'_{Sn^{4+}/Sn^{2+}}=0.14V$

Fe^{3+} 为较强的氧化剂，Fe^{3+} 结合电子的倾向大。Sn^{2+} 为较强的还原剂，Sn^{2+} 失去电子的倾向大。显然反应是朝着生成 Sn^{4+} 和 Fe^{2+} 的方向进行。

即 $$2Fe^{3+}+Sn^{2+}=Sn^{4+}+2Fe^{2+}$$

同理，一种氧化剂能氧化几种还原剂时，则电极电位相差大的两电对首先反应。

利用氧化还原滴定法测定 Fe^{3+} 时，通常先用 $SnCl_2$ 还原 Fe^{3+} 为 Fe^{2+}，而且 $SnCl_2$ 总是过量，此时溶液中同时存在着 Sn^{2+} 和 Fe^{2+} 两种还原剂，由电极电位的大小可以知道：$Cr_2O_7^{2-}$ 首先氧化 Sn^{2+}，当 Sn^{2+} 完全氧化后才能氧化 Fe^{2+}。因此，为了准确测定 Fe^{2+}，必须先将过量的 Sn^{2+} 除去。

7.2.3.2 判断氧化还原反应进行的程度

在氧化还原滴定中，通常要求氧化还原反应进行得愈完全愈好，反应的完全程度可从平衡常数看出，氧化还原平衡常数可根据能斯特方程式，从有关电对的标准电位或条件电位求得。对于一般的氧化还原反应

$$a\mathrm{Ox}_1+b\mathrm{Red}_2 = c\mathrm{Red}_1+d\mathrm{Ox}_2$$

条件平衡常数为：

$$K'=\frac{[c'(\mathrm{Red}_1)]^c\times[c'(\mathrm{Ox}_2)]^d}{[c'(\mathrm{Ox}_1)]^a\times[c'(\mathrm{Red}_2)]^b} \qquad \lg K'=\frac{n[\varphi'_{(O)}-\varphi'_{(R)}]}{0.059}$$

式中 c'——有关物质的分析浓度，$mol\cdot L^{-1}$；

$[\varphi'_{(O)}-\varphi'_{(R)}]$——氧化剂和还原剂两电对的条件电位的差值，即两电对构成原电池的电动势，V；

n——氧化还原反应中电子转移数；

K'——条件平衡常数，是衡量氧化还原反应进行程度的数值。

K'越大，反应进行得越完全。

在氧化还原滴定中，一般可根据氧化剂和还原剂两电对的条件电位差大于 0.4V 来判断氧化还原反应能否进行到底。在氧化还原滴定中，常用强氧化剂作为滴定剂，还可控制条件来改变电对的条件电位以满足大于 0.4V 这个条件。

7.3 氧化还原滴定的基本原理

7.3.1 滴定曲线

在氧化还原滴定过程中，随着滴定剂的加入，溶液中各电对的电极电位不断发生变化，这种变化与酸碱滴定、络合滴定过程一样，也可用滴定曲线来描述。其横坐标为标准滴定溶液的加入量，纵坐标为电对的电极电位。现以 $c[Ce(SO_4)_2]=0.1000mol\cdot L^{-1}$ 的 $Ce(SO_4)_2$ 标准滴定溶液滴定 20.00mL $c(H_2SO_4)=1mol\cdot L^{-1}$ 的硫酸溶液中的 $c(FeSO_4)=0.1mol\cdot L^{-1}$ 的 $FeSO_4$ 溶液为例，计算滴定过程中电极电位的变化情况。

滴定反应为

$$Ce^{4+}+Fe^{2+} = Ce^{3+}+Fe^{3+}$$

$$\varphi'_{Ce^{4+}/Ce^{3+}}=1.44V \qquad \varphi'_{Fe^{3+}/Fe^{2+}}=0.68V$$

(1) 滴定开始至化学计量点前　此阶段，溶液中存在 Fe^{3+}/Fe^{2+} 和 Ce^{4+}/Ce^{3+} 两个电对，滴定过程中，当加入的标准滴定溶液与被测物反应并平衡后，两个电对的电极电位相等，溶液的电位就等于其中任一电对的电极电位，即

$$\varphi=\varphi'_{Fe^{3+}/Fe^{2+}}+0.059\lg\frac{c(Fe^{3+})}{c(Fe^{2+})}$$

(2) 化学计量点时　对于一般氧化还原滴定，达化学计量点时的电位可用下式计算[1]：

$$\varphi_{计量点}=\frac{n_1\varphi'_1+n_2\varphi'_2}{n_1+n_2}$$

式中　φ'_1，φ'_2——氧化剂和还原剂电对的条件电位，V；

n_1，n_2——氧化剂和还原剂得失的电子数。

(3) 化学计量点后　化学计量点后的溶液中存在过量的 Ce^{4+}，可用 Ce^{4+}/Ce^{3+} 电对来计算溶液的电极电位。

$$\varphi=\varphi'_{Ce^{4+}/Ce^{3+}}+0.059\lg\frac{c(Ce^{4+})}{c(Ce^{3+})}$$

现将滴定过程中加入不同的滴定剂量时，溶液各平衡点的电极电位计算值列入表 7-1，并绘制成滴定曲线（图 7-1）。

表 7-1　在 1mol·L⁻¹硫酸溶液中，用 0.1000mol·L⁻¹ Ce(SO₄)₂ 标准滴定溶液滴定 20.00mL 0.1000mol·L⁻¹ FeSO₄ 溶液时溶液的电位

加入 Ce^{4+} 溶液		剩余 Fe^{3+}		过量的 Ce^{4+} 溶液		电位/V
mL	%	mL	%	mL	%	
0.00	0.0	20.0	100.0			—
1.00	5.0	19.0	95.0			0.60
4.00	20.0	16.0	80.0			0.64
8.00	40.0	12.0	60.0			0.67
10.00	50.0	10.0	50.0			0.68
18.00	90.0	2.00	10.0			0.74
19.80	99.0	0.20	1.0			0.80
19.98	99.9	0.02	0.1			0.86 ⎫
20.00	100.0					1.06 ⎬ 滴定突跃
20.02	100.1			0.02	0.1	1.26 ⎭
22.00	110.0			2.00	10.0	1.38
40.00	200.0			20.00	100.0	1.44

由表 7-1 和图 7-1 可知，从化学计量点前 Fe^{2+} 剩余 0.1%（0.02mL，半滴）到计量点后 Ce^{4+} 过量 0.1%，溶液的电位值由 0.86V 突跃增至 1.26V，改变 0.40V，这个变化称为用 Ce^{4+} 滴定 Fe^{2+} 的电位突跃。两个电对的条件电位或标准电极电位相差越大，电位突跃也越大。了解氧化还原滴定的电位突跃范围的目的是为了选择合适的指示剂。

---

[1] 此式仅适用于同一物质在反应前后系数相等的情况，如不等

例如

$$Cr_2O_7^{2-}+6Fe^{2+}+14H^+ \longrightarrow 2Cr^{3+}+6Fe^{3+}+7H_2O$$

则应用下式计算

$$\varphi_{计量点}=\frac{1}{1+6}\times\left[6\varphi'_{Ce^{4+}/Ce^{3+}}+1\times\varphi'_{Fe^{3+}/Fe^{2+}}+0.059\lg\frac{1}{2c(Cr^{3+})}\right]$$

7.3.2 氧化还原滴定法终点的确定

在氧化还原滴定过程中，除了用电位法确定终点以外，还可以借用某些物质颜色的变化来确定滴定终点，这类物质就是氧化还原滴定法的指示剂。氧化还原滴定法中常用的指示剂有下列几种类型。

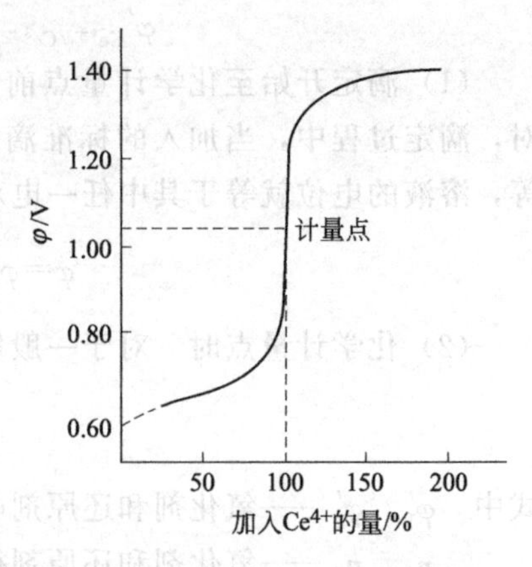

图 7-1 在 $1mol \cdot L^{-1}$ 硫酸溶液中，用 $0.1000mol \cdot L^{-1} Ce(SO_4)_2$ 标准滴定溶液滴定 $0.1000mol \cdot L^{-1}$ $FeSO_4$ 溶液的滴定曲线

7.3.2.1 标准溶液自身作指示剂

在氧化还原滴定中，有些标准溶液或被滴定的物质本身有颜色，反应的生成物为无色或颜色很浅，反应物颜色的变化可用来指示滴定终点的到达，这类物质称为自身指示剂。例如，在高锰酸钾法中，高锰酸钾标准溶液本身显紫红色，在酸性溶液中滴定无色或浅色的还原剂时，MnO_4^- 被还原为无色的 Mn^{2+}，因而滴定到达计量点以后稍过量的 $KMnO_4$（浓度仅为 2×10^{-6} mol・L^{-1}）就可以使溶液呈粉红色，以指示滴定终点的到达。

7.3.2.2 专属指示剂

有些物质本身不具有氧化还原性，但它能与滴定剂或被测组分产生特殊的颜色，从而达到指示滴定终点的目的，这类指示剂称为专属指示剂或显色指示剂。例如，可溶性淀粉与 I_3^- 生成深蓝色吸附化合物，反应特效且灵敏。当 I_2 被还原为 I^- 时蓝色消失，因此，可用蓝色的出现或消失指示滴定终点的到达。碘量法中常用可溶性淀粉溶液作为指示剂。

7.3.2.3 氧化还原指示剂

这类指示剂本身是氧化剂或还原剂，其氧化型和还原型具有不同的颜色，在滴定过程中，随着溶液电极电位的变化而发生颜色的变化，从而指示滴定终点。

若以 In_{Ox} 和 In_{Red} 分别表示指示剂的氧化型和还原型，则这一电对的半反应为：

$$In_{Ox} + ne^- \rightleftharpoons In_{Red}$$

其电极电位为

$$\varphi_{In} = \varphi'_{In} + \frac{0.059}{n} \lg \frac{c(In_{Ox})}{c(In_{Red})}$$

式中，φ'_{In} 为指示剂的条件电位。在滴定过程中，随着溶液电极电位的变化，指示剂的氧化型和还原型的浓度比随之变化，溶液的颜色也发生变化。故指示剂变色的电位范围为

$$\varphi'_{In} \pm \frac{0.059}{n}$$

常用的氧化还原指示剂列于表 7-2。

表 7-2 常用的氧化还原指示剂

指示剂	φ_{In}/V $c(H^+)=1mol \cdot L^{-1}$	颜色变化		配 制 方 法
		氧化型	还原型	
亚甲基蓝	0.52	蓝	无色	0.05%水溶液
二苯胺	0.76	紫	无色	1g 二苯胺溶于 100mL 2% H_2SO_4 中
二苯胺磺酸钠	0.85	紫红	无色	0.8g 二苯胺磺酸钠溶于 100mL
邻苯氨基苯甲酸	1.08	紫红	无色	0.107g 邻苯氨基苯甲酸溶于 20mL 5% Na_2CO_3，用水稀释至 100mL
邻二氮菲亚铁	1.06	浅蓝	红色	1.485g 邻二氮菲及 0.965g 硫酸亚铁溶于 100mL 水中

各种氧化还原指示剂都具有特有的条件电位，只要指示剂的条件电位落在滴定的突跃范围内就可选用。指示剂的条件电位越接近化学反应计量点的电位，滴定误差就越小。

例如，在 $c(H_2SO_4)=1mol \cdot L^{-1}$ 硫酸溶液中，用 Ce^{4+} 标准滴定溶液滴定 Fe^{2+} 时，滴定过程中电位的突跃范围是 0.86～1.26V，计量点的电位值为 1.06V。根据表 7-2，可选用的指示剂为邻苯氨基苯甲酸或邻二氮菲亚铁。

氧化还原滴定前的预处理

在利用氧化还原滴定法分析某些具体试样时，往往需要将欲测组分预先处理成特定的价态。例如，测定铁矿中总铁量时，将 Fe^{3+} 预先还原为 Fe^{2+}，然后用氧化剂 $K_2Cr_2O_7$ 滴定；测定锰和铬时，先将试样溶解，如果它们是以 Mn^{2+} 或 Cr^{3+} 形式存在，就很难找到合适的强氧化剂直接滴定。可先用 $(NH_4)_2S_2O_8$ 将它们氧化成 MnO_4^-、$Cr_2O_7^{2-}$，再选用合适的还原剂（如 $FeSO_4$ 溶液）进行滴定；这种测定前的氧化还原步骤，称为氧化还原预处理。

预处理时所选用的氧化剂或还原剂必须满足如下条件：

(1) 氧化或还原必须将欲测组分定量地氧化（或还原）成一定的价态。

(2) 过剩的氧化剂或还原剂必须易于完全除去。除去的方法有：

① 加热分解。例如，$(NH_4)_2S_2O_8$、H_2O_2、Cl_2 等易分解或易挥发的物质可借加热煮沸分解除去。

② 过滤。如 $NaBiO_3$、Zn 等难溶于水的物质，可过滤除去。

③ 利用化学反应。如用 $HgCl_2$ 除去过量 $SnCl_2$。

$$2HgCl_2+SnCl_2 \longrightarrow SnCl_4+Hg_2Cl_2\downarrow$$

Hg_2Cl_2 沉淀一般不被滴定剂氧化，不必过滤除去。

(3) 氧化或还原反应的选择性要好，以避免试样中其它组分干扰。

例如，钛铁矿中铁的测定，若用金属锌（$\varphi^{\ominus}_{Zn^{2+}/Zn}=-0.76V$）为预还原剂，则不仅还原 Fe^{3+}，而且也还原 Ti^{4+}（$\varphi^{\ominus\prime}_{Ti^{4+}/Ti^{3+}}=0.10V$），此时用 K_2CrO_7 滴定测出的则是两者的合量。如若用 $SnCl_2$（$\varphi^{\ominus\prime}_{Sn^{4+}/Sn^{2+}}=0.14V$）为预还原剂，则仅还原 Fe^{3+}，因而提高了反应的选择性。

(4) 反应速度要快。

常用的预氧化剂主要有：过硫酸铵［$(NH_4)_2S_2O_8$］、过氧化氢（H_2O_2）、高锰酸钾（$KMnO_4$）、高氯酸（$HClO_4$）、铋酸钠（$NaBiO_3$）等。

预还原剂主要有：二氯化锡（$SnCl_2$）、三氯化钛（$TiCl_3$）、金属还原剂（Fe、Al、Zn 等）及 SO_2、H_2S 等。

7.4 常用的氧化还原滴定法

氧化还原滴定法是应用范围很广的一种滴定分析方法之一。它既可直接测定许多具有还原性或氧化性的物质，也可间接测定某些不具氧化还原性的物质，可以根据待测物的性质来选择合适的指示剂。通常根据所用滴定剂的名称来命名氧化还原滴定法。下面简要介绍几种常见的氧化还原滴定法。

7.4.1 高锰酸钾法

7.4.1.1 方法与特点

$KMnO_4$ 是一种强氧化剂，介质条件不同时，其还原产物也不一样。

（1）在强酸性溶液中

$$MnO_4^- + 8H^+ + 5e^- \rightleftharpoons Mn^{2+} + 4H_2O \qquad \varphi^{\ominus} = 1.51V$$

（2）在弱酸性、中性或碱性溶液中

$$MnO_4^- + 2H_2O + 3e^- \rightleftharpoons MnO_2 \downarrow + 4OH^- \qquad \varphi^{\ominus} = 0.59V$$

（3）在 pH＞12 的强碱性溶液中

$$MnO_4^- + e^- \rightleftharpoons MnO_4^{2-} \qquad \varphi^{\ominus} = 0.564V$$

由于 $KMnO_4$ 在强酸性溶液中有更强的氧化能力，所以，滴定反应一般都在强酸性条件下进行。高锰酸钾法有下列特点：

① $KMnO_4$ 氧化能力强，应用广泛，可直接和间接地测定多种无机物和有机物；

② MnO_4^- 本身有色，滴定时一般不需要另加指示剂；

③ 标准溶液不够稳定，不能久置；

④ 反应历程比较复杂，易发生副反应；

⑤ $KMnO_4$ 标准溶液不能直接配制。

使用 $KMnO_4$ 法的注意事项如下。

① 进行滴定反应时，所用的酸一般用 H_2SO_4，应避免使用 HCl 或 HNO_3。因为 Cl^- 具有还原性，能与 MnO_4^- 作用；而 HNO_3 具有氧化性，它可能氧化某些待测物质。

② 为了使滴定反应定量、快速进行，必须控制好滴定的条件，即温度、酸度和滴定速度。

③ 计算分析结果时，要注意 $KMnO_4$ 在不同介质条件下，其基本单元不同。在强酸性溶液中，基本单元为 $\frac{1}{5}KMnO_4$。

7.4.1.2 高锰酸钾标准滴定溶液的制备(执行 GB/T 601—2002 4.12)

（1）标准溶液的配制　市售高锰酸钾试剂常含有少量的 MnO_2 及其它杂质。同时，蒸馏水中也常含有还原性物质如尘埃、有机物等，这些物质都能使 $KMnO_4$ 还原，因此 $KMnO_4$ 标准滴定溶液不能直接配制，必须先配成近似浓度的溶液，然后再用基准物质标定。为此采用下列步骤配制：

① 称取稍多于计算用量的 $KMnO_4$，溶于一定量的蒸馏水中，将溶液加热煮沸，保持微沸 15min，放置 2～3d，使可能含有的还原性物质被完全氧化；

② 用微孔玻璃漏斗过滤，除去 MnO_2 沉淀，滤液移入棕色瓶中保存，以避免 $KMnO_4$ 见光分解。

（2）标准溶液的标定　标定 $KMnO_4$ 溶液的基准物很多，如 $Na_2C_2O_4$、$H_2C_2O_4 \cdot 2H_2O$、$(NH_4)_2Fe(SO_4)_2 \cdot 6H_2O$ 和纯铁丝等。其中常用的是 $Na_2C_2O_4$，这是因为易提纯、稳定，不含结晶水。在 105～110℃烘至恒重，即可使用。

标定反应如下：

$$2MnO_4^- + 5C_2O_4^{2-} + 16H^+ = 2Mn^{2+} + 10CO_2 \uparrow + 8H_2O$$

此时，$KMnO_4$ 的基本单元为 $\frac{1}{5}KMnO_4$，而 $Na_2C_2O_4$ 的基本单元为 $\frac{1}{2}Na_2C_2O_4$。标定时注意下列滴定条件。

① 温度　$Na_2C_2O_4$ 溶液加热至70～85℃再进行滴定。不能使温度超过90℃，

$$H_2C_2O_4 \xrightarrow{>90℃} H_2O + CO_2\uparrow + CO\uparrow$$

否则 $H_2C_2O_4$ 分解，导致标定结果偏高。近终点时溶液的温度不能低于65℃。

② 酸度　溶液应保持足够大的酸度，一般控制酸度为0.5～1mol·L^{-1}。如果酸度不足，易生成 MnO_2 沉淀，酸度过高则又会使 $H_2C_2O_4$ 分解。

③ 滴定速度　MnO_4^- 与 $C_2O_4^{2-}$ 的反应开始很慢，当有 Mn^{2+} 生成之后，反应逐渐加快。因此，开始滴定时应该等第一滴 $KMnO_4$ 溶液褪色后，再加第二滴。此后，因反应生成的 Mn^{2+} 有自动催化作用而加快了反应速度，随之可加快滴定速度，但不能过快，否则加入的 $KMnO_4$ 溶液会因来不及与 $C_2O_4^{2-}$ 反应，就在热的酸性溶液中分解。

$$4MnO_4^- + 12H^+ = 4Mn^{2+} + 6H_2O + 5O_2\uparrow$$

④ 用 $KMnO_4$ 溶液滴定至溶液呈淡粉红色30s不褪色即为终点，放置时间过长，因空气中还原性物质使 $KMnO_4$ 还原而褪色。

(3) 标定结果的计算

$$c(\frac{1}{5}KMnO_4) = \frac{m}{(V - V_0) \times M(\frac{1}{2}Na_2C_2O_4) \times 10^{-3}}$$

式中　m——称取 $Na_2C_2O_4$ 的质量，g；

V——滴定时消耗 $KMnO_4$ 标准滴定溶液的体积，mL；

V_0——空白试验时消耗 $KMnO_4$ 标准滴定溶液的体积，mL；

$M(\frac{1}{2}Na_2C_2O_4)$——以$\left(\frac{1}{2}Na_2C_2O_4\right)$为基本单元的摩尔质量（67.00g·mol^{-1}）。

【例7-4】 配制1.5L $c(\frac{1}{5}KMnO_4)=0.2$mol·L^{-1}的 $KMnO_4$ 溶液，应称取 $KMnO_4$ 多少克？配制1L $T(Fe^{2+}/KMnO_4)=0.006$g·mL^{-1}的溶液应称取 $KMnO_4$ 多少克？

解　(1) 已知 $M(KMnO_4)=158$g·mol^{-1}

则
$$M(\frac{1}{5}KMnO_4) = 31.6\text{g·mol}^{-1}$$

$$m = c(\frac{1}{5}KMnO_4)V(KMnO_4)M(\frac{1}{5}KMnO_4)$$
$$= 0.2 \times 1.5 \times 31.6 = 9.5(\text{g})$$

(2) $KMnO_4$ 与 Fe^{2+} 的反应为

$$KMnO_4 + 5Fe^{2+} + 8H^+ = Mn^{2+} + 5Fe^{3+} + 4H_2O$$

在该反应中，Fe^{2+} 的基本单元为 Fe

$$c(\frac{1}{5}KMnO_4) = \frac{T \times 1000}{M(Fe)}$$
$$= \frac{0.006 \times 1000}{55.85}$$
$$= 0.107\ (\text{mol·L}^{-1})$$

所需 $KMnO_4$ 的质量为

$$m(KMnO_4) = c(\frac{1}{5}KMnO_4)V(KMnO_4)M(\frac{1}{5}KMnO_4)$$
$$= 0.107 \times 1 \times 31.6 = 3.4(\text{g})$$

7.4.1.3　$KMnO_4$ 法应用实例——绿矾含量的测定(执行GB/T 664—1993)

绿矾学名为硫酸亚铁，其化学式为 $FeSO_4 \cdot 7H_2O$，相对分子质量为 278.01，易被空气氧化为高铁盐，易溶于水，具有还原性，工业上用作还原剂，农业上用作杀虫剂，亦能用于染料工业和枕木防腐，同时也是制墨水的原料。

(1) 测定原理　样品用水溶解后，在酸性溶液中用 $KMnO_4$ 溶液直接滴定，反应为

$$MnO_4^- + 5Fe^{2+} + 8H^+ \longrightarrow Mn^{2+} + 5Fe^{3+} + 4H_2O$$

由消耗 $KMnO_4$ 标准溶液的体积计算绿矾的含量。

此处，$KMnO_4$ 的基本单元为 $\frac{1}{5}KMnO_4$，$FeSO_4 \cdot 7H_2O$ 的基本单元为 $FeSO_4 \cdot 7H_2O$。

(2) 绿矾含量计算

$$w(FeSO_4 \cdot 7H_2O) = \frac{c(\frac{1}{5}KMnO_4)V(KMnO_4)M(FeSO_4 \cdot 7H_2O) \times 10^{-3}}{m_s}$$

7.4.2　重铬酸钾法

7.4.2.1　*方法与特点*

$K_2Cr_2O_7$ 是一种较强的氧化剂，在酸性介质中被还原为 Cr^{3+}。

$$Cr_2O_7^{2-} + 14H^+ + 6e^- \longrightarrow 2Cr^{3+} + 7H_2O \qquad \varphi^{\ominus} = 1.33V$$

其基本单元为 $\frac{1}{6}K_2Cr_2O_7$，$K_2Cr_2O_7$ 的氧化能力比 $KMnO_4$ 要弱些。

重铬酸钾法的特点是：

① $K_2Cr_2O_7$ 易提纯，在 140～150℃干燥 2h 后，可直接称量，配制标准溶液，不必标定；

② $K_2Cr_2O_7$ 标准溶液相当稳定，保存在密闭容器中，浓度可长期保持不变；

③ 室温下，当 HCl 溶液浓度低于 $3mol \cdot L^{-1}$ 时，$Cr_2O_7^{2-}$ 不氧化 Cl^-，因此可在盐酸介质中进行滴定。

重铬酸钾法常用的指示剂为二苯胺磺酸钠。

7.4.2.2　$K_2Cr_2O_7$ 标准滴定溶液的制备

(1) 直接配制法　$K_2Cr_2O_7$ 标准滴定溶液可用直接配制法，但在配制前应将 $K_2Cr_2O_7$ 在 105～110℃烘至恒重。其浓度计算式为

$$c(\frac{1}{6}K_2Cr_2O_7) = \frac{m(K_2Cr_2O_7)}{V(K_2Cr_2O_7) \times \frac{M(\frac{1}{6}K_2Cr_2O_7)}{1000}}$$

【例 7-5】 欲配制 500mL $c\left(\frac{1}{6}K_2Cr_2O_7\right) = 0.1000mol \cdot L^{-1}$ 的 $K_2Cr_2O_7$ 标准溶液，应称取 $K_2Cr_2O_7$ 基准试剂多少克？

解　已知 $M(K_2Cr_2O_7) = 294.18g \cdot mol^{-1}$

则

$$M\left(\frac{1}{6}K_2Cr_2O_7\right) = 49.03g \cdot mol^{-1}$$

$$m(K_2Cr_2O_7) = c(\frac{1}{6}K_2Cr_2O_7)V(K_2Cr_2O_7)M(\frac{1}{6}K_2Cr_2O_7)$$

$$= 0.1000 \times 0.5 \times 49.03$$

$$= 2.4515(g)$$

答：应称取 $K_2Cr_2O_7$ 基准试剂 2.4515g。

(2) 间接配制法　(执行 GB/T 601—2002 4.5)

若使用一般 $K_2Cr_2O_7$ 试剂配制标准溶液，需进行标定。

标定原理：移取一定体积的 $K_2Cr_2O_7$ 溶液，加入过量的 KI 和 H_2SO_4，用已知浓度的 $Na_2S_2O_3$ 标准滴定溶液进行滴定，以淀粉指示液指示滴定终点，其反应式为：

$$Cr_2O_7^{2-}+6I^-+14H^+ = 2Cr^{3+}+3I_2+7H_2O$$

$$I_2+2S_2O_3^{2-} = S_4O_6^{2-}+2I^-$$

$K_2Cr_2O_7$ 标准溶液的浓度按下式计算

$$c(\frac{1}{6}K_2Cr_2O_7)=\frac{(V_1-V_2)\times c(Na_2S_2O_3)}{V}$$

式中　$c(\frac{1}{6}K_2Cr_2O_7)$ ——重铬酸钾标准溶液的浓度，$mol \cdot L^{-1}$；

$c(Na_2S_2O_3)$ ——硫代硫酸钠标准滴定溶液的浓度，$mol \cdot L^{-1}$；

V_1——滴定时消耗硫代硫酸钠标准滴定溶液的体积，mL；

V_2——空白试验消耗硫代硫酸钠标准滴定溶液的体积，mL；

V——重铬酸钾标准溶液的体积，mL。

7.4.2.3　重铬酸钾法的应用实例——铁矿石中铁含量的测定

(1) 测定原理　试样用浓热 HCl 分解，用 $SnCl_2$ 趁热将 Fe^{3+} 还原为 Fe^{2+}，过量的 $SnCl_2$ 用 $HgCl_2$ 氧化，再用水稀释，并加入 H_2SO_4-H_3PO_4 混合酸，以二苯胺磺酸钠为指示剂，用 $K_2Cr_2O_7$ 标准滴定溶液滴定至溶液由浅绿色（Cr^{3+} 的颜色）变为紫红色。

用盐酸溶解时，反应为

$$Fe_2O_3+6HCl = 2FeCl_3+3H_2O$$

滴定反应为

$$Cr_2O_7^{2-}+6Fe^{2+}+14H^+ = 2Cr^{3+}+6Fe^{3+}+7H_2O$$

(2) 分析结果的计算

$$w(Fe)=\frac{c(\frac{1}{6}K_2Cr_2O_7)\times V(K_2Cr_2O_7)\times M(Fe)\times 10^{-3}}{m_s}$$

说明：测定中加入 H_3PO_4 的目的有两个：一是降低 Fe^{3+}/Fe^{2+} 电对的电极电位，使滴定突跃范围增大，让二苯胺磺酸钠变色点的电位落在滴定突跃范围之内；二是使滴定反应的产物生成无色的 $Fe(HPO_4)_2^-$，消除 Fe^{3+} 黄色的干扰，有利于滴定终点的观察。

无汞测铁法（$SnCl_2$-$TiCl_3$ 法）

因 $HgCl_2$ 毒性较强，会对环境造成一定的污染，所以还有另一种不采用 $HgCl_2$ 的标准方法 $SnCl_2$-$TiCl_3$ 法，其原理是将样品用酸溶解后，以二氯化锡还原大部分三价铁离子，再以钨酸钠为指示剂，用三氯化钛还原剩余的三价铁离子，反应为

$$2Fe^{3+}+Sn^{2+} = 2Fe^{2+}+Sn^{4+}$$

$$Fe^{3+}+Ti^{3+} = Fe^{2+}+Ti^{4+}$$

当 Fe^{3+} 定量还原为 Fe^{2+} 之后，稍过量的三氯化钛即可使溶液中作为指示剂的六价钨还原为蓝色的五价钨合物，俗称"钨蓝"，故使溶液呈现蓝色。然后滴入重铬酸钾溶液，使钨

蓝刚好褪色，或者以 Cu^{2+} 为催化剂使稍过量的 Ti^{3+} 被水中溶解的氧氧化，从而消除少量的还原剂的影响。最后以二苯胺磺酸钠为指示剂，用重铬酸钾标准滴定溶液滴定溶液中的 Fe^{2+}，即可求出全铁含量。

7.4.3 碘量法

7.4.3.1 方法简介

碘量法是利用 I_2 的氧化性和 I^- 的还原性来进行滴定的方法，其基本反应是：

$$I_2+2e^- \rightleftharpoons 2I^-$$

固体 I_2 在水中溶解度很小（298K 时为 $1.18\times10^{-3}mol\cdot L^{-1}$）且易于挥发，通常将 I_2 溶解于 KI 溶液中，此时它以 I_3^- 络离子形式存在，其半反应为

$$I_3^-+2e^- \rightleftharpoons 3I^- \qquad \varphi^{\ominus}=0.545V$$

从 $\varphi^{\ominus}$ 值可以看出，I_2 是较弱的氧化剂，能与较强的还原剂作用；I^- 是中等强度的还原剂，能与许多氧化剂作用，因此碘量法可以用直接或间接的两种方式进行。

将 I_2 配成标准溶液可以直接测定电位值比 $\varphi^{\ominus}_{I_3^-/I^-}$ 小的还原性物质，如 S^{2-}、SO_3^{2-}、Sn^{2+}、$S_2O_3^{2-}$、As(Ⅲ) 等，这种碘量法称为直接碘量法，又叫碘滴定法。在碘量法中，通常还用 $Na_2S_2O_3$ 标准溶液作还原剂，在溶液中 $Na_2S_2O_3$ 可以失去一个电子而被氧化

$$2S_2O_3^{2-} \rightleftharpoons S_4O_6^{2-}+2e^-$$

如果将含氧化性物质（电位值比 $\varphi^{\ominus}_{I_3^-/I^-}$ 大）的试样与过量 KI 反应，析出的 I_2 就可用 $Na_2S_2O_3$ 滴定，反应式为

$$2S_2O_3^{2-}+I_2 \rightleftharpoons S_4O_6^{2-}+2I^-$$

这种碘量法称为间接碘量法，又叫滴定碘法。利用这一方法可以测定很多氧化性物质，如 Cu^{2+}、$Cr_2O_7^{2-}$、IO_3^-、BrO_3^-、AsO_4^{3-}、ClO^-、NO_2^-、H_2O_2、MnO_4^- 和 Fe^{3+} 等。

在碘量法中一般采用淀粉作为指示剂，淀粉与 I_3^- 形成深蓝色吸附化合物，此反应很灵敏，当 I_2 的浓度为 $1\times10^{-5}mol\cdot L^{-1}$ 时，仍然能观察到蓝色。

碘量法中采用淀粉作指示剂，直接碘量法和间接碘量法的滴定终点颜色变化正好相反，直接碘量法中，淀粉指示液由无色变为蓝色为终点；间接碘量法中淀粉指示液由蓝色变为无色为终点。特别要注意的是间接碘量法所用的淀粉指示液应在近终点时加入。

碘量法既可测定氧化剂，又可测定还原剂。I_3^-/I^- 电对反应的可逆性好，副反应少，又有很灵敏的指示剂，因此，碘量法的应用范围很广。

7.4.3.2 碘量法的滴定条件

(1) 直接碘量法　不能在碱性溶液中进行滴定，因为碘与碱发生歧化反应。

$$I_2+2OH^- \rightleftharpoons IO^-+I^-+H_2O$$

$$3IO^- \rightleftharpoons IO_3^-+2I^-$$

(2) 间接碘量法

① 溶液的酸度　间接碘量法必须在中性或弱酸性溶液中进行，因为在碱性溶液中 I_2 与 $S_2O_3^{2-}$ 将发生下列反应。

$$S_2O_3^{2-}+4I_2+10OH^- \rightleftharpoons 2SO_4^{2-}+8I^-+5H_2O$$

同时，I_2 在碱性溶液中发生歧化反应

$$3I_2+6OH^- \rightleftharpoons IO_3^-+5I^-+3H_2O$$

在强酸性溶液中，$Na_2S_2O_3$ 溶液会发生分解反应。

$$S_2O_3^{2-}+2H^+ \longrightarrow SO_2\uparrow+S\downarrow+H_2O$$

同时，I^- 在酸性溶液中易被空气中的 O_2 氧化

$$4I^-+4H^++O_2 \longrightarrow 2I_2+2H_2O$$

② 淀粉指示剂的使用条件　I_2 与淀粉呈现蓝色，其灵敏度除 I_2 的浓度以外，还与淀粉的性质和它加入的时间、温度及反应介质等条件有关。

a. 淀粉必须是可溶性淀粉。

b. I_3^- 与淀粉的蓝色在热溶液中会消失，因此，不能在热溶液中进行滴定。

c. 要注意反应介质的条件，淀粉在弱酸性溶液中灵敏度很高，显蓝色；当 pH<2 时，淀粉会水解成糊精，与碘显红色；若 pH>9 时，碘变为 IO^- 不显色。

d. 在间接碘量法中用 $Na_2S_2O_3$ 滴定 I_2 时要等滴至 I_2 的黄色很浅时再加入淀粉指示液，若过早加入淀粉，它与 I_2 形成的蓝色络合物会吸留部分 I_2，往往易使终点提前且不明显。

e. 淀粉指示液的用量一般为 2～5mL（5g・L^{-1}淀粉指示液）。

7.4.3.3　提高碘量法测定结果准确度的措施

碘量法的误差来源主要有两个方面：一是碘易挥发；二是在酸性溶液中 I^- 易被空气中的 O_2 氧化，为此，应采用适当的措施，以保证分析结果的准确度。

（1）防止 I_2 挥发

① 加入过量的 KI（一般比理论值大 2～3 倍），由于生成了 I_3^-，可减少 I_2 的损失。

② 反应时溶液的温度不能高，一般在室温下进行。

③ 滴定开始时不要剧烈摇动溶液，尽量轻摇、慢摇，但是必须摇匀，局部过量的 $Na_2S_2O_3$ 会自行分解。当 I_2 的黄色已经很浅时，加入淀粉指示液后再充分摇动。

④ 间接碘量法的滴定反应要在碘量瓶中进行。为使反应完全，加入 KI 后要放置一会（一般为 5～10min），放置时用水封住瓶口。

（2）防止 I^- 被空气氧化

① 在酸性溶液中，用 I^- 还原氧化剂时，应避免阳光照射，可用棕色试剂瓶贮存 I^- 标准溶液；

② Cu^{2+}、NO_2^- 等离子催化空气对 I^- 的氧化，应设法消除干扰；

③ 析出 I_2 后，一般应立即用 $Na_2S_2O_3$ 标准滴定溶液滴定；

④ 滴定速度要适当快些。

7.4.3.4　碘量法标准滴定溶液的制备

碘量法中需要配制和标定 I_2 和 $Na_2S_2O_3$ 两种标准滴定溶液。

（1）$Na_2S_2O_3$ 标准滴定溶液的制备（执行 GB/T 601—2002 4.6）

① 配制　市售硫代硫酸钠（$Na_2S_2O_3\cdot 5H_2O$）一般都含有少量杂质，且在空气中不稳定，因此不能用直接法配制。

配制方法：称取一定量 $Na_2S_2O_3\cdot 5H_2O$ 溶于无 CO_2 的蒸馏水中，煮沸、冷至室温，贮存于棕色瓶中。放置两周后过滤，再标定。

② 标定　标定 $Na_2S_2O_3$ 溶液的基准物质有 $K_2Cr_2O_7$、KIO_3、$KBrO_3$ 及升华 I_2 等。除 I_2 外，其它物质都需在酸性溶液中与 KI 作用析出 I_2 后，再用配制的 $Na_2S_2O_3$ 溶液滴定。现以 $K_2Cr_2O_7$ 作基准物为例加以讨论。

反应为
$$Cr_2O_7^{2-}+6I^-+14H^+ \longrightarrow 2Cr^{3+}+3I_2+7H_2O$$

$$I_2+2S_2O_3^{2-} \longrightarrow 2I^-+S_4O_6^{2-}$$

由反应式知 $K_2Cr_2O_7$ 的基本单元为$\frac{1}{6}K_2Cr_2O_7$；I_2 的基本单元为$\frac{1}{2}I_2$；$Na_2S_2O_3$ 的基本单元为 $Na_2S_2O_3$。

③ 标定结果的计算

$$c(Na_2S_2O_3)=\frac{m}{(V-V_0)\times10^{-3}\times M(\frac{1}{6}K_2Cr_2O_7)}$$

式中 m——$K_2Cr_2O_7$ 的质量，g；

V——滴定时消耗 $Na_2S_2O_3$ 标准溶液的体积，mL；

V_0——空白试验消耗 $Na_2S_2O_3$ 标准溶液的体积，mL；

$M(\frac{1}{6}K_2Cr_2O_7)$——以$\frac{1}{6}K_2Cr_2O_7$ 为基本单元的摩尔质量（49.03g·mol^{-1}）。

$Na_2S_2O_3$ 标准溶液滴定 I_2 的终点颜色变化

以淀粉为指示剂，用 $Na_2S_2O_3$ 标准溶液滴定 I_2 时，滴定终点是什么颜色？终点后放置5min 为什么溶液又出现蓝色？

以淀粉为指示剂，用 $Na_2S_2O_3$ 标准溶液滴定 I_2 时，滴定终点应该是无色，由于滴定反应中的产物 Cr^{3+} 为绿色，所以终点显示亮绿色。终点后放置 5min 溶液又出现蓝色，这是由于空气氧化 I^- 生成 I_2，淀粉遇 I_2 变蓝是属于正常现象。

(2) I_2 标准滴定溶液的制备（执行 GB/T 601—2002 4.9）

① 配制　用升华法制得的纯碘，可直接配制成标准溶液。但通常是用市售的碘先配成近似浓度的碘溶液，然后用基准试剂或已知准确浓度的 $Na_2S_2O_3$ 标准溶液来标定碘溶液的准确浓度。由于碘几乎不溶于水，易溶于 KI 溶液，故配制时应将 I_2、KI 与少量水一起研磨后再用水稀释，并保存在棕色试剂瓶中待标定。

② 标定　标定 I_2 溶液可用 As_2O_3 基准试剂。将 As_2O_3 溶于 NaOH 溶液，使之生成亚砷酸钠，再用 I_2 溶液滴定 AsO_3^{3-}。

$$As_2O_3+6NaOH \longrightarrow 2Na_3AsO_3+3H_2O$$

$$AsO_3^{3-}+I_2+H_2O \longrightarrow AsO_4^{3-}+2I^-+2H^+$$

此反应为可逆反应，为使反应向右进行，可加固体 $NaHCO_3$ 以中和反应生成的 H^+，保持溶液 pH=8 左右即可使反应完全。注意：由于 As_2O_3 为剧毒物，一般常用已知浓度的 $Na_2S_2O_3$ 标准滴定溶液标定 I_2 溶液。

③ 标定结果的计算

$$c(\frac{1}{2}I_2)=\frac{m}{(V-V_0)\times10^{-3}\times M(\frac{1}{4}As_2O_3)}$$

式中 m——称取 As_2O_3 的质量，g；

V——滴定时消耗 I_2 溶液的体积，mL；

V_0——空白试验消耗 I_2 溶液的体积，mL；

$M(\frac{1}{4}As_2O_3)$——以$\frac{1}{4}As_2O_3$ 为基本单元的摩尔质量，g·mol^{-1}。

7.4.3.5 碘量法应用实例

(1) 海波含量的测定——直接碘量法

$Na_2S_2O_3$ 俗称大苏打或海波，无色透明的单斜晶体，易溶于水，水溶液呈弱碱性反应，有还原作用，可用作定影剂、去氯剂和分析试剂。

① 测定原理　样品溶于水后在 pH=5 的 HAc-NaAc 缓冲溶液存在下，可用碘标准滴定溶液直接滴定，加入甲醛以消除样品中可能存在的杂质（亚硫酸钠）的干扰，滴至淀粉指示液变蓝为终点。

滴定反应为

$$2S_2O_3^{2-}+I_2 \longrightarrow S_4O_6^{2-}+2I^-$$

② 分析结果的计算

$$w(Na_2S_2O_3 \cdot 5H_2O)=\frac{c(\frac{1}{2}I_2)\times V(I_2)\times M(Na_2S_2O_3 \cdot 5H_2O)\times 10^{-3}}{m_s}$$

式中　$c(\frac{1}{2}I_2)$——以 $\frac{1}{2}I_2$ 作基本单元的碘标准滴定溶液的浓度，$mol \cdot L^{-1}$；

$V(I_2)$——消耗碘标准滴定溶液的体积，mL；

$M(Na_2S_2O_3 \cdot 5H_2O)$——$Na_2S_2O_3 . 5H_2O$ 的摩尔质量，$g \cdot mol^{-1}$；

m_s——样品的质量，g。

(2) 维生素 C(Vc) 的测定　维生素 C 又称抗坏血酸（$C_6H_8O_6$，摩尔质量为 171.62g/mol)。由于维生素 C 分子中的烯二醇基具有还原性，所以它能被 I_2 定量地氧化成二酮基，其反应为：

```
 ┌──O───┐   H  OH                 ┌──O───┐   H  OH
 │      │   |  |                  │      │   |  |
 C─C═C─C─C─CH+I2  ⇌  C─C─C─C─C─CH+2HI
 ‖  |  |  |  |  |                 ‖  ‖  ‖  |  |  |
 O  OHOHHOH  H                    O  O  O  H  OHH
```

维生素 C 的半反应式为：

$$C_6H_6O_6+2H^++2e^- \longrightarrow C_6H_8O_6 \qquad \varphi^{\ominus}_{C_6H_6O_6/C_6H_8O_6}=0.18V$$

由于维生素 C 的还原性很强，在空气中极易被氧化，尤其在碱性介质中更甚，测定时应加入 HAc 使溶液呈现弱酸性，以减少维生素 C 的副反应。

维生素 C 含量的测定方法是：准确称取含维生素 C 试样，溶解在新煮沸且冷却的蒸馏水中，以 HAc 酸化，加入淀粉指示剂，迅速用 I_2 标准溶液滴定至终点（呈现稳定的蓝色）。

维生素 C 在空气中易被氧化，所以在 HAc 酸化后应立即滴定。由于蒸馏水中溶解有氧，因此蒸馏水必须事先煮沸，否则会使测定结果偏低。如果试液中有能被 I_2 直接氧化的物质存在，则对测定有干扰。

【例 7-6】　称取 $Na_2SO_3 \cdot 5H_2O$ 试样 0.3878g，将其溶解，加入 50.00mL $c(\frac{1}{2}I_2)=0.09770mol \cdot L^{-1}$ 的 I_2 溶液处理，剩余的 I_2 需要用 $c(Na_2S_2O_3)=0.1008mol \cdot L^{-1}$ 的 $Na_2S_2O_3$ 标准滴定溶液 25.40mL 滴定至终点。计算试样中 Na_2SO_3 的含量。

解　根据题意写出反应式

$$I_2+SO_3^{2-}+H_2O \longrightarrow 2H^++2I^-+SO_4^{2-}$$

$$2S_2O_3^{2-}+I_2 \longrightarrow S_4O_6^{2-}+2I^-$$

$$Na_2SO_3 \longrightarrow I_2 \longrightarrow 2e^-$$

故 Na_2SO_3 的基本单元为（$\frac{1}{2}Na_2SO_3$）则

$$w(Na_2SO_3)=\frac{[c(\frac{1}{2}I_2)\times V(I_2)-c(Na_2S_2O_3)\times V(Na_2S_2O_3)]\times M(\frac{1}{2}Na_2SO_3)\times 10^{-3}}{m_s}$$

$$=\frac{(0.09770\times 50.00-0.1008\times 25.40)\times 63.02}{0.3878}\times 10^{-3}$$

$$=0.3778=37.78\%$$

答：样品中 Na_2SO_3 的含量为 37.78%。

(3) 铜合金中 Cu 含量的测定——间接碘量法

① 测定原理 将铜合金（黄铜或青铜）试样溶于 $HCl+H_2O_2$ 溶液中，加热分解除去 H_2O_2。在弱酸性溶液中，铜与过量 KI 作用，释出等量的碘，用 $Na_2S_2O_3$ 标准滴定溶液滴定释出的碘，即可求出铜含量。

反应式为

$$Cu+2HCl+H_2O_2 = CuCl_2+2H_2O$$

$$2Cu^{2+}+4I^- = 2CuI\downarrow+I_2$$

$$I_2+2S_2O_3^{2-} = 2I^-+S_4O_6^{2-}$$

加入过量 KI，Cu^{2+} 的还原趋于完全。由于 CuI 沉淀强烈地吸附 I_2，使测定结果偏低。故在滴定近终点时，加入适量 KSCN，使 CuI（$K_{sp}=1.1\times 10^{-12}$）转化为溶解度更小的 CuSCN（$K_{sp}=4.8\times 10^{-15}$），转化过程中释放出 I_2，反应生成的 I^- 又可利用，这样就可以使用较少的 KI 而使反应进行得更完全。

$$CuI+SCN^- = CuSCN\downarrow+I^-$$

测定过程中要注意以下几点。

a. KSCN 只能在近终点时加入，否则会直接还原 Cu^{2+}，使结果偏低。

b. 溶液的 pH 值应控制在 3.3～4.0 范围。若 pH 小于 4，则 Cu^{2+} 水解使反应不完全，结果偏低；酸度过高，则 I^- 被空气氧化为 I_2（Cu^{2+} 催化此反应），使结果偏高。

c. 合金中的杂质 As、Sb 在溶样时氧化为五价，当酸度过大时，能与 I^- 作用析出 I_2，干扰测定。控制适宜的酸度可消除其干扰。

d. Fe^{3+} 能氧化 I^- 而析出 I_2，可用 NH_4HF_2 掩蔽（生成 FeF_6^{3-}），NH_4HF_2 又是缓冲剂，可使溶液的 pH 值保持在 3.3～4.0。

Cu^{2+} 能氧化 I^- 吗？

查电极电位表可知 Cu^{2+} 不能氧化 I^-。为什么能用间接碘量法测定 Cu^{2+} 含量呢？

这里是利用沉淀反应使 Cu^{2+}/Cu^+ 电对中的 Cu^+ 生成沉淀，改变了还原型的浓度，因而 Cu^{2+}/Cu^+ 电对的电位又发生了变化，影响反应进行的方向。在弱酸性溶液中加入过量的 KI，生成了 CuI 沉淀，使溶液中的 $c(Cu^+)$ 大大减小。于是 Cu^{2+}/Cu^+ 电对的电位值大为升高（0.865V），Cu^{2+} 成了较强的氧化剂。析出的 I_2 用 $Na_2S_2O_3$ 标准滴定溶液滴定。

$$2Cu^{2+}+4I^- \rightleftharpoons 2CuI\downarrow+I_2$$

② 分析结果的计算

$$w(Cu)=\frac{c(Na_2S_2O_3)\times V(Na_2S_2O_3)\times M(Cu)\times 10^{-3}}{m_s}$$

【例 7-7】 称取 NaClO 试液 5.8600g 于 250mL 容量瓶中，稀释定容后，移取 25.00mL 于碘量瓶中，加水稀释并加入适量 HAc 溶液和 KI，盖紧塞子后静置片刻。以淀粉作指示液，用 $Na_2S_2O_3$ 标准滴定溶液（$T_{I_2/Na_2S_2O_3}=0.01335g\cdot mL^{-1}$）滴定至终点，用去 20.64mL，计算试样中的 Cl 含量。

解 根据题意写出有关的反应方程式

$$2ClO^- + 4H^+ = Cl_2 + 2H_2O$$

$$Cl_2 + 2I^- = 2Cl^- + I_2$$

$$I_2 + 2S_2O_3^{2-} = S_4O_6^{2-} + 2I^-$$

$$c(Na_2S_2O_3)=\frac{T_{I_2/Na_2S_2O_3}\times10^3}{M(\frac{1}{2}I_2)}=\frac{0.01335\times10^3}{126.9}=0.1052(mol\cdot L^{-1})$$

Cl 的基本单元为 Cl。

$$w(Cl)=\frac{c(Na_2S_2O_3)\times V(Na_2S_2O_3)\times M(Cl)\times10^{-3}}{m_s\times\frac{25.00}{250.0}}$$

$$=\frac{0.1052\times20.64\times35.45\times10^{-3}}{5.8600\times\frac{25.00}{250.0}}$$

$$=0.1314 \qquad 即\ 13.14\%$$

答：试样中 Cl 的含量为 13.14%。

*7.4.4 铈量法和溴酸钾法简介

7.4.4.1 硫酸铈法

$Ce(SO_4)_2$ 是强氧化剂，其氧化性与 $KMnO_4$ 差不多，凡 $KMnO_4$ 能够测定的物质几乎都能用铈量法测定。在酸性溶液中，Ce^{4+} 被还原为 Ce^{3+}。其半反应为

$$Ce^{4+} + e^- = Ce^{3+} \qquad \varphi^{\ominus}=1.61V$$

硫酸铈法的特点是：

① $Ce(SO_4)_2$ 标准溶液可以用 $Ce(SO_4)_2\cdot2(NH_4)_2SO_4\cdot2H_2O$ 直接配制，不必进行标定，溶液很稳定，放置较长时间或加热煮沸也不分解；

② $Ce(SO_4)_2$ 不会氧化 HCl，可在 HCl 溶液中滴定还原剂；

③ Ce^{4+} 还原为 Ce^{3+} 时，只有一个电子转移，没有中间价态的产物，反应简单，副反应少；

④ $Ce(SO_4)_2$ 溶液为橙黄色，而 Ce^{3+} 无色，一般采用邻二氮菲-Fe（Ⅱ）作指示剂，终点变色敏锐；

⑤ Ce^{4+} 在酸度较低的溶液中易水解，所以 Ce^{4+} 不适宜在碱性或中性溶液中滴定。

$Ce(SO_4)_2$ 标准溶液的制备（执行 GB/T 601—2002 4.14）

可用硫酸铈滴定法测定的物质有 $Fe(CN)_6^{4-}$、NO_2^-、Sn^{2+} 等离子。由于铈盐昂贵，实际工作中应用不多。

7.4.4.2 溴酸钾法

$KBrO_3$ 容易提纯，在 180℃烘干后可以直接配制标准溶液，在酸性溶液中 $KBrO_3$ 为强氧化剂，滴定半反应为

$$BrO_3^- + 6H^+ + 6e^- = Br^- + 3H_2O \qquad \varphi^{\ominus}=1.44V$$

其基本单元为$\frac{1}{6}KBrO_3$。

实际上，溴酸钾法是用Br_2作氧化剂，因Br_2极易挥发，溶液很不稳定，故常用$KBrO_3$-KBr混合溶液代替Br_2标准溶液。$KBrO_3$与KBr的质量比为1∶3，其中$KBrO_3$是准确量。在酸性条件下反应定量析出的Br_2与待测物反应，反应达计量点后产生过量的Br_2可使指示剂变色，从而指示终点。

$$BrO_3^- + 6H^+ + 5Br^- = 3Br_2 + 3H_2O$$

如用返滴定方式，则加入一定过量的$KBrO_3$-KBr标准溶液，与待测物反应完全后，过量的Br_2用碘量法测定：

$$\underset{(过量)}{Br_2} + 2I^- = 2Br^- + I_2$$

再用$Na_2S_2O_3$标准滴定溶液滴定析出的I_2，以淀粉作指示剂。

$$I_2 + 2S_2O_3^{2-} = 2I^- + S_4O_6^{2-}$$

因此，溴酸钾法常与碘量法配合使用。

Br_2标准滴定溶液的制备（执行GB/T 601—2002 4.7）

溴酸钾法主要用于有机物的测定，也可测定ClO_3^-、O_3、NH_2OH等物质。

本 章 小 结

一、氧化还原平衡

1. 电极电位

(1) 电对　物质的氧化型（高价态）和还原型（低价态）组成的体系称为氧化还原电对，简称电对。根据电对可写成氧化还原半电池反应或称电极反应。

(2) 电极电位　电极电位是指电极与溶液接触的界面存在双电层而产生的电位差，用φ来表示，单位为V。电极电位越高，该电对氧化型的氧化能力越强；电极电位越低，该电对还原型的还原能力越强。

(3) 标准电极电位$\varphi^{\ominus}$　标准电极电位是指298K时，气体压力为100kPa，电对中的离子（或分子）的浓度均为1mol·L^{-1}时与标准氢电极组成原电池所测得的电动势。

(4) 条件电位φ'　条件电位是指在特定条件下，当电对中氧化型和还原型的浓度均为1mol·L^{-1}或浓度比为1时，校正了各种外界因素影响后的实际电极电位。

298K时，电极电位与浓度的关系可用能斯特方程式表示：

$$\varphi_{Ox/Red} = \varphi'_{Ox/Red} + \frac{0.059}{n}\lg\frac{c(Ox)}{c(Red)}$$

2. 电极电位的应用

氧化还原反应的方向是电位高的电对中的氧化型与电位低的电对中的还原型相互作用，向其对应的方向进行；氧化还原反应的次序是电极电位值相差大的两电对首先发生反应；氧化还原反应条件平衡常数的大小是直接由氧化剂和还原剂两电对的条件电位差决定的，差值越大，反应条件平衡常数就越大，所以该氧化还原反应进行得越完全。条件平衡常数可衡量氧化还原反应进行的程度。

在氧化还原滴定中，常用氧化剂电对与还原剂电对的电位差表示准确滴定的界限，即两电对的条件电位差>0.4V时，氧化还原滴定能定量进行，反应完全的程度大于99.9%。

二、氧化还原反应的实质是电子的转移

氧化还原反应较酸碱反应、络合反应复杂，不仅存在氧化还原平衡，实现反应还受到反应速率的制约，因此，严格控制反应条件是氧化还原滴定法获得准确结果的关键。多数氧化还原反应的机理复杂，反应速率较慢，通常可用增大反应物的浓度、提高溶液的温度和使用催化剂等方法加快反应速率。

三、氧化还原滴定法是利用氧化还原反应为基础的滴定分析方法

根据滴定剂的不同氧化还原滴定法又可分为：高锰酸钾法、重铬酸钾法、碘量法、铈量法和溴酸钾法等，在无机物定量分析中应用最广的有以下3种。

1. 高锰酸钾法

高锰酸钾法是以$KMnO_4$作为滴定剂，一般在强酸性（H_2SO_4）介质中进行滴定，以自身作为指示剂，滴定至溶液呈粉红色30s内不褪色为终点。

其半反应式为

$$MnO_4^- + 8H^+ + 5e^- \longrightarrow Mn^{2+} + 4H_2O$$

$KMnO_4$的基本单元为（$\frac{1}{5}KMnO_4$）。

2. 重铬酸钾法

重铬酸钾法是以$K_2Cr_2O_7$作为滴定剂，一般可在HCl或H_2SO_4介质中进行滴定，以二苯胺磺酸钠作为指示剂，滴定至溶液呈红紫色为终点。

其半反应式为

$$Cr_2O_7^{2-} + 14H^+ + 6e^- \longrightarrow 2Cr^{3+} + 7H_2O$$

$K_2Cr_2O_7$的基本单元为（$\frac{1}{6}K_2Cr_2O_7$）。

3. 碘量法

(1) 直接碘量法（碘滴定法） 以I_2作为滴定剂，在中性或弱酸性条件下进行滴定，以淀粉为指示剂，滴定至溶液由无色变为蓝色为终点。

其半反应式为

$$I_2 + 2e^- \longrightarrow 2I^-$$

I_2的基本单元为（$\frac{1}{2}I_2$）。

(2) 间接碘量法（滴定碘法） 以KI作为辅助试剂，利用I^-的还原性，与氧化性物质反应析出I_2，再用$Na_2S_2O_3$标准滴定溶液在中性或微酸性条件下进行滴定，近终点时加淀粉作为指示剂，滴定至溶液蓝色消失为终点。

其半反应式为 $2I^- - 2e^- \longrightarrow I_2$

滴定反应为 $2S_2O_3^{2-} + I_2 \longrightarrow S_4O_6^{2-} + 2I^-$

四、氧化还原滴定法中的计算

计算的依据是氧化性物质和还原性物质的物质的量之间要符合化学反应的计量关系。因此，计算分析结果时必须写出配平后的化学反应方程式，然后确定反应物的基本单元。

复习思考题

一、问答题

1. 氧化还原反应的实质是什么？

2. 什么叫氧化还原电对？举例说明如何表示。

3. 说明电极电位、标准电极电位、条件电极电位，以及它们之间的区别。

4. 根据电极电位的数值如何判断氧化还原反应的方向和次序以及反应完全的程度？

5. 试判断 $c(Sn^{2+})=c(Pb^{2+})=1mol\cdot L^{-1}$ 及 $c(Sn^{2+})=1mol\cdot L^{-1}$、$c(Pb^{2+})=0.1mol\cdot L^{-1}$ 时 $Pb^{2+}+Sn \longrightarrow Pb+Sn^{2+}$ 反应进行的方向。

6. 试判断在 $1mol\cdot L^{-1}$ 盐酸溶液中，用 Sn^{2+} 还原 Fe^{3+} 的反应能否进行完全？

7. 比较氧化还原滴定曲线和酸碱滴定曲线有何异同点。

8. 选择氧化还原指示剂的依据是什么？

9. 氧化还原滴定法所使用的指示剂有几种类型？举例说明。

10. 氧化还原滴定法分哪几种方法？写出每种方法的基本反应式和滴定条件。

11. 氧化还原滴定法中哪些标准溶液可以直接配制？哪些标准滴定溶液必须装在棕色滴定管中进行滴定？

12. 如何制备 $KMnO_4$、$K_2Cr_2O_7$、I_2、$Na_2S_2O_3$ 标准滴定溶液？其浓度如何计算？

13. Cl^- 对 $KMnO_4$ 法测定 Fe^{2+} 及用 $K_2Cr_2O_7$ 法测定 Fe^{2+} 有无干扰？为什么？

14. 各类氧化还原滴定法如何确定滴定终点？

15. 用 $Na_2C_2O_4$ 作为基准物质标定 $KMnO_4$ 溶液应控制什么条件？

二、判断题

1. 在能斯特方程式中电极电位既可能是正值，也可能是负值。（　）

2. 影响氧化还原反应速率的主要因素有反应物的浓度、温度和催化剂。（　）

3. 在适宜的条件下，所有可能发生的氧化还原反应中，条件电位值相差最大的电对之间首先进行反应。（　）

4. 氧化还原滴定曲线上电位突跃范围的大小，决定于相作用的氧化剂和还原剂的条件电位之差值。差值越大，电位突跃越大。（　）

5. $KMnO_4$ 溶液作为滴定剂时，必须装在棕色酸式滴定管中。（　）

6. 判断碘量法的滴定终点，常以淀粉为指示剂，直接碘量法的终点是从蓝色变为无色。（　）

7. 已知 $KMnO_4$ 溶液的浓度 $c(KMnO_4)=0.04mol\cdot L^{-1}$，那么 $c\left(\frac{1}{5}KMnO_4\right)=0.2mol\cdot L^{-1}$。（　）

8. 用基准试剂 $Na_2C_2O_4$ 标定 $KMnO_4$ 溶液时，需将溶液加热至 75～85℃进行滴定，若超过此温度，会使测定结果偏低。（　）

9. 用 $KMnO_4$ 标准溶液滴定 Fe^{2+} 溶液时，滴定突跃范围大小与反应物的起始浓度无关。（　）

10. 溶液的酸度越高，$KMnO_4$ 氧化 $Na_2C_2O_4$ 的反应进行得越完全，所以用基准 $Na_2C_2O_4$ 标定$KMnO_4$ 溶液时，溶液的酸度越高越好。（　）

11. $Na_2S_2O_3$ 标准滴定溶液滴定 I_2 时，应在中性或弱酸性介质中进行。（　）

12. 氧化还原指示剂的条件电位和滴定反应计量点的电位越接近，则滴定误差越大。（　）

13. 用间接碘量法测定试样时，最好在碘量瓶中进行，并应避免阳光照射，为减少 I^- 与空气接触，滴定时不宜过度摇动。（　）

14. 用 $K_2Cr_2O_7$ 法测定 Fe 含量时，$K_2Cr_2O_7$ 的基本单元应取（$K_2Cr_2O_7$）。（　）

15. 用于 $K_2Cr_2O_7$ 法中的酸性介质只能是硫酸，而不能用盐酸。（　）

三、选择题

1. 从有关电对的电极电位判断氧化还原反应进行的方向的正确方法是（　）。

A. 某电对的氧化态可以氧化电位较它低的另一电对的还原态

B. 作为一种氧化剂，它可以氧化电位比它高的还原态

C. 电对的电位越高，其还原态的还原能力越强

D. 电对的电位越低，其氧化态的氧化能力越强

2. 标定 $KMnO_4$ 标准溶液时，常用的基准物质是（　　）。

A. $K_2Cr_2O_7$　　B. $Na_2C_2O_4$　　C. $Na_2S_2O_3$　　D. KIO_3

3. 在酸性介质中，用 $KMnO_4$ 溶液滴定草酸盐溶液时，滴定应（　　）。

A. 像酸碱滴定那样快速进行

B. 在开始时缓慢，以后逐步加快，近终点时又减慢滴定速度

C. 始终缓慢地进行

D. 开始时快，然后减慢

4. 在 H_3PO_4 存在下的 HCl 溶液中，用 $0.1mol \cdot L^{-1}$ $K_2Cr_2O_7$ 溶液滴定 $0.1mol \cdot L^{-1}$ Fe^{2+} 溶液时，已知化学计量点的电位为 0.86V。最合适的指示剂为（　　）。

A. 亚甲基蓝（$\varphi^{\ominus}=0.36V$）　　B. 二苯胺磺酸钠（$\varphi^{\ominus}=0.84V$）

C. 二苯胺（$\varphi^{\ominus}=0.76V$）　　D. 邻二氮菲-Fe^{2+}（$\varphi^{\ominus}=1.06V$）

5. 在间接碘量法中，加入淀粉指示剂的适宜时间是（　　）。

A. 滴定开始时　　B. 滴定近终点时

C. 滴入标准溶液近 50%时　　D. 滴入标准溶液至 80%时

6. 测定铁矿石中铁含量时，加入磷酸的主要目的是（　　）。

A. 加快反应速度

B. 提高溶液的酸度

C. 防止析出 $Fe(OH)_3$ 沉淀

D. 使 Fe^{3+} 生成无色的络离子，便于终点观察

7. 假定某物质 A，其摩尔质量为 M_A，与 MnO_4^- 反应如下：

$$5A+2MnO_4^-+\cdots=2Mn^{2+}+\cdots$$

在此反应中，A 与 MnO_4^- 的摩尔比为（　　）。

A. 5∶2　　B. 2∶5　　C. 1∶2　　D. 1∶2.5

8. 被 $KMnO_4$ 溶液污染的滴定管应用（　　）洗涤。

A. 铬酸洗涤液　　B. Na_2CO_3　　C. 洗衣粉　　D. $H_2C_2O_4$

9. 在滴定反应 $Cr_2O_7^{2-}+6Fe^{2+}+14H^+ = 2Cr^{3+}+6Fe^{3+}+7H_2O$ 中，达到化学计量点时，下列各种说法正确的是（　　）。

A. 溶液中 $c(Fe^{3+})$ 与 $c(Cr^{3+})$ 相等

B. 溶液中不存在 Fe^{2+} 和 $Cr_2O_7^{2-}$

C. 溶液中两个电对 Fe^{3+}/Fe^{2+} 和 $Cr_2O_7^{2-}/Cr^{3+}$ 的电位相等

D. 溶液中两个电对 Fe^{3+}/Fe^{2+} 和 $Cr_2O_7^{2-}/Cr^{3+}$ 的电位不等

10. 用同一高锰酸钾溶液分别滴定两份体积相等的 $FeSO_4$ 和 $H_2C_2O_4$ 溶液，如果消耗的体积相等，则说明这两份溶液的浓度 $c(mol \cdot L^{-1})$ 关系是（　　）。

A. $c(FeSO_4)=2c(H_2C_2O_4)$　　B. $c(H_2C_2O_4)=2c(FeSO_4)$

C. $c(FeSO_4)=c(H_2C_2O_4)$　　D. $c(FeSO_4)=4c(H_2C_2O_4)$

练习题

1. 从附录中查出下列各电对的标准电极电位值，然后回答问题：

$$MnO_4^-+8H^++5e^- = Mn^{2+}+4H_2O$$

$$Ce^{4+}+e^- = Ce^{3+}$$

$$Fe^{2+} + 2e^- \rightleftharpoons Fe$$
$$Ag^+ + e^- \rightleftharpoons Ag$$

① 上列电对中，何者是最强的还原剂？何者是最强的氧化剂？

② 上列电对中，何者可将 Fe^{2+} 还原为 Fe？

③ 上列电对中，何者可将 Ag 氧化为 Ag^+？

2. 计算在溶液中 $c(MnO_4^-)/c(Mn^{2+})=0.1\%$，$c(H^+)=1mol \cdot L^{-1}$ 时，MnO_4^-/Mn^{2+} 电对的电极电位。

3. 在 100mL 溶液中，含有 $KMnO_4$ 0.1580g，问此溶液物质的量浓度 $c(KMnO_4)$ 及 $c\left(\frac{1}{5}KMnO_4\right)$ 分别为多少？

4. 配制 700mL $c\left(\frac{1}{5}KMnO_4\right)=0.10mol \cdot L^{-1}$ 的高锰酸钾溶液，应称取固体 $KMnO_4$ 多少？若以基准物 $H_2C_2O_4 \cdot 2H_2O$ 标定，每份应称取多少 $H_2C_2O_4 \cdot 2H_2O$？

5. 称取纯 $K_2Cr_2O_7$ 4.903g，配成 500mL 溶液，试计算：

① 此溶液的物质的量浓度 $c\left(\frac{1}{6}K_2Cr_2O_7\right)$ 为多少？

② 此溶液对 Fe_2O_3 的滴定度为多少？

6. 称取基准物质 $Na_2C_2O_4$ 0.1000g，标定 $KMnO_4$ 溶液时用去 24.85mL，计算 $KMnO_4$ 溶液的浓度 $c\left(\frac{1}{5}KMnO_4\right)$ 为多少？

7. 配制 500mL $c\left(\frac{1}{6}K_2Cr_2O_7\right)=0.1000mol \cdot L^{-1}$ 的 $K_2Cr_2O_7$ 溶液，应称取多少 $K_2Cr_2O_7$？

8. 称取铁矿石 0.2000g，经处理后滴定时消耗 $c\left(\frac{1}{6}K_2Cr_2O_7\right)=0.1000mol \cdot L^{-1}$ 的 $K_2Cr_2O_7$ 标准滴定溶液 24.82mL，计算铁矿石中铁的含量。

9. 用 $KMnO_4$ 法沉淀工业硫酸亚铁的含量时，称取样品 1.3545g。溶解后，在酸性条件下用 $c\left(\frac{1}{5}KMnO_4\right)=0.09280mol \cdot L^{-1}$ 的高锰酸钾溶液滴定时，消耗 37.52mL，求 $FeSO_4 \cdot 7H_2O$ 的含量（质量分数）。

10. 称取纯 $K_2Cr_2O_7$ 0.4903g，用水溶解后，配成 100.0mL 溶液。取出此溶液 25.00mL，加入适量 H_2SO_4 和 KI，滴定时消耗 24.95mL $Na_2S_2O_3$ 溶液，计算 $Na_2S_2O_3$ 溶液物质的量浓度。

11. 试剂厂生产的 $FeCl_3 \cdot 6H_2O$ 试剂。国家规定二级产品的含量不低于 99.0%；三级品含量不低于 98.0%。为检验产品质量，称取 0.5000g 样品。溶于水后，加 3mL HCl 和 2g KI，最后用 $c(Na_2S_2O_3)=0.1000mol \cdot L^{-1}$ 的 $Na_2S_2O_3$ 标准滴定溶液滴定，消耗 18.17mL，问该产品属于哪一级？

12. 硫化钠样品 0.5000g，溶解后稀释成 100.0mL 溶液。从中取出 25.00mL，加入 25.00mL 碘标准溶液，待反应完毕后，将剩余的碘用 $c(Na_2S_2O_3)=0.1000mol \cdot L^{-1}$ 的 $Na_2S_2O_3$ 标准滴定溶液滴定，消耗 16.00mL。空白试验时，25.00mL 碘标准溶液消耗 $c(Na_2S_2O_3)=0.1000mol \cdot L^{-1}$ 的 $Na_2S_2O_3$ 标准滴定溶液 24.50mL，求样品中 Na_2S 的含量。

13. 用 $KMnO_4$ 法测定硅酸盐样品中 Ca^{2+} 的含量，称取试样 0.5863g，在一定条件下，将钙沉淀为 CaC_2O_4，过滤、洗涤沉淀，将洗净的 CaC_2O_4 溶于稀 H_2SO_4 中，用 $c(KMnO_4)=0.05052mol \cdot L^{-1}$ 的 $KMnO_4$ 标准滴定溶液滴定，消耗 25.6mL，计算硅酸盐中 Ca 的质量分数。

14. 称取 0.2000g 含铜样品，用碘量法测定含铜量，如果析出的碘需要用 20.00mL $c(Na_2S_2O_3)=0.1000mol \cdot L^{-1}$ 的硫代硫酸钠标准滴定溶液滴定，求样品中铜的质量分数。

15. 称取含 MnO_2 的试样 0.5000g，在酸性溶液中加入 0.6020g $Na_2C_2O_4$，过量的 $Na_2C_2O_4$ 在酸性介质中用 28.00mL $c(\frac{1}{5}KMnO_4)=0.02000mol \cdot L^{-1}$ 的 $KMnO_4$ 溶液滴定，求试样中 MnO_2 的含量。

8 沉淀滴定法

学习指南 沉淀滴定法是以沉淀反应为基础的滴定分析方法。目前最常用的为银量法。为掌握银量法确定化学计量点的方法原理，必须理解分级沉淀和沉淀转化等基本概念，并要求掌握选择 K_2CrO_4、$NH_4Fe(SO_4)_2$ 和吸附指示剂为指示剂的条件及依据。通过技能训练应学会 $AgNO_3$ 和 NH_4SCN 标准溶液的制备方法；并能应用沉淀滴定法测定有关无机物的含量。

8.1 沉淀滴定法对反应的要求

沉淀滴定法是以沉淀反应为基础的一种滴定分析方法。能用于沉淀滴定的沉淀反应既要满足滴定分析反应的必要条件，还要求沉淀的溶解度足够小，用于沉淀滴定的反应必须符合以下条件。

① 反应迅速而且应定量进行；

② 生成沉淀的溶解度要小（溶解度≤10^{-5} mol·L^{-1}）且组成恒定；

③ 有适当的指示剂确定化学计量点；

④ 沉淀的吸附现象不影响终点的确定。

能同时满足以上条件的反应不多，目前常用的是生成难溶银盐的反应，如

$$Ag^+ + Cl^- \xlongequal{\quad} \underset{(白色)}{AgCl\downarrow}$$

$$Ag^+ + SCN^- \xlongequal{\quad} \underset{(白色)}{AgSCN\downarrow}$$

这种利用生成难溶银盐反应进行沉淀滴定的方法称为银量法，用此法可以测定 Cl^-、Br^-、I^-、SCN^-、Ag^+ 等离子及含卤素的有机化合物，本章仅介绍这类方法。除银量法外，沉淀滴定法中还有利用其它沉淀反应的方法，例如，$K_4[Fe(CN)_6]$ 与 Zn^{2+}、四苯硼酸钠与 K^+ 形成沉淀的反应。

$$2K_4[Fe(CN)_6] + 3Zn^{2+} \xlongequal{\quad} K_2Zn_3[Fe(CN)_6]_2\downarrow + 6K^+$$

$$NaB(C_6H_5)_4 + K^+ \xlongequal{\quad} KB(C_6H_5)_4\downarrow + Na^+$$

8.2 银量法确定终点的方法

根据确定滴定终点所采用的指示剂不同和测定条件的不同，银量法分为莫尔法、佛尔哈德法和法扬司法。

8.2.1 莫尔法——K_2CrO_4 指示剂法

莫尔法是以 K_2CrO_4 作为指示剂，在中性或弱碱性介质中用 $AgNO_3$ 标准滴定溶液测定卤素混合物含量的方法。现以测定氯离子含量为例，说明指示剂的作用原理。

溶液中首先发生下列反应，即先析出 AgCl 沉淀

$$Ag^+ + Cl^- \xlongequal{\quad} \underset{(白色)}{AgCl\downarrow}$$

当沉淀完全以后，稍过量的 $AgNO_3$ 标准溶液与溶液中的 K_2CrO_4 指示剂发生反应生成铬酸银沉淀（量少时为橙色）指示理论终点的到达。

$$2Ag^+ + CrO_4^{2-} \xlongequal{} \underset{(\text{砖红色})}{Ag_2CrO_4} \downarrow$$

8.2.1.1 指示剂的作用原理

先析出 AgCl 沉淀的原因是由于 AgCl 和 Ag_2CrO_4 的溶度积不同，因而发生了分级沉淀。

$$K_{sp}(AgCl) = 1.8\times10^{-10}$$

$$K_{sp}(Ag_2CrO_4) = 2.0\times10^{-12}$$

若溶液中 $c(Cl^-)=c(CrO_4^{2-})=0.1mol\cdot L^{-1}$，则开始沉淀 AgCl 和 Ag_2CrO_4 所需的 $c(Ag^+)$ 浓度分别为

$$c(Ag^+)_{AgCl}=\frac{K_{sp}(AgCl)}{c(Cl^-)}=\frac{1.8\times10^{-10}}{0.1}=1.8\times10^{-9}\ (mol\cdot L^{-1})$$

$$c(Ag^+)_{Ag_2CrO_4}=\sqrt{\frac{K_{sp}(Ag_2CrO_4)}{c(CrO_4^{2-})}}=\sqrt{\frac{2.0\times10^{-12}}{0.1}}=4.5\times10^{-6}\ (mol\cdot L^{-1})$$

由此可见，AgCl 开始沉淀所需的 Ag^+ 浓度比 Ag_2CrO_4 开始沉淀所需的 Ag^+ 浓度小得多，因此，当加入 $AgNO_3$ 标准溶液时，首先析出的是 AgCl 沉淀，待 Cl^- 反应完全之后再滴入 $AgNO_3$ 标准溶液才生成 Ag_2CrO_4 沉淀。

8.2.1.2 K_2CrO_4 指示剂的用量

当 Cl^- 和 Ag^+ 反应达化学计量点时，形成 AgCl 的饱和溶液，在饱和溶液中，

$$c(Ag^+)=c(Cl^-)$$

所以

$$c^2(Ag^+)=K_{sp}(AgCl)=1.8\times10^{-10}$$

$$c(Ag^+)=\sqrt{K_{sp}(AgCl)}=\sqrt{1.8\times10^{-10}}=1.34\times10^{-5}(mol\cdot L^{-1})$$

化学计量点后，Ag_2CrO_4 开始析出沉淀，此时所需 $c(CrO_4^{2-})$ 应按下式计算

$$c^2(Ag^+)c(CrO_4^{2-})\geqslant K_{sp}(Ag_2CrO_4)$$

$$c(CrO_4^{2-})\geqslant\frac{K_{sp}(Ag_2CrO_4)}{c^2(Ag^+)}=\frac{2.0\times10^{-12}}{1.8\times10^{-10}}=1.1\times10^{-2}(mol\cdot L^{-1})$$

指示剂的用量对滴定终点有影响，如果溶液中 $c(CrO_4^{2-})$ 过高，终点提前；$c(CrO_4^{2-})$ 过低，终点推迟。经实验证明，K_2CrO_4 的浓度低于理论值时终点易于观察，CrO_4^{2-} 最适宜的用量为 5% K_2CrO_4 指示液 1～2mL。

8.2.1.3 应用莫尔法的测定条件

① 应在中性或弱碱性介质中滴定。若在酸性溶液中，CrO_4^{2-} 与 H^+ 结合生成 $HCrO_4^-$，致使 Ag_2CrO_4 出现过迟，甚至不生成沉淀。若碱性过高，又将出现 Ag_2O 沉淀，莫尔法测定的最适宜的 pH 范围是 6.5～10.5。

② 不能在有氨或其它能与 Ag^+ 生成络合物的物质存在下滴定，否则会增大 AgCl (AgBr) 或 Ag_2CrO_4 的溶解度。

③ 莫尔法可直接测定 Cl^- 或 Br^-，当两者共存时，测定的是 Cl^- 和 Br^- 的总量。摩尔法不能用于测定 I^- 和 SCN^-，因为 AgI 和 AgSCN 沉淀时强烈地吸附 I^- 和 SCN^-，使终点提前出现，且终点变化不明显。

④ 此法不适于以 NaCl 标准滴定溶液滴定 Ag^+，如果要用此法测定试样中的 Ag^+，则

应在试液中加入一定量过量的 NaCl 标准滴定溶液，然后用 $AgNO_3$ 标准滴定溶液返滴定过量的 Cl^-。

⑤ 莫尔法的选择性较差。凡能与 CrO_4^{2-} 生成沉淀的阳离子如 Ba^{2+}、Pb^{2+}、Hg^{2+} 等，以及能与 Ag^+ 生成沉淀的阴离子如 PO_4^{3-}、AsO_4^{3-}、S^{2-}、$C_2O_4^{2-}$ 等均干扰测定。

8.2.2 佛尔哈德法——$NH_4Fe(SO_4)_2$ 指示剂法

8.2.2.1 直接滴定法测定 Ag^+

在含有 Ag^+ 的酸性溶液中，以铁铵矾作指示剂，用 NH_4SCN（或 KSCN、NaSCN）标准滴定溶液滴定，溶液中首先析出 AgSCN 白色沉淀。当 Ag^+ 定量沉淀后，稍过量的 SCN^- 与 Fe^{3+} 生成红色络离子 $[FeSCN]^{2+}$ 指示终点的到达。

在滴定过程中，不断有 AgSCN 沉淀生成，由于它具有强烈的吸附作用，使部分 Ag^+ 被吸附于其表面上，会造成终点提前出现而导致测定结果偏低。为此滴定时必须充分摇动溶液，使被吸附的 Ag^+ 及时释放出来。

8.2.2.2 返滴定法测定卤素离子

在含有卤素离子（X^-）的硝酸溶液中，加入一定量过量的 $AgNO_3$ 标准滴定溶液，再加入铁铵矾指示液，用 NH_4SCN 标准滴定溶液返滴定剩余的 $AgNO_3$ 标准滴定溶液，反应式为

$$\underset{(过量)}{Ag^+} + X^- \Longrightarrow AgX\downarrow$$

$$\underset{(剩余)}{Ag^+} + SCN^- \Longrightarrow AgSCN\downarrow$$

化学计量点后稍过量的 SCN^- 与铁铵矾指示液反应，生成红色络离子 $[FeSCN]^{2+}$，指示终点的到达。反应如下：

$$Fe^{3+} + SCN^- \Longrightarrow \underset{(红色)}{[FeSCN]^{2+}}$$

能否用返滴定法测定 Cl^-？

如果不采取措施，用返滴定法测定 Cl^- 时会出现以下情况：滴定达终点时红色出现，摇动沉淀红色消失，再加硫氰酸铵标准溶液时，红色又出现，如此反复进行，使测定结果造成很大的误差。出现这种情况的原因是此时发生了沉淀的转化作用，由于硫氰酸银沉淀的溶度积远小于氯化银沉淀的溶度积。

$$K_{sp}(AgCl)=1.8\times10^{-10}$$

$$K_{sp}(AgSCN)=1.0\times10^{-12}$$

滴定达到计量点时，溶液中存在着以下三个平衡

$$Ag^+ + Cl^- \Longrightarrow \underset{(白色)}{AgCl\downarrow}$$

$$Ag^+ + SCN^- \Longrightarrow \underset{(白色)}{AgSCN\downarrow}$$

$$Fe^{3+} + SCN^- \Longrightarrow \underset{(红色)}{[Fe(SCN)]^{2+}}$$

由于 $K_{sp}(AgSCN) < K_{sp}(AgCl)$，因此，在平衡时，$c(Ag^+)_{AgSCN} < c(Ag^+)_{AgCl}$，而在 $[Fe(SCN)]^{2+}$ 络合物的平衡反应中，SCN^- 浓度和 AgCl 沉淀平衡反应中的 Ag^+ 浓度的乘积大于 $K_{sp}(AgSCN)$，这样溶液中的两个平衡体系遭到破坏。

$$AgCl \rightleftharpoons Cl^- + Ag^+$$

$$[Fe(SCN)]^{2+} \rightleftharpoons Fe^{3+} + SCN^- \quad (+Ag^+ \rightleftharpoons AgSCN\downarrow)$$

此反应不断进行，因而得不到准确的终点。

如何避免上述现象的产生？可采取下列措施：

① 试液中加入一定过量的 $AgNO_3$ 标准溶液后，将溶液加热煮沸，使 AgCl 凝聚，以减少 AgCl 沉淀对 Ag^+ 的吸附。过滤，将 AgCl 沉淀滤去，用稀硝酸洗涤沉淀，然后用 NH_4SCN 标准溶液滴定滤液中过量的 Ag^+。

② 在 AgCl 沉淀完全之后，加入 NH_4SCN 标准溶液之前，加入1,2-二氯乙烷、邻苯二甲酸二丁酯等密度大于水的有机溶剂（以前也有用硝基苯的，但因毒性较大已不大采用），这些有机溶剂可以将沉在最下面的 AgCl 沉淀与溶液隔开，而不与 SCN^- 接触，从而阻止了 SCN^- 与 AgCl 发生的沉淀转化反应。（这种方法比较方便）用本法测定 Br^- 和 I^- 时，由于 $K_{sp}(AgI)=9.3\times10^{-17}$ 和 $K_{sp}(AgBr)=5.0\times10^{-13}$ 都小于 $K_{sp}(AgSCN)$，因此不会发生沉淀转化反应，故可不必采用上述措施。

【注意】 在测定碘化物时，指示剂必须在加入一定过量 $AgNO_3$ 标准溶液后才能加入，否则会发生如下反应影响分析结果的准确度。

$$2Fe^{3+} + 2I^- = 2Fe^{2+} + I_2$$

8.2.2.3 应用佛尔哈德法的测定条件

① 在酸性溶液中进行滴定，通常为 $0.1\sim1mol\cdot L^{-1}$ HNO_3 溶液中进行，若酸度过低，Fe^{3+} 将水解形成 $Fe(OH)^{2+}$、$Fe(OH)_2^+$ 等深色络合物，影响终点观察。碱度再大，还会析出 $Fe(OH)_3$ 沉淀。

② 强氧化剂、氮的氧化物以及铜盐、汞盐都与 SCN^- 作用，因而干扰测定，必须预先除去。

8.2.3 法扬司法——吸附指示剂法

用吸附指示剂指示终点的银量法称为法扬司法。

吸附指示剂是一类有机染料，在溶液中能被胶体沉淀表面吸附，同时发生结构的改变，从而引起颜色的变化，指示滴定终点的到达。

8.2.3.1 吸附指示剂作用原理

现以测定 Cl^- 含量为例，$AgNO_3$ 标准滴定溶液滴定 Cl^- 生成 AgCl 沉淀，以荧光黄为吸附指示剂，在中性溶液中荧光黄呈黄绿色，反应过程如下：

计量点前
$$Ag^+ + Cl^- = \underset{\text{(白色胶状沉淀)}}{AgCl\downarrow}$$

此时溶液中尚有未被滴定的 Cl^-，AgCl 胶粒沉淀表面吸附 Cl^- 而带负电荷。加入荧光指示剂后，由于荧光黄的阴离子排斥而不被吸附，溶液出现荧光黄阴离子的黄绿色。

$$\{(AgCl)_m\}\cdot Cl^- \text{和} FI^-$$

其中$\{(AgCl)_m\}\cdot Cl^-$ 为 AgCl 胶状沉淀吸附 Cl^-；FI^- 为荧光黄阴离子。

计量点后，由于加入稍过量的 $AgNO_3$ 标准滴定溶液，溶液中有过量的 Ag^+，因此，AgCl 胶粒沉淀表面又吸附 Ag^+ 而带正电荷，荧光黄阴离子 FI^- 被带正电荷的 AgCl 胶粒沉淀所吸附而呈粉红色。溶液颜色由黄绿色变粉红色，指示终点的到达。此时溶液中

$$\{(AgCl)_m\}\cdot Ag^+ + FI^- \xrightarrow{\text{吸附}} \{(AgCl)_m\}\cdot Ag^+\cdot FI^-$$

如果用 NaCl 标准滴定溶液滴定 Ag^+，则终点颜色变化正好相反。

8.2.3.2 应用法扬司法的条件

因为吸附反应是可逆的，应用吸附指示剂时应注意以下几点。

① 因为颜色的变化是发生在沉淀的表面，欲使滴定终点白色明显，应尽量使沉淀的比表面大一些。为此，须加入一些保护胶（如糊精），阻止卤化银凝聚，使其保持胶体状态。

② 溶液的酸度要适当。吸附指示剂大多是有机弱酸，为使其能在溶液中更多地离解出阴离子，必须控制溶液的 pH 值，如荧光黄指示剂只能在 pH＝7～10 时使用，而二氯荧光黄则要求 pH 在 4～10 范围内使用。

③ 滴定时应避免强光照射。因卤化银沉淀对光敏感，很易转变为灰黑色而影响终点的观察。

④ 胶体微粒对指示剂的吸附能力应略小于对被测离子的吸附能力，否则指示剂将在化学计量点前变色。但吸附能力又不能太小，否则终点出现会过迟。卤化银对卤化物和几种吸附指示剂的吸附能力的次序如下：

$$I^- > SCN^- > Br^- > \text{曙红} > Cl^- > \text{荧光黄}$$

因此，滴定 Cl^- 不能选曙红，而应选荧光黄。溶液的浓度不能太稀，否则产生的沉淀太少，观察终点比较困难。

以 $AgNO_3$ 标准滴定溶液作为滴定剂时，常用吸附指示剂及其配制方法列于表 8-1。

表 8-1 常用吸附指示剂及其配制方法

名　称	终点颜色变化	溶液 pH 范围	被测定离子	配制方法
荧光黄	黄绿→粉红色	7～10	Cl^-	0.2%乙醇溶液
溴酚蓝	黄绿→蓝色	5～6	Cl^-、I^-	0.1%水溶液
二氯荧光黄	黄绿→红色	4～10	Cl^-、Br^-、I^-、SCN^-	0.1%乙醇(70%)溶液
曙红	橙→深红色	2～10	Br^-、I^-、SCN^-	0.1%乙醇(70%)溶液

8.3 沉淀滴定法标准滴定溶液的制备

8.3.1 $AgNO_3$ 标准滴定溶液的配制和标定（执行 GB/T 601—2002 4.21）

（1）配制　$AgNO_3$ 标准滴定溶液可以用符合基准试剂要求的 $AgNO_3$ 直接配制。但市售的 $AgNO_3$ 常含有杂质，如 Ag、AgO、游离硝酸和亚硝酸等。因此，一般情况下都是间接配制，然后用基准 NaCl 来标定。所用的 NaCl 必须在坩埚中加热至 500～600℃直至不再有爆裂声为止，然后放入干燥器内保存备用。

配制 $AgNO_3$ 溶液所用的蒸馏水应不含 Cl^-，配好的 $AgNO_3$ 溶液应存放在棕色试剂瓶中，置于暗处，避免日光照射。

（2）标定　$AgNO_3$ 标准滴定溶液可用莫尔法标定，基准物质为 NaCl，以 K_2CrO_4 为指示剂，溶液呈现砖红色即为终点。

标定反应为

$$Cl^- + Ag^+ \longrightarrow AgCl\downarrow$$

$$CrO_4^{2-} + 2Ag^+ \longrightarrow \underset{(砖红色)}{Ag_2CrO_4\downarrow}$$

(3) 标定结果计算

$$c(AgNO_3)=\frac{m\times 1000}{V(AgNO_3)\times M(NaCl)}$$

8.3.2 NH_4SCN 标准滴定溶液的配制和标定（执行 GB/T 601—2002 4.20）

(1) 配制　市售 NH_4SCN 常含有硫酸盐、硫化物等杂质，而且容易潮解。因此，只能用间接法配制，然后用基准试剂 $AgNO_3$ 标定其准确浓度。也可取一定量已标定好的 $AgNO_3$ 标准滴定溶液，用 NH_4SCN 溶液直接滴定。

(2) 标定　NH_4SCN 标准溶液可用佛尔哈德法标定，其基准物质为 $AgNO_3$，以铁铵矾为指示剂用配好的 NH_4SCN 滴定至浅红色为终点。

标定反应为

$$Ag^+ + SCN^- \longrightarrow AgSCN\downarrow$$

$$Fe^{3+} + SCN^- \longrightarrow \underset{(红色)}{[Fe(SCN)]^{2+}}$$

【注意】 AgSCN 沉淀易吸附溶液中的 Ag^+，使滴定终点提前到达，因此，为减少吸附，在计量点前必须用力摇动。

(3) 标定结果计算

$$c(NH_4SCN)=\frac{m\times 10^3}{V(NH_4SCN)\times M(AgNO_3)}$$

8.4 沉淀滴定法应用实例

8.4.1 生理盐水中氯化钠含量的测定——莫尔法

(1) 原理　氯化钠的测定采用莫尔法，根据分步沉淀的原理，溶解度小的 AgCl 先沉淀，溶解度大的 Ag_2CrO_4 后沉淀，适当控制 K_2CrO_4 指示液的浓度使 AgCl 恰好完全沉淀后立即出现砖红色 Ag_2CrO_4 沉淀，指示滴定终点的到达。其反应为

化学计量点前　$Ag^+ + Cl^- \longrightarrow AgCl\downarrow$

化学计量点时　$2Ag^+ + CrO_4^{2-} \longrightarrow \underset{(砖红色)}{Ag_2CrO_4\downarrow}$

(2) 分析结果计算

$$\rho_{NaCl}(g\cdot L^{-1})=\frac{c(AgNO_3)\times V(AgNO_3)\times M(NaCl)\times 10^{-3}}{V_{样}}\times 1000$$

8.4.2 溴化钾含量的测定——法扬司法

(1) 原理　KBr 是一种镇静药，可用吸附指示剂法测定其含量，在 HAc 条件下，采用曙红作指示剂，用 $AgNO_3$ 标准滴定溶液滴定至溶液由橙黄变深红色为终点。

$$\underset{计量点前胶粒(溶液橙色)}{(AgBr\downarrow)Br^-} + \underset{曙红阴离子}{EO^-} \xrightarrow{AgNO_3} \underset{计量点后(深红色凝乳状沉淀)}{(AgBr\downarrow)AgEO}$$

(2) 分析结果计算

$$w(KBr)=\frac{c(AgNO_3)\times V(AgNO_3)\times M(KBr)\times 10^{-3}}{m_s}$$

本 章 小 结

沉淀滴定法是以沉淀反应为基础的一种滴定分析方法。最常用的是银量法，根据确定终点所用指示剂的不同又可分为三种方法。

1. 莫尔法

以 K_2CrO_4 为指示剂，在滴定到达终点时，指示剂与 $AgNO_3$ 标准溶液生成易于辨认的砖红色 Ag_2CrO_4 沉淀。

2. 佛尔哈德法

以铁铵矾为指示剂，用硫氰酸铵作为标准溶液，滴定到达计量点时，Fe^{3+} 与 SCN^- 生成红色 $[Fe(SCN)]^{2+}$ 溶液，可指示终点的到达。

3. 法扬司法

是一种吸附指示剂法，吸附指示剂是一种有机染料，同时也是一种有机弱酸，因此，在溶液中应用有一定的 pH 范围，不同吸附指示剂 pK_a 不同，故适用的 pH 范围也不同。吸附指示剂变色机理是当指示剂阴离子被异性电荷沉淀粒子吸附时，因结构变形而引起颜色变化，从而指示滴定终点。

三种银量法的特点比较见表 8-2。

表 8-2　三种银量法的特点比较

方　法	标准溶液	指示剂	pH 条件	测定物质	滴定方式
莫尔法	$AgNO_3$	K_2CrO_4	6.5～10.5 6.5～7.2 (NH_3 存在)	氯化物 溴化物	直接滴定法
佛尔哈德法	NH_4SCN	铁铵矾	0.1～1mol・L^{-1} 稀 HNO_3	银盐	直接滴定法
	$AgNO_3$			氯化物、溴化物、碘化物、硫氰酸盐	返滴定法
法扬司法	$AgNO_3$	荧光黄 曙红	7～10 2～10	氯化物、溴化物、碘化物、硫氰酸盐	直接滴定法

复习思考题

一、问答题

1. 什么叫沉淀滴定法？用于沉淀滴定的反应必须符合哪些条件？
2. 莫尔法要求试液的 pH 值为多少？为什么？
3. 什么叫分级沉淀？试用分级沉淀的现象说明莫尔法的依据。
4. 佛尔哈德法的反应条件有哪些？
5. 吸附指示剂的作用原理是什么？
6. 法扬司法的反应条件有哪些？
7. 在下列条件下，银量法测定结果是偏高还是偏低？为什么？

(1) pH=2 时，用莫尔法测定 Cl^-。

(2) 用佛尔哈德法测定 Cl^-，未加 1,2-二氯乙烷有机溶剂。

8. 为了使指示剂在滴定终点颜色变化明显，使用吸附指示剂时应注意哪些问题？

二、判断题

1. 莫尔法使用的指示剂为 Fe^{3+}，佛尔哈德法使用的指示剂为 K_2CrO_4。（　）

2. 莫尔法使用的标准滴定溶液为 $AgNO_3$，法扬司法所用的标准滴定溶液为 $AgNO_3$。（　）

3. 莫尔法测定氯离子含量时，溶液的 pH<5，则会造成正误差。（　）

4. 以铁铵矾为指示剂，用 NH_4SCN 标准滴定溶液滴定 Ag^+ 时，应在碱性条件下进行。（　）

5. Ag_2CrO_4 的溶度积 $[K_{sp}(Ag_2CrO_4)=2.0\times10^{-12}]$ 小于 AgCl 的溶度积 $[K_{sp}(AgCl)=1.8\times10^{-10}]$，所以在含有相同浓度的 CrO_4^{2-} 和试液中滴加 $AgNO_3$ 时，则 Ag_2CrO_4 首先沉淀。（　）

三、选择题

1. 莫尔法采用 $AgNO_3$ 标准溶液测定 Cl^- 时，其滴定条件是（　）。

A. pH=2～4　B. pH=6.5～10.5

C. pH=3～5　D. pH≥12

2. 以铁铵矾为指示剂，用 NH_4SCN 标准滴定溶液滴定 Ag^+ 时，其到达条件是（　）。

A. 酸性　B. 中性　C. 微酸性　D. 碱性

3. 莫尔法测定 Cl^- 含量时，若溶液的酸度过高，则（　）。

A. AgCl 沉淀不完全　B. Ag_2CrO_4 沉淀不容易形成

C. 形成 AgO 沉淀　D. AgCl 沉淀吸附 Cl^- 的作用增强

4. 莫尔法所用 K_2CrO_4 指示剂的浓度（或用量）应比理论计算值（　）。

A. 高一些　B. 低一些

C. 与理论值一致　D. 是理论值的 2 倍

5. 用法扬司法测定氯含量时，在荧光黄指示剂中加入糊精的目的是（　）。

A. 加快沉淀的凝聚　B. 减小沉淀的比表面

C. 加大沉淀的比表面　D. 加速沉淀的转化

练习题

1. 已知 CaC_2O_4 的溶解度为 4.75×10^{-5}，求 CaC_2O_4 的溶度积是多少？

2. 某溶液含有 Ag^+、Pb^{2+}、Ba^{2+} 等离子，其浓度均为 $0.1mol\cdot L^{-1}$，问滴加 K_2CrO_4 溶液时，通过计算说明上述离子开始沉淀的顺序？

3. 某溶液含有 Pb^{2+} 和 Ba^{2+}，已知 $c(Pb^{2+})=0.01mol\cdot L^{-1}$，$c(Ba^{2+})=0.1mol\cdot L^{-1}$，问滴加 K_2CrO_4 溶液时，哪一种离子先沉淀？

4. 称取纯 KCl 0.1850g，溶于水后，恰好与 24.85mL $AgNO_3$ 溶液定量反应，求 $AgNO_3$ 溶液的浓度。

5. 将 2.3182g 纯 $AgNO_3$ 配成 500.0mL 溶液，取出 25.00mL 溶液置于 250mL 容量瓶中，稀释至刻度，问所得 $AgNO_3$ 溶液的浓度为多少？

6. 用移液管吸取 NaCl 溶液 25.00mL，加入 K_2CrO_4 指示剂液，用 $c(AgNO_3)=0.07488mol\cdot L^{-1}$ 的 $AgNO_3$ 溶液滴定，用去 37.42mL，计算每升溶液中含 NaCl 多少克？

7. 称取银合金试样 0.3000g，溶解后制成溶液，加入铁铵矾指示液，用 $c(NH_4SCN)=0.1000mol\cdot L^{-1}$ 的 NH_4SCN 标准溶液滴定，用去 23.80mL，计算试样中的银含量。

8. 称取可溶性氯化物样品 0.2266g，加入 30.00mL $c(AgNO_3)=0.1121mol\cdot L^{-1}$ 的 $AgNO_3$ 标准溶液，过量的 $AgNO_3$ 用 $c(NH_4SCN)=0.1185mol\cdot L^{-1}$ 的 NH_4SCN 标准溶液滴定，用去 6.50mL，计算试样中氯的质量分数。

9. 称取 NaCl 0.1256g，溶解后调节一定的酸度，加入 30.00mL $AgNO_3$ 标准溶液，过量的 Ag^+ 需用 3.20mL NH_4SCN 标准溶液滴定至终点，已知滴定 20.00mL $AgNO_3$ 溶液需用 19.85mL NH_4SCN 溶液，试计算 $c(AgNO_3)$ 和 $c(NH_4SCN)$ 各为多少？

*10. 某碱厂用莫尔法测定原盐中氯的含量，以 $c(AgNO_3)=0.1000mol\cdot L^{-1}$ 的 $AgNO_3$ 溶液滴定，欲

使滴定时用去的标准溶液的毫升数恰好等于氯的体积分数，问应称取试样多少克？

*11. 纯的 KCl 和 KBr 的混合样品 0.3056g，溶于水后，以 K_2CrO_4 为指示剂，用 $c(AgNO_3)=0.1000mol\cdot L^{-1}$ 的 $AgNO_3$ 标准滴定溶液滴定，终点时用去 30.25mL，试求该混合物中 KCl 和 KBr 的质量分数？

*12. 移取 25.00mL NaCl 溶液于锥形瓶中，加入 25.00mL $c(AgNO_3)=0.1100mol\cdot L^{-1}$ 的 $AgNO_3$ 标准滴定溶液，用蒸馏水稀释至 100.0mL，移取澄清液 50.00mL，用 $c(NH_4SCN)=0.09800mol\cdot L^{-1}$ 的 NH_4SCN 标准滴定溶液滴定至终点时，消耗 5.23mL，如果考虑生成的 AgCl 沉淀对溶液中过量的 Ag^+ 有吸附作用，其吸附量相当于 $c(AgNO_3)=0.1000mol\cdot L^{-1}$ 的 $AgNO_3$ 标准滴定溶液 0.10mL，这时 25.00mL 试液中 NaCl 的质量应为多少？

9　重量分析法

学习指南　重量分析法是通过称量操作，测定试样中待测组分的质量，以确定其含量的一种分析方法。为掌握重量分析法的方法原理，应掌握沉淀的分类、沉淀的性质、沉淀条件、沉淀的纯净等基本概念和重量分析的计算。通过技能训练应学会重量分析的基本操作，并能应用重量分析法测定无机物的含量。

9.1　重量分析法概述

重量分析，通常是通过物理或化学反应将试样中待测组分与其它组分分离，以称量的方法称得待测组分或它的难溶化合物的质量，计算出待测组分在试样中的含量。

9.1.1　重量分析法分类

按照待测组分与其它组分分离方法的不同，重量分析法可分为挥发法、沉淀重量法等方法。

（1）挥发法　一般是采用加热或其它方法使试样中的挥发性组分逸出，称量后根据试样质量的减少，计算试样中该组分的含量；或利用吸收剂吸收组分逸出的气体，根据吸收剂质量的增加，计算出该组分的含量。例如，要测定 $BaCl_2 \cdot 2H_2O$ 中结晶水的含量，可称取一定量的氯化钡试样加热，使水分逸出后，再称量，根据试样加热前后的质量差，计算 $BaCl_2 \cdot 2H_2O$ 试样中结晶水的含量。

（2）沉淀重量法　利用试剂与待测组分发生沉淀反应，生成难溶化合物沉淀析出，经过分离、洗涤、过滤、烘干或灼烧后，称得沉淀的质量计算出待测组分的含量。例如，用沉淀重量法测定钢铁中镍的含量。将含镍的试样溶解后，在 pH 为 8～9 的氨性溶液中加入有机沉淀剂丁二酮肟，生成丁二酮肟镍沉淀。沉淀经过滤、洗涤、烘干后称量，计算出试样中镍的质量。

（3）其它方法　除上面的方法外，还有萃取法、电解法等，它们也都是用一定的方法将被测组分分离后通过称量其质量然后计算的分析方法。

重量分析法是经典的化学分析法，它通过直接称量得到分析结果，不需要从容量器皿中取得大量数据，也不需要基准物质作比较，故其准确度较高，可用于测定含量大于1%的常量组分，有时也用于仲裁分析。但重量分析的操作比较麻烦，费时长，不能满足生产上快速分析的要求，这是重量分析法的主要缺点。在重量分析法中，以沉淀重量法最重要，而且应用也较多，所以本章主要介绍沉淀重量法。

重量分析法概况

重量分析与近代化学同兴起于18世纪，在建立质量守恒定律和定比定律的过程中，重量分析有一份功劳。重量分析起初主要是为了测定样品中金属的含量，是将金属成分转化为一定的金属形式后通过称量其质量来进行测定的方法。瑞典化学家 T. O. 贝格曼首先提出金属可用适当的化合物作称量形式，不必非要以金属形式（如火试金法中的金和银）测定。M. H. 克拉普罗特不但改善了前人的重量分析方法，而且又添加了非金属的测定方法，他亲自分析了近200种矿物和工业品，如玻璃、非铁合金等。在当时及随后一段时间内，重量分析法一直在分析化学中占有重要位置。J. J. 贝采利乌斯曾设计过多种新的分析方法，如引入氢氟酸作为分解硅酸盐岩石的新试剂；用灰分低的滤纸作过滤用。他还进一步用重量分析法测定原子量和开创有机元素分析，所以最早的有机分析也采用重量分析法。19世纪后半叶，德国C. R. 弗雷泽纽斯大大开拓了重量分析法的领域。18世纪以后，重量分析在方法、试剂、仪器等方面不断地改进。试样用量渐趋减少，常量试样的分析至少为0.1g，无机微量分析约为10mg，有机微量分析为2mg。分析天平的感量为0.1mg，而微量化学天平的感量可达1μg。由于有机试剂具有选择性和灵敏度高的优点，19世纪末，无机重量分析中引入了有机试剂，如1885年用1-亚硝酸基-2-酚在镍存在下测定钴；1902年在中性溶液中用1,1-联苯胺沉淀硫酸根。

20世纪上半叶，发现在浓溶液中进行沉淀，反而使沉淀沾污减少的现象。H. H. 威拉德提出均相沉淀的概念，并有专著出版。用在水中溶解度低的试剂（如二苯基羟乙酸）作沉淀剂时，比其水溶性的铵盐溶液更优异，这是由于它能延长沉淀作用的时间，与均相沉淀类似。在加热方法上，直到19世纪下半叶，分析工作者仍在用木炭炉灶、酒精灯、鲸鱼油灯这几种很不方便的工具。1855年R. W. 本生发明的煤气灯实为一大改进，19世纪末开始用电热板和电炉加热。

称量形式为重量分析法的一大课题，最初都是灼烧为氧化物，后来改为干燥后在较高温度下加热至一定组成，如草酸钙在500℃加热则定量地转变为碳酸钙，加热至800℃以上才分解为氧化钙。因此，以碳酸钙作为称量形式既经济和节省时间，换算因数又大，并可避免氧化钙潮解。同样，草酸镧在600℃时可定量地转变为碱式碳酸镧。C. 杜瓦尔曾用热天平测定了几百种沉淀的热重曲线。

20世纪下半叶，仪器分析发展以后，重量分析法的使用相对减少，但是不可能全部由仪器分析代替，重量分析法的准确度和精密度是公认的，曾用于多种元素原子量的测定，又比较经济；只是分析时间较长。目前，世界上许多分析项目仍有采用重量分析法，所以作为分析工作者应该了解每种方法的优缺点，作出合理的选择。

9.1.2 重量分析法对沉淀的要求

在试液中加入适当过量的沉淀剂，被测组分从试液中沉淀下来，所得的沉淀称为沉淀形式。沉淀经过滤、洗涤、烘干或灼烧后，得到称量形式。沉淀形式和称量形式可以相同，也可以不同。

沉淀形式和称量形式在重量分析中，对分析结果的准确度有着十分重要的影响，因此对这两种形式都有具体的要求。

9.1.2.1 对沉淀形式的要求

① 沉淀的溶解度要小，才能保证被测组分沉淀完全。通常要求分析过程中沉淀溶解损失不超过0.0002g。

② 沉淀易于过滤和洗涤。这不仅便于操作，也是保证沉淀纯净的一个重要方面。

③ 沉淀形式易转化为称量形式。这不仅可以降低能耗和简化操作手续，也能对沉淀的选择有的放矢。如Al^{3+}的测定，可用8-羟基喹啉作沉淀剂，使Al^{3+}沉淀为8-羟基喹啉铝沉淀，转化条件是在130℃烘干至恒重后称量、计算；若用氨水作沉淀剂，使Al^{3+}沉淀为

$Al(OH)_3$沉淀，转化为称量形式是在1200℃灼烧条件下完成的，显然，将两种方法比较。测 Al^{3+} 时选用8-羟基喹啉比氨水作沉淀剂好得多。

9.1.2.2 对称量形式的要求

① 称量形式的组成必须确定并与化学式完全相符。例如 $Fe(OH)_3$ 沉淀中水分是不确定的，组成与化学式不相符合。用它作为称量形式测定 Fe^{3+} 时得不到准确结果。但将 $Fe(OH)_3$灼烧后，$Fe(OH)_3$ 转化为组成一定的与化学式完全符合的 Fe_2O_3 就可以作为称量形式了。

② 称量形式要有足够的稳定性。这样才能保证在称量过程中不易吸收空气中的 CO_2 和 H_2O。例如在测定 Ca^{2+} 时，若沉淀为 CaC_2O_4，灼烧后得 CaO，但 CaO 易吸收空气中的 CO_2 和 H_2O，因此 CaO 作为称量形式不合适。可以加入 H_2SO_4 转变为 $CaSO_4$ 就比较合适了。

③ 称量形式的摩尔质量要大，这样可减少称量误差。

*9.1.3 沉淀形成的影响因素

利用沉淀反应进行重量分析时，要求沉淀反应定量地进行完全，重量分析的准确度才高。沉淀反应是否完全，可以根据沉淀反应到达平衡后，溶液中未被沉淀的被测组分的量来衡量，也就是说，可以根据沉淀溶解度的大小来衡量。溶解度小，沉淀完全；溶解度大，沉淀不完全。沉淀的溶解度，可以根据沉淀的溶度积常数 K_{sp}来计算。哪些因素影响沉淀的溶解度呢？下面分别加以讨论。

(1) 同离子效应　通常采用加入过量沉淀剂，利用同离子效应来降低沉淀的溶解度，达到沉淀完全、减少测量误差的目的。

例如，以 $BaCl_2$ 为沉淀剂沉淀 SO_4^{2-} 时生成 $BaSO_4$ 沉淀，当滴加 $BaCl_2$ 到达化学计量点时，在200mL溶液中溶解的 $BaSO_4$ 质量为($K_{sp,BaSO_4}=8.7\times10^{-11}$)：

$$\sqrt{8.7\times10^{-11}}\times233\times\frac{200}{1000}$$
$$=4.3\times10^{-4}\text{g}=0.43\text{mg}$$

重量分析中，一般要求沉淀的溶解损失不超过0.2mg，现按化学计量关系加入沉淀剂，沉淀溶解损失超过质量分析的要求。如果利用同离子效应加入过量的 $BaCl_2$，设过量的 $c(Ba^{2+})=0.01\text{mol}\cdot\text{L}^{-1}$，计算在200mL溶液中溶解 $BaSO_4$ 的质量为：

$$\frac{8.7\times10^{-11}}{0.01}\times233\times\frac{200}{1000}$$
$$=4.05\times10^{-7}\text{g}=0.0004\text{mg}$$

溶解损失符合重量分析的要求，因此可认为 $BaSO_4$ 实际上沉淀完全。这种由于加入与沉淀组成相同的离子而使沉淀溶解度降低的现象，称为同离子效应。所以，利用同离子效应是降低沉淀溶解度的有效措施之一。

但是，在实际操作中，并非加沉淀剂越过量越好，由于盐效应、络合效应等原因，有时反而会使沉淀溶解度增大，沉淀剂究竟应过量多少，应根据沉淀的具体情况和沉淀剂的性质而定。如果沉淀剂在烘干或灼烧时能挥发除去，一般可过量50%～100%；不易除去的沉淀剂，只宜过量20%～30%。

(2) 盐效应　在难溶电解质的饱和溶液中，加入其它易溶解的强电解质时，使难溶电解质的溶解度比同温度下在纯水中的溶解度增大，这种现象称为盐效应。例如，在 $PbSO_4$ 饱

和溶液中加入 Na_2SO_4，就同时存在着同离子效应和盐效应，而哪种效应占优势，取决于 Na_2SO_4 的浓度。表 9-1 为 $PbSO_4$ 溶解度随 Na_2SO_4 浓度变化的情况。从表中可知，初始时由于同离子效应，使 $PbSO_4$ 溶解度降低，可是加入 Na_2SO_4 浓度大于 0.04mol·L 时，盐效应超过同离子效应，使 $PbSO_4$ 溶解度反而逐步增大。

表 9-1　$PbSO_4$ 在 Na_2SO_4 溶液中的溶解度

Na_2SO_4 溶液浓度/mol·L^{-1}	0	0.001	0.01	0.02	0.04	0.100	0.200
$PbSO_4$ 溶解度/mg·L^{-1}	45	7.3	4.9	4.2	3.9	4.9	7.0

又如，AgCl 在 0.1mol·L^{-1} HNO_3 中的溶解度比在纯水中的溶解度约大 33%。

通过上述讨论得知：同离子效应与盐效应对沉淀溶解度的影响恰恰相反，所以进行沉淀时应避免加入过多的沉淀剂；如果沉淀的溶解度本身很小，一般来说，可以不考虑盐效应。

(3) 络合效应　当溶液中存在络合剂，能与生成沉淀的离子形成可溶性络合物，而使沉淀的溶解度增大，甚至不产生沉淀，这种现象称为络合效应。例如，在 $AgNO_3$ 溶液中加入 Cl^-，开始时有 AgCl 沉淀生成，但若继续加入过量的 Cl^-，则 Cl^- 与 AgCl 形成 $AgCl_2^-$ 和 $AgCl_3^{2-}$ 等络离子而使 AgCl 沉淀逐渐溶解。显然，形成的络合物越稳定，络合剂的浓度越大，其络合效应就越显著。

(4) 酸效应　溶液的酸度对沉淀溶解度的影响称为酸效应。例如，CaC_2O_4 是弱酸盐的沉淀，受酸度的影响较大。CaC_2O_4 在溶液中存在如下平衡：

$$\begin{array}{ccl} CaC_2O_4 \rightleftharpoons Ca^{2+} & + & C_2O_4^{2-} \\ & & \quad -H^+ \Big\Uparrow\Big\Downarrow +H^+ \\ & & HC_2O_4^- \underset{-H^+}{\overset{+H^+}{\rightleftharpoons}} H_2C_2O_4 \end{array}$$

当溶液中 H^+ 浓度增大时，平衡向生成 $HC_2O_4^-$ 和 $H_2C_2O_4$ 的方向移动，破坏了 CaC_2O_4 沉淀的平衡，致使 $C_2O_4^{2-}$ 浓度降低，CaC_2O_4 沉淀的溶解度增加。所以，对于某些弱酸盐的沉淀，为了减少对沉淀溶解度的影响，通常应在较低的酸度下进行沉淀。

上面介绍的四种效应对沉淀溶解度的影响，在实际分析中应根据具体情况确定哪种效应是主要的。一般来说，对无络合效应的强酸盐沉淀，主要考虑同离子效应；对弱酸盐沉淀主要考虑酸效应；对能与络合剂形成稳定的络合物而且溶解度又不是太小的沉淀，应该主要考虑络合效应。此外，还要考虑其它因素如温度、溶剂及沉淀颗粒大小等对沉淀溶解度的影响。

9.2　沉淀条件和沉淀剂的选择

沉淀按其物理性质不同大致分为晶形沉淀和非晶形沉淀（又称无定形沉淀）两大类。晶形沉淀是指具有一定形状的晶体，它是由较大的沉淀颗粒组成，内部排列规则有序，结构紧密，吸附杂质少，极易沉降，有明显的晶面。如 $BaSO_4$、CaC_2O_4 等是典型的晶形沉淀。非晶形沉淀是指无晶体结构特征的一类沉淀，它是由许多聚集在一起的微小颗粒组成，内部排列杂乱无序、结构疏松，常常是体积庞大的絮状沉淀，不能很好地沉降，无明显的晶面。如 $Fe_2O_3 \cdot xH_2O$ 等是典型的无定形沉淀。在沉淀过程中，究竟生成的沉淀属于哪一种类型，主要取决于沉淀本身的性质和沉淀的条件。

9.2.1 沉淀条件

为了得到纯净、较大的晶粒和结构紧密、易于洗涤的沉淀，进行沉淀时应根据沉淀的性质控制适当的沉淀条件。

9.2.1.1 晶形沉淀的沉淀条件

① 沉淀应在稀溶液中进行。这样可保持溶液较低的相对过饱和度，有利于形成较大颗粒的沉淀。对于溶解度较大的沉淀，溶液不能太稀，否则沉淀溶解损失较多，影响结果的准确度。

② 沉淀剂在不断的搅拌下缓慢地加入热溶液中。这样可使沉淀剂有效地分散开，避免局部相对过饱和度过大而产生大量细小晶粒。如果沉淀在热溶液中溶解度显著增大，则应在冷却后过滤。

③ 选择合适的沉淀剂。因为有机沉淀剂具有选择性高、疏水性强的特点，如使用有机沉淀剂，一方面能够降低沉淀的溶解度，同时还可以减少共沉淀现象及形成混晶的概率。

④ 进行陈化。陈化是指沉淀生成后，为了减少吸附和夹带的杂质离子，经放置或加热得到易于过滤的粗颗粒沉淀的操作。经过陈化后的沉淀，使原来的微小晶粒逐渐变成较大的晶粒，同时使不完整的晶体变得更加完整和纯净，陈化过程可以在室温条件下进行，但所需时间长，若适当加热与搅拌可缩短陈化时间。如果有后沉淀的杂质离子存在时，陈化时间不宜过长，否则会增加沉淀中的杂质。

9.2.1.2 非晶形沉淀的沉淀条件

非晶形沉淀的特点是表观体积庞大，疏松、含水量大，溶解度小，易形成胶体，吸附杂质多，过滤和洗涤比较困难。对于这类沉淀，关键是要创造一个能够改善沉淀结构的沉淀条件，使这类沉淀不至于形成胶体，并具有较为紧密的结构。

① 在较浓的溶液中进行沉淀，沉淀剂加入的速度要快些。这样微粒较易凝聚，体积小、含水量也少，沉淀的结构比较紧密。但在浓溶液中杂质的浓度也比较高，沉淀吸附杂质的量也多。因此，在沉淀完毕后，应立即加入大量热水稀释并搅拌，使被吸附的杂质重新转入溶液中。

② 在热溶液中及电解质存在下进行沉淀。这不仅可以防止胶体生成，减少杂质的吸附，而且能促使带电的胶体离子相互凝聚，加快沉降速度，有利于形成较紧密的沉淀。电解质一般选用易挥发物质，如 NH_4Cl、NH_4NO_3 或氨水等，它们在灼烧时均可挥发除去，不影响分析结果的准确度。

③ 趁热过滤、洗涤，不必陈化。因为沉淀放置时间较长，就会逐渐失去水分聚集得更紧，吸附的杂质更难洗去。在进行洗涤时，一般可选用热、稀的电解质溶液作洗涤液，以防止沉淀重新变为难以过滤和洗涤的胶体。

④ 必要时应进行再沉淀，因为非晶形沉淀吸附杂质较严重，一次沉淀很难保证沉淀纯净，所以需要进行二次沉淀，以除去沉淀中的杂质，必要时可进行第三次沉淀。

9.2.2 沉淀剂的选择

① 沉淀剂应为易挥发或易分解的物质，在灼烧时可以除去。

② 沉淀剂应具有较高的选择性。

目前有机沉淀剂的使用越来越广泛。因为它具有较大的相对分子质量和较高的选择性，形成的沉淀具有较小的溶解度，并具有鲜艳的颜色和便于洗涤的结构，也容易转化为称量形式。使用有机沉淀剂，一方面能够降低沉淀的溶解度，同时还可以减少共沉淀现象及形成混晶的概率。

9.3 沉淀的纯净

重量分析不仅要求沉淀完全，而且还要求沉淀纯净。实际上获得完全纯净的沉淀是很难的，当沉淀析出时，总是或多或少地夹杂着溶液中的某些组分，使沉淀受到沾污。要想获得一个纯净的沉淀，首先要了解沉淀被沾污的原因，然后再采取适当的措施避免。

9.3.1 影响沉淀纯净的因素

(1) 共沉淀　在进行沉淀反应时，溶液中某些可溶性杂质混杂于沉淀中一起析出，这种现象称为共沉淀。例如，在 Na_2SO_4 溶液中加入 $BaCl_2$ 时，若从溶解度来看，Na_2SO_4、$BaCl_2$ 都不应沉淀，但由于共沉淀现象，有少量的 Na_2SO_4 或 $BaCl_2$ 被带入 $BaSO_4$ 沉淀中。产生共沉淀现象主要原因有表面吸附、机械吸留和形成混晶等。

① 表面吸附　由于沉淀表面离子电荷的作用力未达到平衡，因而产生自由静电力场。由于沉淀表面静电引力作用吸引了溶液中带相反电荷的离子，使沉淀微粒带有电荷，形成吸附层。带电荷的微粒又吸引溶液中带相反电荷的离子，构成电中性的分子。因此，沉淀表面吸附了杂质分子。例如，加过量 $BaCl_2$ 到 H_2SO_4 的溶液中，生成 $BaSO_4$ 晶体沉淀。沉淀表面上的 SO_4^{2-} 由于静电引力强烈地吸引溶液中的 Ba^{2+}，形成第一吸附层，使沉淀表面带正电荷。然后它又吸引溶液中带负电荷的离子，如 Cl^-，构成电中性的双电层，如图 9-1 所示。双电层能随颗粒一起下沉，因而使沉淀被污染。

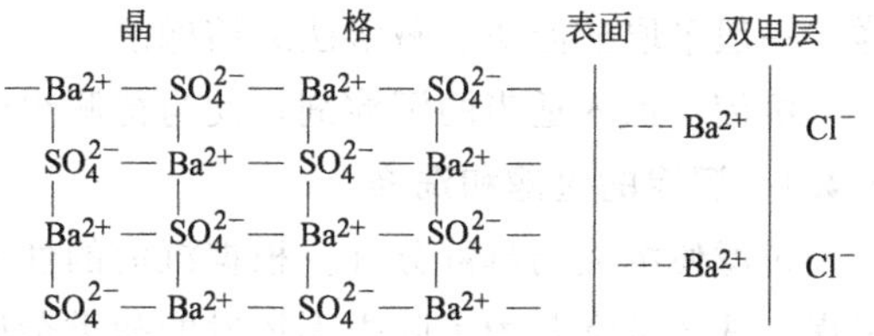

晶　格　表面　双电层

—Ba^{2+} — SO_4^{2-} — Ba^{2+} — SO_4^{2-} —

SO_4^{2-} — Ba^{2+} — SO_4^{2-} — Ba^{2+} —　--- Ba^{2+}　Cl^-

Ba^{2+} — SO_4^{2-} — Ba^{2+} — SO_4^{2-} —

SO_4^{2-} — Ba^{2+} — SO_4^{2-} — Ba^{2+} —　--- Ba^{2+}　Cl^-

图 9-1　晶体表面吸附示意图

显然，沉淀的总表面积越大，吸附杂质就越多；溶液中杂质离子的浓度越高，价态越高，越易被吸附。由于吸附作用是一个放热反应，所以升高溶液的温度，可减少杂质的吸附。

② 吸留和包藏　吸留是被吸附的杂质机械地嵌入沉淀中。包藏常指母液机械地包藏在沉淀中。这些现象的发生，是由于沉淀剂加入太快，使沉淀急速生长，沉淀表面吸附的杂质来不及离开就被随后生成的沉淀所覆盖，使杂质离子或母液被吸留或包藏在沉淀内部。这类共沉淀不能用洗涤的方法将杂质除去，可以借改变沉淀条件或重结晶的方法来减少和避免。

③ 混晶　当溶液杂质离子与构晶离子半径相近、晶体结构相同时，杂质离子将进入晶核排列中形成混晶。例如，Pb^{2+} 和 Ba^{2+} 半径相近、电荷相同，在用 H_2SO_4 沉淀 Ba^{2+} 时，Pb^{2+} 能够取代 $BaSO_4$ 中的 Ba^{2+} 进入晶核形成 $PbSO_4$ 与 $BaSO_4$ 的混晶共沉淀。又如 AgCl 和 AgBr、$MgNH_4PO_4 \cdot 6H_2O$ 和 $MgNH_4AsO_4$ 等都易形成混晶。为了减少混晶的生成，最好在沉淀前先将杂质分离除去。

(2) 后沉淀　在沉淀过程结束后，当沉淀与母液一起放置时，溶液中某些杂质离子可能慢慢地沉积到原沉淀上，放置的时间越长，杂质析出的量越多，这种现象称为后沉淀。例如，以 $(NH_4)_2C_2O_4$ 沉淀 Ca^{2+}，若溶液中含有少量 Mg^{2+}，由于 $K_{sp,MgC_2O_4} > K_{sp,CaC_2O_4}$，当 CaC_2O_4 沉淀时，MgC_2O_4 不沉淀，但是在 CaC_2O_4 沉淀放置过程中，CaC_2O_4 晶体表面吸附大量的 $C_2O_4^{2-}$，使 CaC_2O_4 沉淀表面附近 $C_2O_4^{2-}$ 的浓度增加，这时 $[Mg^{2+}][C_2O_4^{2-}] > K_{sp,MgC_2O_4}$，在 CaC_2O_4 表面上就会有 MgC_2O_4 析出。要避免或减少后沉淀的产生，主要是缩短沉淀与母液共置的时间。所以，有后沉淀现象发生时就不要进行陈化。

9.3.2 沉淀纯净的方法

沉淀纯净是保证分析结果准确性的重要条件之一。如何获得符合重量分析要求的沉淀，在工作中可以采取下列措施：

① 选择适当的分析步骤；

② 降低易被吸附杂质离子的浓度；

③ 进行再沉淀；

④ 选择适当的洗涤液洗涤沉淀；

⑤ 选择适宜的沉淀条件；

⑥ 选用有机沉淀剂。

9.4 重量分析基本操作

重量分析法的主要操作过程如下：样品的溶解、沉淀、沉淀的过滤和洗涤、沉淀的烘干和灼烧、称量及结果计算。

溶解：将试样溶解制成溶液。根据不同性质的试样选择适当的溶剂。对于不溶于水的试样，一般采取酸溶法、碱溶法或熔融法。

沉淀：加入适当的沉淀剂，使与待测组分迅速定量反应生成难溶化合物沉淀。

9.4.1 沉淀的过滤和洗涤

过滤使沉淀与母液分开。根据沉淀的性质不同，过滤沉淀时常采用无灰滤纸或玻璃砂芯坩埚。洗涤常常是为了除去不挥发的盐类杂质和母液。洗涤时要选择适当的洗涤溶液，以防沉淀溶解或形成胶体。洗涤沉淀要采用少量多次洗法。

9.4.2 沉淀的烘干和灼烧

烘干通常是指在250℃以下的热处理。烘干可除去沉淀中的水分和挥发性物质，同时使沉淀组成达到恒定。烘干的温度和时间应随着沉淀的不同而异。

在250～1200℃的热处理叫灼烧。灼烧可除去沉淀中的水分、挥发性物质和滤纸等，还可以使初始生成的沉淀在高温下转化为组成恒定的称量形式。以滤纸过滤的沉淀，常置于瓷坩埚中进行烘干和灼烧。若沉淀需加氢氟酸处理，应改用铂坩埚。使用玻璃砂芯坩埚过滤的沉淀，应在电烘箱里烘干。

称得沉淀质量后即可计算分析结果。不论沉淀是烘干或是灼烧，其最后称量必须达到恒重。所谓恒重是指供试品连续两次干燥或炽灼后的质量差异在0.3mg以下（样品1g）。干燥至恒重的第二次及以后各次称重均应在规定条件下继续干燥1h后进行；炽灼至恒重的第二次称重应在继续炽灼30min后进行。

9.5 重量分析计算

9.5.1 化学因数（换算系数）

重量分析中，最后得到的是称量形式的质量，计算待测组分的含量时，需要把称量形式的质量换算为被测组分的质量。如将1.021g称量形式($BaSO_4$)换算成被测组分(S)的质量为m_S。

$$m_s = 1.021 \times \frac{32.06}{233.4} = 0.1403g$$

式中，1.021g 是称量形式的质量，$\frac{32.06}{233.4}$是被测组分(S)与称量形式($BaSO_4$)的摩尔质量的比值，对于一定的测定来说，这个比值是个常数，称为化学因数（又称换算系数），用 F 表示。在计算化学因数时，要注意使分子与分母中待测元素的原子数目相等，所以在待测组分的摩尔质量和称量形式的摩尔质量之前有时需乘以适当的系数。分析化学手册中可以查到各种常见物质的化学因数。表 9-2 列出几种常见物质的化学因数。

表 9-2　几种常见物质的化学因数

待测组分	称量形式	化学因数	待测组分	称量形式	化学因数
Ba	$BaSO_4$	$Ba/BaSO_4 = 0.5884$①	MgO	$Mg_2P_2O_7$	$2MgO/Mg_2P_2O_7 = 0.3621$
S	$BaSO_4$	$S/BaSO_4 = 0.1374$	P	$Mg_2P_2O_7$	$2P/Mg_2P_2O_7 = 0.2783$
Fe	Fe_2O_3	$2Fe/Fe_2O_3 = 0.6994$	P_2O_5	$Mg_2P_2O_7$	$P_2O_5/Mg_2P_2O_7 = 0.6377$

①习惯简化，以元素符号(或分子式)代表该物质的摩尔质量。

9.5.2　分析结果的计算

【例 9-1】 称取某矿样 0.4000g，经化学处理后，称得 SiO_2 的质量为 0.2728g，计算矿样中 SiO_2 的质量分数。

解　因为称量形式和被测组分的化学式相同，因此 F 等于 1。

$$w(SiO_2) = \frac{0.2728}{0.4000} = 0.6820$$
$$= 68.20\%$$

答：矿样中 SiO_2 的质量分数为 68.20%

【例 9-2】 称取铁矿石试样 0.2500g，经处理后，沉淀形式为 $Fe(OH)_3$，称量形式为 Fe_2O_3，质量为 0.2490g，求 Fe 和 Fe_3O_4 的质量分数。

解　先计算试样中 Fe 的质量分数，因为称量形式为 Fe_2O_3，1mol 称量形式相当于 2mol 待测组分，所以

$$w_{Fe} = \frac{0.2490}{0.2500} \times \frac{2M_{Fe}}{M_{Fe_2O_3}} \times 100\%$$
$$= \frac{0.2490}{0.2500} \times \frac{2 \times 55.85}{159.7} \times 100\%$$
$$= 69.66\%$$

计算试样中 Fe_3O_4 的质量分数，因为 1mol 称量形式 Fe_2O_3 相当于$\frac{2}{3}$mol 待测组分 Fe_3O_4，所以

$$w_{Fe_3O_4} = \frac{0.2490}{0.2500} \times \frac{2M_{Fe_3O_4}}{3 \times M_{Fe_2O_3}} \times 100\%$$
$$= \frac{0.2490}{0.2500} \times \frac{2 \times 231.54}{3 \times 159.7} \times 100\%$$
$$= 96.27\%$$

答：铁矿石试样中 Fe 的质量分数为 69.66%，或 Fe_3O_4 的质量分数为 96.27%。

9.5.3　试样量的计算

重量分析中称取试样量的多少，主要取决于沉淀类型。对于生成体积小、易过滤和易洗

涤的晶形沉淀，可多称取一些试样。对于生成体积大、不易过滤和不易洗涤的非晶形沉淀，称取的量要少一些。一般地讲，晶形沉淀的质量应在 0.3～0.5g，非晶形沉淀的质量约在 0.1～0.2g 为宜。可根据不同类型沉淀的质量范围，计算出试样的称取量。

【例 9-3】 测定 $BaCl_2 \cdot H_2O$ 中 Ba 的含量，使 Ba^{2+} 沉淀为 $BaSO_4$，应称取多少克 $BaCl_2 \cdot H_2O$ 试样？

解 首先要知道生成的 $BaSO_4$ 沉淀是晶形沉淀，然后根据晶形沉淀质量的要求应在 0.3～0.5g，假如以 0.4g 为基准，设需 $BaCl_2 \cdot H_2O$ x 克。

则

$$\begin{array}{ccc} BaCl_2 \cdot H_2O & \longrightarrow & BaSO_4 \\ 244.3 & & 233.4 \\ x & & 0.4 \end{array}$$

$$x=\frac{244.3\times 0.4}{233.4}=0.42(\text{g})$$

答：应称取 $BaCl_2 \cdot H_2O$ 试样的质量为 0.42g。

9.6 重量分析法应用实例

9.6.1 氯化钡含量的测定

9.6.1.1 测定原理

氯化钡含量的测定，通常是将试样溶解后，以 H_2SO_4 为沉淀剂，将试样中的 Ba^{2+} 沉淀为 $BaSO_4$，其反应为

$$Ba^{2+} + SO_4^{2-} = BaSO_4 \downarrow$$

$BaSO_4$ 沉淀经陈化后，再经过过滤、洗涤和灼烧至恒重。根据所得 $BaSO_4$ 形式的质量，可计算试样中氯化钡的质量分数。如果上述重量分析法的结果要求不必十分精确，可采用玻璃砂芯坩埚抽滤 $BaSO_4$ 沉淀，烘干，称量。这样可缩短实验操作时间，适用于工业生产过程的快速分析。

9.6.1.2 注意事项

① 在用 H_2SO_4 沉淀 Ba^{2+} 时，易使阴离子发生共沉淀，可在沉淀之前，加入 HCl 蒸发除去 NO_3^- 等阴离子，余下的 Cl^- 可用稀 H_2SO_4 溶液洗涤，直至无 Cl^- 为止。

② 为使滤纸在烘干时不致炭化，应在洗去 Cl^- 后的滤纸上，再用 NH_4NO_3 稀溶液洗去纸上附着的酸。

③ 加入稀 H_2SO_4 溶液的速度要适当慢，且在不断搅拌下进行，有利于获得粗大的晶形沉淀。

④ 滤纸未灰化前，温度不要太高，以免沉淀颗粒随火焰飞散，使结果偏低。

⑤ 若试样是可溶性硫酸盐，用水溶解时，有水不溶残渣，应该过滤除去。

⑥ 试样中若含有 Fe^{3+} 等将干扰测定，应在加 $BaCl_2$ 沉淀剂之前，加入 1%EDTA 溶液进行掩蔽。

9.6.2 结晶水的测定

结晶水的测定是利用水的易挥发性，通过加热的方法，使结晶水蒸发，根据试样减少的质量计算出结晶水的含量。例如氯化钡中结晶水的测定，先取洗净的扁形称量瓶一个，将盖横立在瓶口上，置烘箱中于 125℃烘 1h。取出，放入干燥器中冷却至室温，称量。再烘一

次，冷却，称量，重复进行直至恒重。将氯化钡样品约1g放入称量瓶中，盖上瓶盖，称量。然后将盖横立在瓶口上，置烘箱中于125℃烘2h，取出，放入干燥器中冷却至室温，称量。再烘1h，冷却，称量，重复进行直至恒重，然后进行计算。

$$w(H_2O)=\frac{m_1-m_2}{m_s}$$

式中　m_1——烘干前氯化钡样品与称量瓶的质量，g；

m_2——烘干后氯化钡样品与称量瓶的质量，g；

m_s——氯化钡样品的质量，g。

9.6.3　水不溶物的测定

水不溶物的测定在大多数化工产品质量检验中都要进行的，它主要是测定试样中不溶于水的物质的含量。原理和方法都很简单，通常的测定过程是这样的：

首先洗净一个P_{16}玻璃砂芯坩埚（即以前的G4玻璃砂芯坩埚），置于烘箱中于105～110℃烘至恒重。然后称取约50g（准至0.01g）的试样于400mL烧杯中，加入约200mL的沸水溶解，在80～90℃水浴中保温10min，趁热用G4玻璃砂芯坩埚进行减压过滤，用热水进行洗涤（检查洗涤效果），再将玻璃砂芯坩埚置于烘箱中于105～110℃烘至恒重，然后进行计算。

$$w(\text{水不溶物})=\frac{m_1-m_2}{m_s}$$

式中　m_1——过滤后玻璃砂芯坩埚的质量，g；

m_2——过滤前玻璃砂芯坩埚的质量，g；

m_s——待测样品质量，g。

本 章 小 结

一、重量分析

通常是通过物理或化学反应将试样中待测组分与其它组分分离，以称量的方法，称得待测组分或它的难溶化合物的质量，计算出待测组分在试样中的含量。它包括挥发法、沉淀重量法和其它一些方法。

二、重量分析对沉淀的要求

1. 对沉淀形式的要求

① 沉淀的溶解度要小，才能保证被测组分沉淀完全。

② 沉淀易于过滤和洗涤。

③ 沉淀形式易转化为称量形式。

2. 对称量形式的要求

① 称量形式的组成必须确定并与化学式完全相符。

② 称量形式要有足够的稳定性。

③ 称量形式的摩尔质量要大。这样可减少测量误差。

三、沉淀形成的影响因素

1. 同离子效应

通常采用加入过量沉淀剂，利用同离子效应来降低沉淀的溶解度，达到沉淀完全而减少测量误差的目的。

2. 盐效应

在难溶电解质的饱和溶液中，加入其它易溶强电解质时，使难溶电解质的溶解度比同温度下在纯水中的溶解度增大，这种现象称为盐效应。

3. 络合效应

溶液中如有络合剂能与构成沉淀离子形成可溶性络合物，而增大沉淀的溶解度，甚至不产生沉淀，这种现象称为络合效应。

4. 酸效应

溶液的酸度对沉淀溶解度的影响称为酸效应。

四、沉淀条件和沉淀剂的选择

1. 晶形沉淀的沉淀条件

① 沉淀应在稀溶液中进行。

② 沉淀剂在不断的搅拌下缓慢地加入热溶液中。

③ 选择合适的沉淀剂。

④ 进行陈化。

2. 非晶形沉淀的沉淀条件

① 在较浓的溶液中进行沉淀，沉淀剂加入的速度要快些。

② 在热溶液中及电解质存在下进行沉淀。

③ 趁热过滤洗涤，不必陈化。

④ 必要时应进行再沉淀。

3. 沉淀剂的选择

① 沉淀剂应为易挥发或易分解的物质，在灼烧时可以除去。

② 沉淀剂应具有较高的选择性。

五、影响沉淀纯净的因素

1. 共沉淀

在进行沉淀反应时，溶液中某些可溶性杂质混杂于沉淀中一起析出，这种现象称为共沉淀。

2. 后沉淀

在沉淀过程结束后，当沉淀与母液一起放置时，溶液中某些杂质离子可能慢慢地沉积到原沉淀上，放置的时间越长，杂质析出的量越多，这种现象称为后沉淀。

六、沉淀纯净的方法

① 选择适当的分析步骤。

② 降低易被吸附杂质离子的浓度。

③ 进行再沉淀。

④ 选择适当的洗涤液洗涤沉淀。

⑤ 选择适宜的沉淀条件。

⑥ 用有机沉淀剂。

七、重量分析基本操作

重量分析法的主要操作过程如下：样品的溶解、沉淀、沉淀的过滤和洗涤、沉淀的烘干和灼烧、称量及结果计算。

八、化学因数

计算待测组分的含量时，需要把称量形式的质量换算为被测组分的质量。称量形式质量换算成被测组分质量的系数称为化学因数，用 F 表示。在计算化学因数时，要注意使分子与分母中待测元素的原子数目相等。

复习思考题

一、回答下列问题

1. 什么叫重量分析？有哪些分类？
2. 重量分析对沉淀形式和称量形式有什么要求？
3. 沉淀按其物理性质不同大致分为哪些类型？各有什么特点？
4. 晶形沉淀的沉淀条件是什么？
5. 非晶形沉淀的沉淀条件是什么？
6. 怎样选择沉淀剂？
7. 什么叫同离子效应？在应用同离子效应时应注意什么问题？
8. 沉淀烘干和灼烧的作用是什么？
9. 什么叫共沉淀和后沉淀？
10. 在用 H_2SO_4 沉淀 Ba^{2+} 时，怎样使阴离子不发生共沉淀？

二、填空题

1. 产生共沉淀现象的主要原因有____。

2. 洗涤的目的常常是为了除去________________。洗涤时要选择适当的洗涤溶液，以防沉淀______。洗涤沉淀要采用________洗法。

3. 在________℃的热处理叫烘干，烘干可除去________________________。

4. 在________℃的热处理叫灼烧，灼烧可除去水分、挥发性物质和滤纸等，还可以使初始生成的___转化为________。

5. 恒重是指两次称量的质量相差不大于______mg。

6. 在氯化钡含量的测定中，加入稀 H_2SO_4 溶液的速度要________，且在________下进行，有利于获得________沉淀。

7. 使用玻璃砂芯坩埚过滤的沉淀，应在__________烘干。

8. 在计算化学因素时，要注意使分子与分母中____________相等。

练习题

1. 计算下列化学因素 F

① 从 Al_2O_3 的质量求 Al 的质量；

② 从 $Mg_2P_2O_7$ 的质量求 MgO 的质量；

③ 从 $(NH_4)_3PO_4 \cdot 12MoO_3$ 的质量求 P 和 P_2O_5 的质量。

2. 称取 $BaCl_2$ 样品 0.4801g，用沉淀重量法分析后得 $BaSO_4$ 沉淀 0.4578g，计算样品中 $BaCl_2$ 的质量分数。

3. 分析矿石中锰含量，如果 1.520g 试样产生 0.1260g Mn_3O_4，试计算试样中 Mn 和 Mn_2O_3 的质量分数。

4. 某一含 K_2SO_4 及 $(NH_4)_2SO_4$ 混合试样，溶解后加 $Ba(NO_3)_2$，使全部 SO_4^{2-} 都生成 $BaSO_4$ 沉淀，共重 0.9770g，计算试样中 K_2SO_4 的质量分数。

10　无机物定量分析实验

学习指南　分析检验是一项高技能、严格细致的技术工作，要得到一个准确的实验结果，必须要认真、仔细地完成每一个实验过程。在本章学习中，要进行指示液的配制、标准溶液的配制和标定、无机物样品的含量测定等技能训练。为此，不仅要练好称量、滴定分析、重量分析等基本操作，还要从样品的称量、溶解处理、分析方法的选择、定量测定和测定结果的计算等各个环节按规范化要求去认真完成，一丝不苟的工作作风和实事求是的工作态度是分析检验工作者的良好职业道德。通过本章的学习和训练，将会深深体会到分析检验工作的基本内涵。

10.1　实验准备工作

（1）训练目的

① 熟悉定量分析所需的仪器种类、规格和用途；

② 掌握铬酸洗涤液的配制和使用；

③ 了解实验用试剂的规格、级别，能正确选用实验试剂，正确标识溶液。

（2）训练内容　在进行分析实验之前，应先熟悉实验室中常用的仪器和相关的设备，以便正确的使用。无机物定量分析中常用的玻璃仪器清单见表 10-1。

表 10-1　定量分析常用玻璃仪器清单

名　称	规　格	数　量	名　称	规　格	数　量
洗瓶	250mL	1	滴瓶	125mL、60mL	各 2
			移液管	50mL、25mL、10mL	各 1
烧杯	400～500mL	2	刻度移液管（吸量管）	5mL、10mL	各 1
	250～300mL	2	滴定管（无色和棕色）	酸式 50mL	各 1
	80～100mL	2		碱式 50mL	各 1
表面皿	ϕ5～7cm	2	滴定台		1
	ϕ11.5～12cm	2	蝴蝶夹		1
量筒（杯）	10mL	1	锥形瓶	250～300mL	4
	50mL	1	碘量瓶	500mL	4
	100mL	1	漏斗	长颈 ϕ7～8cm	1
试剂瓶	1000mL	2		短颈	1
	500mL	2	移液管架		1
	250mL(无色)	2	漏斗架		1
	250mL(棕色)	1			

① 认领、清点、洗涤常用滴定分析玻璃仪器　按表 10-1 常用定量分析玻璃仪器清单认

领、清点、洗涤常用滴定分析玻璃仪器。

② 识别和保存试剂

a. 阅读教材 1.2。

b. 阅读教材 1.5。

c. 参观化学试剂药品仓库，以达到以下两个目的：

ⅰ. 熟悉化学试剂的类型、标志、标签颜色、包装等，并能根据实验要求领用不同级别的化学试剂；

ⅱ. 了解不同化学试剂的保存原则。

③ 标识溶液　在实验室中配制的各种试剂溶液，都应该贴上标签，以表明该试剂溶液的相关情况，必须要标示的有试剂名称和浓度；必要时要标明配制日期和配制者姓名等。另外，根据所配制试剂溶液的性质选用不同颜色的标签，以示对该试剂溶液的不同使用要求及相关的注意事项。如有毒、有腐蚀性、具有强氧化性等危险性试剂溶液用红色标签，一般溶液使用蓝色标签，标准溶液等使用绿色标签。

④ 选择和配制洗涤液

a. 阅读教材 1.3。

b. 试剂和仪器

试剂：$K_2Cr_2O_7$（C. P.）；H_2SO_4（浓）（C. P.）。

仪器：烧杯、量筒（杯）、玻璃棒、架盘天平（台秤）。

c. 配制过程

ⅰ. 称取样品：称取 10g 工业级或化学纯 $K_2Cr_2O_7$ 于 300mL 烧杯中。

ⅱ. 加水溶解：加 20mL 水，加热溶解。

ⅲ. 加入硫酸：冷却后，沿玻棒慢慢加入 180mL 浓硫酸，边加边搅拌。

ⅳ. 装瓶备用：冷却后转移至 250mL 小口试剂瓶中，贴上标签，放置备用。

d. 注意事项

ⅰ. 浓硫酸有强腐蚀性，使用时注意安全；

ⅱ. 浓硫酸溶于水时会放出大量的热，不能将水倒入浓硫酸中；

ⅲ. 配制的铬酸洗涤液有强腐蚀性，防止接触皮肤和衣物；

ⅳ. 用过的铬酸洗涤液要回收，可重复使用，铬酸洗液变成绿色时表示失效。

思考题

1. 化学试剂的等级分为哪几级？
2. 下列溶液的保存标识过程中应选用哪种颜色的标签？

　HNO_3；　NaCl；　$K_2Cr_2O_7$

3. 在什么情况下可使用铬酸洗涤液？如何判断铬酸洗涤液是否失效？

10.2　盐酸标准滴定溶液的配制和标定

(1) 训练目的

① 掌握 HCl 标准溶液的配制和标定方法；

② 掌握甲基橙指示液的配制方法，能正确使用甲基橙指示液判断滴定终点；

③ 进一步巩固称量和滴定分析基本操作。

(2) 训练内容

① 配制 $c(HCl)=0.1mol \cdot L^{-1}$ HCl 标准溶液

a. 试剂和仪器

试剂：浓 HCl。

仪器：量筒、烧杯、试剂瓶。

b. 配制方法　浓 HCl 溶液是易挥发的不稳定溶液，其浓度为一近似值，所以在配制 $c(HCl)=0.1mol \cdot L^{-1}$的 HCl 溶液时，应采用间接配制法，再通过标定确定其准确浓度。

配制 $c(HCl)=0.1mol \cdot L^{-1}$的 HCl 标准溶液所需的浓 HCl 溶液的体积按下式计算：

$$V(HCl)=0.1V/11.5$$

式中 $V(HCl)$——应量取浓 HCl 的体积，mL；

V——需配 HCl 标准溶液的体积，mL；

11.5——浓 HCl 的近似浓度，$mol \cdot L^{-1}$。

【例 10-1】 欲配制 $c(HCl)=0.1mol \cdot L^{-1}$的 HCl 溶液 500mL，应取多少毫升浓盐酸？

解

$$V(HCl)=0.1\times 500/11.5\approx 4.3\ (mL)$$

考虑到浓 HCl 在存放过程中可能挥发而使其浓度有所下降，实际量取时可稍多量取一些，取约 4.5mL。

c. 配制过程　用量筒（或量杯）量取 4.5mL 浓盐酸，加入到预先盛有 300mL 蒸馏水的烧杯中，再加蒸馏水稀释至 500mL，搅拌均匀，移入洁净的 500mL 试剂瓶中，放置待标定。

② $0.1mol \cdot L^{-1}$ HCl 标准滴定溶液的标定

a. 试剂和仪器

试剂：基准 Na_2CO_3（或基准硼砂）固体；甲基橙指示液($1g \cdot L^{-1}$)，称取 0.1g 甲基橙指示剂溶于 100mL 蒸馏水中，摇匀，转移至 125mL 滴瓶中，贴上标签备用；溴甲酚绿-甲基红混合指示液，1 份 $2g \cdot L^{-1}$甲基红乙醇溶液和 3 份 $1g \cdot L^{-1}$溴甲酚绿乙醇溶液混合。

仪器：滴定管、锥形瓶、称量瓶、分析天平等。

b. 标定过程

方法一：用减量法准确称取已于 270～300℃烘干至恒重的基准碳酸钠 0.15～0.2g，放入 250mL 锥形瓶中，加入约 50mL 蒸馏水使其溶解，加甲基橙指示液 2 滴，用待标定的 HCl 标准溶液滴定至溶液由黄色刚变为橙色，将溶液煮沸约 2min，除去 CO_2，冷却后继续用 HCl 标准溶液滴至刚好为橙色为终点。记录滴定消耗的 HCl 标准溶液的体积。同时作空白试验。

方法二：用减量法准确称取已于 270～300℃烘至恒重的基准碳酸钠 0.15～0.2g，放入 250mL 锥形瓶中，加入约 50mL 蒸馏水使其溶解，加入 10 滴溴甲酚绿-甲基红混合指示液，滴定至溶液由绿色经灰紫色变为暗红色时，加热煮沸 2min 以除去 CO_2，冷却后继续用盐酸标准溶液滴至暗红色为终点。记录滴定消耗盐酸标准溶液的体积。同时作空白试验。

c. HCl 标准滴定溶液浓度的计算

$$c(HCl)=\frac{m\times 10^3}{M\left(\frac{1}{2}Na_2CO_3\right)\times(V-V_0)}$$

式中 $c(HCl)$ ——HCl标准滴定溶液的浓度，mol·L^{-1}；

m——基准碳酸钠的质量，g；

$M\left(\frac{1}{2}Na_2CO_3\right)$——基本单元$\left(\frac{1}{2}Na_2CO_3\right)$的摩尔质量，g·mol^{-1}；

V——滴定消耗HCl标准溶液的体积，mL；

V_0——空白试验消耗HCl标准溶液的体积，mL。

d. 注意事项

ⅰ. 基准物要进行烘干处理；

ⅱ. 防止基准物黏附在锥形瓶内壁上，在溶解时要用洗瓶冲洗锥形瓶内壁；

ⅲ. 为防止终点提前出现，近终点时应煮沸以除尽CO_2；

ⅳ. 滴定操作要仔细，防止滴过终点。

基准物和终点指示剂的选择

1. 基准物如何选择？

标定标准溶液时，一定要使用高纯度的基准物，标定盐酸标准溶液可选择的基准物有基准碳酸钠（Na_2CO_3）和基准硼砂（$Na_2B_4O_7\cdot10H_2O$）。其中基准硼砂因需要在恒湿器中保存，相对于碳酸钠而言，保存比较麻烦，故实验室中一般选用基准碳酸钠标定盐酸。

2. 基准物用量应如何确定？

标定某一浓度的HCl标准溶液需要称取基准Na_2CO_3的质量按下式计算：

$$m=c(HCl)\times V\times10^{-3}\times M(\frac{1}{2}Na_2CO_3)$$

式中 m——称取基准Na_2CO_3的质量，g；

$c(HCl)$——待标定的HCl标准溶液的浓度，mol·L^{-1}；

V——约应消耗HCl标准溶液的体积，L；

$M(\frac{1}{2}Na_2CO_3)$——$\frac{1}{2}Na_2CO_3$的摩尔质量，g·mol^{-1}。

标定0.1mol·L^{-1}HCl标准溶液需要称取基准碳酸钠的质量为

$$m=0.1\times25\times10^{-3}\times53\approx0.13(g)$$

上式计算的目的是为了估算要称取基准碳酸钠的质量范围，将消耗HCl标准溶液的体积设为25mL（也可设为20～30mL，必要时也可设为35mL），不需要精确计算，但在称量时一定要用分析天平准确称取。当用分析天平称取0.13g样品时，称量误差将会大于0.1%，实际称量时，为了减小称量的误差，可称取0.2g左右的基准碳酸钠。

3. 终点指示剂如何选择？

当用基准碳酸钠标定盐酸时，可以使用第一化学计量点，也可以使用第二化学计量点，当使用不同的计量点时，应选用不同的指示剂指示终点，同时也应用不同的计算公式计算盐酸的浓度。在实验室中常使用第二化学计量点，pH值约为3.9，可选用甲基橙或溴甲酚绿-甲基红混合指示剂指示终点。两者相比较，后者的变色点更接近化学计量点，颜色变化较敏锐，便于观察，但价格方面要稍贵些。

思 考 题

1. HCl标准溶液采用什么方法配制？为什么？

2. 配制 HCl 标准溶液时，浓 HCl 的体积是用什么仪器量取的？为什么？

3. 基准 Na_2CO_3 保存不当，吸收了空气中的水分，并用以标定 HCl 标准溶液，会对标定结果产生怎么的影响？

4. 实验室除用基准 Na_2CO_3 标定 HCl 标准溶液外，还可使用什么基准物？有什么优缺点？

5. 用基准 Na_2CO_3 标定 HCl 标准溶液时使用甲基橙指示剂滴定至第二计量点，若将第一计量点作为滴定终点，应使用何种指示剂？如何计算 HCl 标准溶液的浓度？

10.3 氢氧化钠标准滴定溶液的配制和标定

（1）训练目的

① 掌握 NaOH 标准滴定溶液的配制和标定方法；

② 掌握酚酞指示液的配制方法，并能正确使用酚酞指示液判断滴定终点；

③ 进一步巩固称量和滴定分析基本操作。

（2）训练内容

① 配制 $c(NaOH)=0.1mol\cdot L^{-1}$ 的 NaOH 标准溶液

a. 试剂和仪器

试剂：NaOH（固体）。

仪器：托盘天平、烧杯、试剂瓶等。

b. 配制方法　试剂 NaOH 易吸收空气中的 CO_2、水分，且含有少量的硅酸盐、硫酸盐和氯化物等，不易制备成纯物质，所以在配制 $c(NaOH)=0.1mol\cdot L^{-1}$ 的 NaOH 溶液时，应采用间接法进行配制，再通过标定确定其准确浓度。

ⅰ. NaOH 用量的计算：配制 $c(NaOH)=0.1mol\cdot L^{-1}$ 的 NaOH 溶液所需的 NaOH 的质量按下式计算：

$$m=0.1\times V\times 10^{-3}\times 40$$

式中　m——应称取的 NaOH 质量，g；

V——配制 $0.1mol\cdot L^{-1}$ NaOH 溶液的体积，mL；

40——NaOH 的摩尔质量，$g\cdot mol^{-1}$。

【例 10-2】 欲配制 $0.1mol\cdot L^{-1}$ NaOH 溶液 1000mL，应称取多少克固体 NaOH？

解

$$V=0.1\times 1000\times 10^{-3}\times 40=4(g)$$

考虑到试剂 NaOH 在存放过程中可能吸收空气中的 CO_2，实际称取时可稍多称取一些，一般增加 10%左右。

ⅱ. 配制过程：用托盘天平称取 4.5g 试剂 NaOH，加入到预先盛有 300mL 蒸馏水的烧杯中，搅拌溶解，再加蒸馏水稀释至 1000mL，混匀，移入洁净的 1000mL 的试剂瓶中，放置待标定。

NaOH 吸收 CO_2 后生成了 Na_2CO_3，由于 Na_2CO_3 不是强碱，会影响滴定终点的判断，甚至会导致指示剂变色不敏锐而影响测定的准确度。所以有时需要配制不含 Na_2CO_3 的 NaOH 标准溶液。其方法如下。

饱和 NaOH 法：将市售的 NaOH 配制成 50%的饱和溶液（50g NaOH 溶于 50mL 水中，在这种浓碱溶液中，Na_2CO_3 几乎不溶解而沉降下来），静置一昼夜后，吸取上层的澄清液，用不含 CO_2 的蒸馏水（蒸馏水加热煮沸数分钟，冷却后即可使用）稀释至所需体积。如配制 1000mL 0.1mol·L^{-1} NaOH 溶液，应吸取上述饱和溶液 5.0mL。

$Ba(OH)_2$ 沉淀法：先配制 1mol·L^{-1} NaOH 溶液，在该溶液中加入 $Ba(OH)_2$ 或 $BaCl_2$ 使 Na_2CO_3 生成 $BaCO_3$ 沉淀，放置澄清后，取上层澄清液使用，用不含 CO_2 的蒸馏水稀释 10 倍即可。

配制成不含 CO_2 的 NaOH 标准溶液后，为了防止 NaOH 溶液吸收空气中的 CO_2，应该保存在带橡皮塞和碱石灰吸收管的试剂瓶中。浓的 NaOH 易侵蚀玻璃，应贮存在聚乙烯塑料瓶中。

② 0.1mol·L^{-1} NaOH 标准滴定溶液的标定

a. 试剂和仪器

试剂：$KHC_8H_4O_4$ 基准试剂；酚酞指示液（10g·L^{-1}），称取 1g 酚酞指示剂溶于 100mL95%乙醇溶液中，摇匀，转移至 125mL 滴瓶中，贴上标签备用。

仪器：滴定管、锥形瓶、称量瓶、分析天平等。

b. 标定过程　准确称取已于 105℃烘至恒重的基准邻苯二甲酸氢钾 0.5g 左右，放入 250mL 锥形瓶中，加入约 50mL 蒸馏水使其溶解，加入 1～2 滴酚酞指示液，用待标定的氢氧化钠标准溶液滴定至溶液变为微红色（保持 30s 不褪色）为终点。记录滴定消耗的氢氧化钠标准溶液的体积。同时作空白试验。

c. NaOH 标准滴定溶液浓度的计算

$$c(\mathrm{NaOH})=\frac{m\times10^3}{M(\mathrm{KHC_8H_4O_4})\times(V-V_0)}$$

式中　$c(\mathrm{NaOH})$——NaOH 标准溶液的浓度，mol·L^{-1}

$M(\mathrm{KHC_8H_4O_4})$——邻苯二甲酸氢钾的摩尔质量，g·mol^{-1}；

V——滴定消耗 NaOH 标准溶液的体积，mL；

V_0——空白试验消耗 NaOH 标准溶液的体积，mL；

m——基准邻苯二甲酸氢钾的质量，g。

d. 注意事项

ⅰ. 基准物要进行烘干处理；

ⅱ. 防止基准物沾附在锥形瓶内壁上，在近终点时要用洗瓶冲洗锥形瓶内壁；

ⅲ. 终点控制要仔细，防止滴过终点。

思　考　题

1. 如何配制不含 Na_2CO_3 的 NaOH 标准溶液？
2. 如何获得不含 CO_2 的蒸馏水？
3. 标定 NaOH 标准溶液的基准物有哪些？各有什么优缺点？
4. 标定 NaOH 标准溶液时，基准物的用量一般如何确定？说明理由。
5. 邻苯二甲酸氢钾基准物在烘干操作时，不慎将温度调高了，有部分转化为邻苯二甲酸酐，在标定 NaOH 标准溶液时会对 NaOH 的浓度产生怎样的影响？

10.4　工业硫酸含量的测定

（1）训练目的

① 掌握液体样品的称量方法；

② 学会混合指示液的配制，能正确使用混合指示液判断终点；

③ 掌握液体样品含量的测定方法。

(2) 训练内容

① 配制甲基红-亚甲基蓝混合指示液

a. 试剂和仪器

试剂：甲基红指示剂；亚甲基蓝；乙醇（95%，A.R.）。

仪器：托盘天平、常用玻璃仪器。

b. 配制过程　称取 0.12g 甲基红和 0.08g 亚甲基蓝溶于 100mL（95%）乙醇中。

② 工业硫酸含量的测定

a. 试剂和仪器

试剂：NaOH 溶液 $c(NaOH)=0.1mol\cdot L^{-1}$；甲基红-亚甲基蓝混合指示液；工业 H_2SO_4（试样）。

仪器：胶帽滴瓶、容量瓶、移液管、锥形瓶、滴定管、分析天平等。

b. 测定过程

将工业硫酸试样盛放在胶帽滴瓶中，准确称取其质量，用胶帽滴管快速滴出 25～30 滴样品（约 1.5～2.0g），滴入事先装有 100mL 蒸馏水的 250mL 容量瓶中，立即将滴管放置在滴瓶内（防止吸收水分），摇动容量瓶并冷却至室温，用蒸馏水稀释至刻度，摇匀，用移液管吸取 25.00mL 该试液于锥形瓶中，加甲基红-亚甲基蓝混合指示液 2 滴，用 $c(NaOH)=0.1mol\cdot L^{-1}$ 的 NaOH 标准滴定溶液滴定至溶液由红紫色变为灰绿色为终点，记录 NaOH 标准滴定溶液的体积。

c. 结果计算

$$w(H_2SO_4)=\frac{c(NaOH)\times V(NaOH)\times M(\frac{1}{2}H_2SO_4)\times 10^{-3}}{m_s\times\frac{25.00}{250.0}}$$

式中　$c(NaOH)$——NaOH 标准滴定溶液的浓度，$mol\cdot L^{-1}$；

$V(NaOH)$——消耗 NaOH 标准滴定溶液的体积，mL；

$M(\frac{1}{2}H_2SO_4)$——基本单元（$\frac{1}{2}H_2SO_4$）的摩尔质量，$g\cdot mol^{-1}$；

m_s——H_2SO_4 试样的质量，g。

d. 注意事项

ⅰ. 称取硫酸样品时要小心，检查胶帽是否已老化，防止硫酸洒落在天平、实验台、皮肤及衣物上；

ⅱ. 在容量瓶中一定要先放入一定量的蒸馏水。

液体样品如何称量？

在称取较易挥发的液体样品时，也可以将适量样品置于 30mL 小滴瓶中，准确称量，然后用滴管向接受容器中滴出需要量的样品（一般情况下，1mL 样品大约为 20～25 滴），再准确称其质量，两次质量差即为滴出样品的质量。但在滴出样品时要尽可能快一点操作，且操作只做一次，不管样品是否已到所需的质量，以免样品挥发损失。

思 考 题

1. 称量硫酸样品时，应注意哪些问题？
2. 在称量硫酸样品时为什么要在容量瓶中预先放入一定量的水？
3. 硫酸是二元酸，能否将终点控制在第一计量点附近？为什么？
4. 测定硫酸时，还可使用哪些指示剂指示终点？终点颜色如何变化？

10.5 酸碱滴定法测定混合碱（双指示剂法）

（1）训练目的

① 掌握双指示剂法测定混合碱各组分含量的原理和方法；

② 掌握双指示剂法测定混合碱各组分含量的计算方法。

（2）训练内容

① 试剂和仪器

试剂：HCl 标准滴定溶液 $c(HCl)=0.1mol \cdot L^{-1}$；酚酞指示液，$10g \cdot L^{-1}$乙醇溶液；甲基橙指示液，$10g \cdot L^{-1}$水溶液；甲酚红-百里酚蓝混合指示液，0.1g 甲酚红溶于100mL50%乙醇中，0.1g 百里酚蓝溶于 100mL 20%乙醇中，将甲酚红和百里酚蓝溶液混合(1+3)；混合碱试样。

仪器：烧杯、容量瓶、移液管、锥形瓶、滴定管、分析天平等。

② 测定过程（双指示剂法）

a. 方法一。准确称取碱试样 1.5～2.0g 于 250mL 烧杯中，加水使之溶解后，定量转移至 250mL 容量瓶中，用水稀释至刻度，摇匀。移取上述试液 25.00mL 置于 250mL 锥形瓶中，加酚酞指示剂 2～3 滴，用 $c(HCl)=0.1mol \cdot L^{-1}$盐酸标准溶液滴定至溶液由红色恰好褪至无色，记录所消耗的盐酸的标准溶液的体积 V_1，再加甲基橙指示剂 1～2 滴，继续用 $c(HCl)=0.1mol \cdot L^{-1}$盐酸标准溶液滴定至溶液由黄色刚好变为橙色，记录所消耗的盐酸的标准溶液的体积 V_2。（平行测定三次）计算混合碱中各组分的含量。

b. 方法二。移取上述试液 25.00mL 置于 250mL 锥形瓶中，加 5 滴甲酚红-百里酚蓝混合指示液，用 $c(HCl)=0.1mol \cdot L^{-1}$盐酸标准溶液滴定至溶液由蓝色变为粉红色，记录所消耗的盐酸标准溶液的体积 V_1，再加甲基橙指示液 1～2 滴，继续用 $c(HCl)=0.1mol \cdot L^{-1}$盐酸标准溶液滴定至溶液由黄色变为橙色，加热煮沸约 2min（加热时橙色会褪去），再继续滴加盐酸标准溶液至刚好变为橙色，记录所消耗的盐酸标准溶液的体积 V_2。（平行测定三次）计算混合碱中各组分的含量。

③ 结果计算

a. 当 $V_1>V_2$时，试样为 NaOH 和 Na_2CO_3 混合物。各组分的含量按下式计算

$$w(NaOH)=\frac{c(HCl)\times(V_1-V_2)\times M(NaOH)\times10^{-3}}{m_s\times\frac{25.00}{250.0}}$$

$$w(Na_2CO_3)=\frac{c(HCl)\times2\times V_2\times M(\frac{1}{2}Na_2CO_3)\times10^{-3}}{m_s\times\frac{25.00}{250.0}}$$

b. 当 $V_1=V_2$ 时，试样为 Na_2CO_3 单一物质。其含量按下式计算：

$$w(Na_2CO_3)=\frac{c(HCl)\times 2\times V_1\times M(\frac{1}{2}Na_2CO_3)\times 10^{-3}}{m_s\times\frac{25.00}{250.0}}$$

c. 当 $V_1<V_2$ 时，试样为 Na_2CO_3 和 $NaHCO_3$ 的混合物。各组分的含量按下式计算：

$$w(Na_2CO_3)=\frac{c(HCl)\times 2\times V_1\times M(\frac{1}{2}Na_2CO_3)\times 10^{-3}}{m_s\times\frac{25.00}{250.0}}$$

$$w(NaHCO_3)=\frac{c(HCl)\times(V_2-V_1)\times M(NaHCO_3)\times 10^{-3}}{m_s\times\frac{25.00}{250.0}}$$

$$总碱度\ w(Na_2CO_3)=\frac{c(HCl)\times(V_1+V_2)\times M(\frac{1}{2}Na_2CO_3)\times 10^{-3}}{m_s\times\frac{25.00}{250.0}}$$

式中 $c(HCl)$——HCl 标准滴定溶液的浓度，$mol\cdot L^{-1}$；

V_1——酚酞为指示剂时，滴定消耗 HCl 标准滴定溶液的体积，mL；

V_2——甲基橙为指示剂时，滴定消耗 HCl 标准滴定溶液的体积，mL；

$M(NaOH)$——NaOH 的摩尔质量，$g\cdot mol^{-1}$；

$M(\frac{1}{2}Na_2CO_3)$——$\frac{1}{2}Na_2CO_3$ 的摩尔质量，$g\cdot mol^{-1}$；

$M(NaHCO_3)$——$NaHCO_3$的摩尔质量，$g\cdot mol^{-1}$；

m_s——试样的质量，g。

④ 注意事项

a. 含氢氧化钠的样品或溶解后的溶液不能在空气中放置太久，以免吸收空气中的 CO_2；

b. 用甲基橙作指示液当滴定至橙色时，要加热煮沸除去溶液中的 CO_2，防止终点提前出现，煮沸时以保持微沸为好。

混合碱的测定，除了双指示剂法，还有别的测定方法吗？

对于混合碱的测定，除了双指示剂法，也可以采用 $BaCl_2$ 沉淀法，测定 $NaOH$-Na_2CO_3 混合碱，但不能测定 Na_2CO_3-$NaHCO_3$ 混合组分，其方法是，称取一定量的混合碱样品，同双指示剂法一样，制成待测溶液，移取 25.00mL 待测溶液，以甲基橙为指示剂，用盐酸标准溶液滴定至终点，测定混合碱总量，记录消耗盐酸的体积为 V_1，再取另一份待测液 25.00mL，加入过量 $BaCl_2$，溶液，Na_2CO_3 将生成 $BaCO_3$ 沉淀，以酚酞为指示剂，用盐酸标准溶液滴定至红色刚好消失为终点，记录消耗盐酸标准溶液的体积 V_2；V_2 是 NaOH 消耗的盐酸标准溶液的体积，由此可计算出 NaOH 的含量，Na_2CO_3 消耗的盐酸标准溶液的体积为 V_1-V_2，由此可计算出 Na_2CO_3 的含量。

思 考 题

1. 是否存在 NaOH 和 $NaHCO_3$ 的混合碱？为什么？

2. 双指示剂法测定混合碱的方法中，用酚酞指示剂滴定至终点和用甲基橙指示剂滴定至终点，NaOH、Na_2CO_3、$NaHCO_3$ 消耗 HCl 标准溶液的体积各有何特点？

3. 在混合碱的测定中，加入酚酞指示液后即为无色，这是为什么？

10.6 铵盐中氮含量的测定（甲醛法）

(1) 训练目的

① 掌握用甲醛法测定铵盐中氮的原理和方法；

② 熟练滴定操作和滴定终点的判断；

③ 了解大样的取用原则。

(2) 训练内容

① 试剂和仪器

试剂：氢氧化钠标准滴定溶液 $c(NaOH)=0.1mol \cdot L^{-1}$；酚酞指示液（$10g \cdot L^{-1}$乙醇溶液）；甲基红指示液（$1g \cdot L^{-1}$ 20%乙醇溶液）；中性甲醛（1+1），取甲醛（40%）的上层清液于烧杯中，用水稀释一倍，加入1～2滴酚酞指示剂，用 $0.1mol \cdot L^{-1}$ NaOH 溶液中和至溶液呈淡红色，再用未中和的甲醛滴至刚好无色；硫酸铵试样。

仪器：烧杯、容量瓶、移液管、锥形瓶、滴定管、分析天平等。

② 测定过程　准确称取1.6～1.8g的 $(NH_4)_2SO_4$ 于100mL烧杯中，用适量蒸馏水溶解，定量地转移至250mL容量瓶中，用蒸馏水稀释至刻度，摇匀。用移液管移取试液25.00mL于锥形瓶中，加1～2滴甲基红指示剂，如呈红色，用 $0.1mol \cdot L^{-1}$ NaOH 溶液滴至橙色，记下 NaOH 溶液消耗体积 V_1。

另取25.00mL试液于锥形瓶中，然后加入5mL中性甲醛溶液，摇匀。静置1min后加入1～2滴酚酞指示剂，用 $0.1mol \cdot L^{-1}$ NaOH 标准滴定溶液滴至溶液呈淡红色持续半分钟不褪，即为终点。记录 NaOH 溶液消耗体积 V_2，平行测定3次。计算试样中氮的含量。

③ 结果计算

$$w(N)=\frac{c(NaOH)(V_2-V_1)\times 10^{-3}M(N)}{m\times\frac{25.00}{250.0}}\times 100\%$$

式中　$c(NaOH)$——NaOH 标准滴定溶液的浓度，$mol \cdot L^{-1}$；

V_1——甲基红为指示剂时消耗 NaOH 标准滴定溶液的体积，mL；

V_2——酚酞为指示剂时消耗 NaOH 标准滴定溶液的体积，mL；

$M(N)$——N 的摩尔质量，$g \cdot mol^{-1}$；

m——试样的质量，g。

④ 注意事项

a. 如果铵盐中含有游离酸，应事先中和除去，先加甲基红指示剂，用 NaOH 溶液滴定至溶液呈橙色，然后再加入甲醛溶液进行测定。

b. 甲醛中常含有微量甲酸，应预先以酚酞为指示剂，用 NaOH 溶液中和至溶液呈淡红色。

思考题

1. 铵盐中氮的测定为何不采用 NaOH 直接滴定法？

2. 为什么中和甲醛试剂中的甲酸以酚酞作指示剂；而中和铵盐试样中的游离酸则以甲基红作指示剂？

3. NH_4HCO_3 中含氮量的测定，能否用甲醛法？

10.7　硼酸纯度的测定

（1）训练目的

① 掌握强化法测定硼酸的原理和方法；

② 熟练滴定操作和滴定终点的判断。

（2）训练内容

① 试剂和仪器

试剂：氢氧化钠标准滴定溶液，$c(NaOH)=0.1mol \cdot L^{-1}$；酚酞指示液（$10g \cdot L^{-1}$乙醇溶液）；中性甘油，甘油与水按 1∶1 体积比混合，用胶帽滴管吸取几滴保留，在混合液中加 2 滴酚酞指示液，用 NaOH 溶液中和至溶液呈淡红色，再用未中和的胶帽滴管里的甘油滴至刚好无色；硼酸试样。

仪器：烧杯、锥形瓶、滴定管、分析天平等。

② 测定过程　准确称取硼酸试样 0.2g（预先置于硫酸干燥器中干燥），加入中性甘油 20mL，微热使其溶解，迅速冷至室温，加酚酞指示液 2 滴，用 $c(NaOH)=0.1mol \cdot L^{-1}$ 的 NaOH 标准溶液滴定至显浅粉红色，再加 3mL 中性甘油，粉红色不消失即为终点。平行测定 3 次。

③ 结果计算

$$w(H_3BO_3)=\frac{c(NaOH)V(NaOH)\times 10^{-3}M(H_3BO_3)}{m}\times 100\%$$

式中　$c(NaOH)$——NaOH 标准滴定溶液的浓度，$mol \cdot L^{-1}$；

$V(NaOH)$——消耗 NaOH 标准滴定溶液的体积，mL；

$M(H_3BO_3)$——H_3BO_3 的摩尔质量，$g \cdot mol^{-1}$；

m——试样的质量，g。

④ 注意事项　加入 3mL 甘油后，如浅粉红色消失，需继续滴定。再加甘油混合液，反复操作至溶液浅粉红色不再消失为止，通常加两次甘油即可。

思　考　题

1. 强化硼酸用的甘油为何先用 NaOH 溶液中和？

2. NaOH 溶液滴定甘油硼酸至终点，再加少许中性甘油，若粉红色消失，说明什么？下步应如何进行？

10.8　EDTA 标准滴定溶液的配制和标定

（1）训练目的

① 掌握 EDTA 标准溶液的配制和标定方法；

② 掌握铬黑 T 指示液的配制方法，能正确使用铬黑 T 指示液确定滴定终点；

③ 掌握标定 EDTA 标准滴定溶液的原理和浓度计算。

（2）训练内容

① 配制 0.02mol·L^{-1}EDTA 标准滴定溶液

a. 试剂和仪器

试剂：EDTA 二钠盐（A.R.）。

仪器：烧杯、试剂瓶、托盘天平等。

b. 配制方法　EDTA 标准滴定溶液通常用间接法制备。因为 EDTA 难溶于水，故用它的二钠盐（$Na_2H_2Y \cdot 2H_2O$）来配制标准滴定溶液，并通过标定确定其准确浓度。

c. EDTA 用量的确定　配制 1000mL $c(EDTA)=0.02mol \cdot L^{-1}$的 EDTA 标准滴定溶液所需 EDTA 二钠盐的质量按下式计算：

$$m=c(EDTA)\times V\times 10^{-3}\times M(EDTA)=0.02\times 1\times 372.2\approx 7.4(g)$$

d. 配制过程　称取 7.5g $Na_2H_2Y \cdot 2H_2O$，溶于 300mL 水中，加热溶解，冷却后转移至试剂瓶中，用蒸馏水稀释至 1000mL，摇匀后放置待标定。

② 0.02mol·L^{-1} EDTA 标准滴定溶液的标定

a. 试剂和仪器

试剂：基准 ZnO；EDTA 标准溶液，$c(EDTA)=0.02mol \cdot L^{-1}$；浓 HCl；HCl(1＋2)；KOH，100g·L^{-1}；$NH_3 \cdot H_2O$(1＋1)；六亚甲基四胺（$(CH_2)_6N_4$，300g·L^{-1}；NH_3-NH_4Cl 缓冲溶液（pH＝10），称取固体 NH_4Cl 5.4g，加水 20mL、浓氨水 35mL，溶解后，用蒸馏水稀释至 100mL，摇匀（盛于试剂瓶中备用）；铬黑 T 指示液5g·L^{-1}，称取 0.25g 固体铬黑 T、2.5g 盐酸羟胺，溶于 50mL 无水乙醇中；二甲酚橙指示液 2g·L^{-1}；钙指示剂，钙指示剂与固体 NaCl 以 1∶25 的比例混合。

仪器：烧杯、容量瓶、移液管、锥形瓶、滴定管、分析天平等。

b. 标定过程　准确称取 0.4g 已于 900℃温度下灼烧至恒重的基准氧化锌，溶于盛有 2mL 浓盐酸的 10mL 水中，溶解较慢时可适当加热促使其溶解，冷却后转移至 250mL 容量瓶中并稀释至刻度，摇匀。

用移液管吸取 25.00mL 上述 Zn^{2+} 标准溶液于 250mL 锥形瓶中，加约 25mL 水，滴加（1＋1）氨水至刚出现浑浊（产生白色氢氧化锌沉淀，此时 pH 约为 8），然后加入 10mL NH_3-NH_4Cl 缓冲溶液、4 滴铬黑 T 指示液，用 EDTA 标准溶液滴定至溶液由酒红色刚好变为纯蓝色为终点。记录消耗的 EDTA 标准溶液的体积。同时作空白试验。

c. EDTA 标准滴定溶液浓度的计算

$$c(EDTA)=\frac{m(ZnO)\times 10^3}{(V-V_0)\times M(ZnO)}$$

式中　$m(ZnO)$——基准物质 ZnO 的质量，g；

V——滴定时消耗 EDTA 标准滴定溶液的体积，mL；

V_0——空白试验消耗 EDTA 标准滴定溶液的体积，mL；

$M(ZnO)$——ZnO 的摩尔质量，g·L^{-1}。

d. 注意事项

ⅰ. 基准氧化锌溶解要完全，且要全部转移至容量瓶中。

ⅱ. 滴加（1＋1）氨水调整溶液酸度时要逐滴加入，且边加边摇动锥形瓶，防止滴加过量，以出现浑浊为限。滴加过快时，可能会使浑浊立即消失，误以为还没有出现浑浊。

ⅲ. 加入 NH_3-NH_4Cl 缓冲溶液后应尽快滴定，不宜放置过久。

ⅳ. 防止终点过量。

在实验中如何处理称样量过小的问题？

在定量分析实验中，为了保证实验结果的准确性，用分析天平称取固体试样时，对称样量有一定的要求，为使称量误差不大于0.1%，称取固体的质量必须大于0.2g。在实验中若遇到称样量较小的场合，该如何处理呢？一般情况下，可以把按理论计算的值放大10倍，用分析天平称取后，将试样溶解后在250mL容量瓶中定容，再用25mL的移液管从中移出25.00mL进行实验，前面放大10倍，后面取其中的1/10，相当于取了理论计算所需的样品量，这是定量分析经常采用的技巧，保证了实验结果的准确度。

思考题

1. 配制EDTA标准溶液通常使用乙二胺四乙酸二钠，而不使用乙二胺四乙酸，为什么？
2. 用Zn^{2+}标定EDTA标准溶液时为什么要在调节溶液的pH值后再加缓冲溶液？
3. 用Zn^{2+}标定EDTA标准溶液，用氨水调节pH值时，先有白色沉淀生成，加入氨-氯化铵缓冲溶液后，沉淀又消失，这是为什么？
4. 在pH=12的碱性溶液中用Ca^{2+}标定EDTA和在pH=5～6的弱酸性条件下用Zn^{2+}标定EDTA标准溶液，所得结果是否一致，为什么？
5. 在用基准ZnO标定EDTA标准溶液时，为什么不直接称取基准ZnO后进行标定，而是溶解后转移至容量瓶中再使用？
6. 用基准ZnO标定EDTA标准溶液，能否使用二甲酚橙作指示剂？若能，应控制怎样的酸度条件？

10.9 EDTA滴定法测定自来水总硬度

(1) 训练目的

① 掌握EDTA络合滴定法测定自来水硬度的方法；

② 掌握水中硬度的计算方法。

(2) 训练内容

① 试剂和仪器

试剂：EDTA标准滴定溶液，$c(\text{EDTA})=0.02\text{mol}\cdot\text{L}^{-1}$；铬黑T指示液，$5\text{g}\cdot\text{L}^{-1}$；$NH_3$-$NH_4Cl$缓冲溶液（pH=10）。

仪器：移液管、锥形瓶、滴定管等。

② 测定过程　准确移取50.00mL自来水样置于250mL锥形瓶中，加入5mL NH_3-NH_4Cl缓冲溶液（pH=10）、3滴铬黑T指示液，用$0.02\text{mol}\cdot\text{L}^{-1}$ EDTA标准滴定溶液滴定至溶液由酒红色刚好变为纯蓝色为终点，记录消耗的EDTA标准滴定溶液的体积V。

③ 结果计算（以$CaCO_3$计，$\text{mg}\cdot\text{L}^{-1}$）

$$\rho(\text{CaCO}_3)=\frac{c(\text{EDTA})\times V(\text{EDTA})\times M(\text{CaCO}_3)}{V(\text{水})}\times 1000$$

式中 $c(\text{EDTA})$——EDTA标准滴定溶液的浓度，$\text{mol}\cdot\text{L}^{-1}$；

$V(\text{EDTA})$——消耗EDTA标准滴定溶液的体积，mL；

$M(\text{CaCO}_3)$——碳酸钙的摩尔质量，$\text{g}\cdot\text{mol}^{-1}$；

$V(\text{水})$——水样的体积，mL。

④ 注意事项

a. 铬黑 T 指示液不能长期保存，使用时间较长时会失效；

b. NH_3-NH_4Cl 易挥发，最好是临测定之前加入；

c. 由于消耗 EDTA 标准溶液体积较小，本方法测定的相对误差稍大。

思　考　题

1. 测定钙硬度时为什么要加盐酸？加盐酸后加热煮沸是为什么？

2. 在测水中总硬度时，在什么情况下要加三乙醇胺溶液和 Na_2S 溶液？

3. 使用铬黑 T 指示剂的酸度条件是什么？在测定硬度时终点颜色变化如何？在配制时有哪些注意事项？

10.10　铝盐中铝含量的测定

(1) 训练目的

① 掌握置换滴定法测定铝盐的原理和方法；

② 掌握二甲酚橙指示剂的应用条件和终点颜色判断。

(2) 训练内容

① 试剂和仪器

试剂：EDTA 标准滴定溶液，$c(\text{EDTA})=0.02\text{mol}\cdot\text{L}^{-1}$；$Zn^{2+}$ 标准溶液，$c(Zn^{2+})=0.02\text{mol}\cdot\text{L}^{-1}$；百里酚蓝指示液（$1\text{g}\cdot\text{L}^{-1}$），用20%乙醇稀释至100mL；二甲酚橙指示液（$1\text{g}\cdot\text{L}^{-1}$），0.10g 二甲酚橙溶于水，稀释至100mL；HCl（1+1），盐酸与水按 1∶1 体积比混合；氨水（1+1）；六亚甲基四胺（$200\text{g}\cdot\text{L}^{-1}$），20g 六亚甲基四胺溶于少量水，稀释至100mL；固体 NH_4F；硫酸铝试样。

仪器：移液管、锥形瓶、滴定管等。

② 测定过程　准确称取硫酸铝试样 0.5～1g，加 3mL（1+1）HCl 及 50mL 水溶解，定量移入 100mL 容量瓶中，稀释至刻度，摇匀。

用移液管移取上述试液 10.00mL，放入锥形瓶中，加 20mL 水和 30mL $c(\text{EDTA})=0.02\text{mol}\cdot\text{L}^{-1}$的 EDTA 溶液，再加 4～5 滴百里酚蓝指示液，以氨水（1+1）中和至黄色（pH=3～3.5），煮沸 2min，取下，加入 20%六亚甲基四胺溶液 20mL（或固体六亚甲基四胺 4g）使试液 pH=5～6，用力振荡，以水冷却。然后加入 2 滴二甲酚橙指示液，用 $c(Zn^{2+})=0.02\text{mol}\cdot\text{L}^{-1}$的锌标准滴定溶液滴定至溶液由黄色变成紫红色（不记体积）。在溶液中加入 2g 固体 NH_4F 试剂，加热煮沸 2min，冷却，用 $c(Zn^{2+})=0.02\text{mol}\cdot\text{L}^{-1}$的锌标准滴定溶液滴定至溶液由黄色变紫红色为终点，记下 Zn^{2+} 标准溶液体积。平行测定三次。

③ 结果计算

$$w(\text{Al})=\frac{c(Zn^{2+})\times V(Zn^{2+})\times 10^{-3}M(\text{Al})}{m\times\dfrac{10.00}{100.0}}\times 100\%$$

式中　$w(\text{Al})$——铝盐中铝的含量（质量分数）；

$c(Zn^{2+})$——Zn^{2+} 标准滴定溶液的浓度，$\text{mol}\cdot\text{L}^{-1}$；

$V(Zn^{2+})$——Zn^{2+} 标准滴定溶液的体积，mL；

$M(\text{Al})$——Al 的摩尔质量，$\text{g}\cdot\text{mol}^{-1}$；

m——铝盐试样的质量，g。

④ 注意事项　测定过程中，需要加热两次。

思考题

1. 什么叫置换滴定法？测定铝为什么要用置换滴定法？能否采用直接滴定法？

2. 第一次用锌盐标准滴定溶液滴定 EDTA，为什么不记体积？若此时锌盐溶液过量，对分析结果有何影响？

3. 置换滴定法中所用 EDTA 溶液，要不要标定？为什么？

10.11　铅、铋混合液中铅、铋的连续滴定

(1) 训练目的

① 掌握 EDTA 络合滴定法中连续滴定测定多种金属离子的方法；

② 掌握二甲酚橙指示液的配制，能正确使用二甲酚橙指示液确定滴定终点。

(2) 训练内容

① 试剂和仪器

试剂：HNO_3 溶液，$6mol \cdot L^{-1}$、$0.05mol \cdot L^{-1}$；二甲酚橙指示液，$5g \cdot L^{-1}$；EDTA 标准滴定溶液，$c(EDTA)=0.02mol \cdot L^{-1}$；六亚甲基四胺（固体）；铅、铋混合试液。

仪器：烧杯、表面皿、容量瓶、移液管、锥形瓶、滴定管等。

② 测定过程　准确称取一定体积（取决于铅、铋含量）定量移入 250mL 容量瓶并用 $0.05mol \cdot L^{-1}$ HNO_3 溶液稀释至刻度，摇匀。用移液管移取 25.00mL 合金试液于 250mL 锥形瓶中，加 1 滴二甲酚橙指示液，用 EDTA 标准滴定溶液滴定至溶液呈亮黄色，记录消耗 EDTA 标准滴定溶液的体积 V_1。然后加入 2g 六亚甲基四胺调节溶液的 pH 为 5，试液呈紫红色，继续用 EDTA 标准滴定溶液滴定至溶液呈亮黄色，记录消耗 EDTA 标准滴定溶液的体积 V_2。

③ 结果计算

$$w(Bi^{3+})=\frac{c(EDTA)\times V_1\times M(Bi)\times 10^{-3}}{m_s\times\frac{25.00}{100.0}}$$

$$w(Pb^{2+})=\frac{c(EDTA)\times(V_2-V_1)\times M(Pb)\times 10^{-3}}{m_s\times\frac{25.00}{100.0}}$$

式中　$c(EDTA)$——EDTA 标准滴定溶液的浓度，$mol \cdot L^{-1}$；

V_1——滴定 Bi^{3+} 消耗 EDTA 标准滴定溶液的体积，mL；

(V_2-V_1)——滴定 Pb^{2+} 消耗 EDTA 标准滴定溶液的体积，mL；

$M(Bi)$——Bi 的摩尔质量，$g \cdot mol^{-1}$；

$M(Pb)$——Pb 的摩尔质量，$g \cdot mol^{-1}$；

m_s——合金试样的质量，g。

④ 注意事项

a. pH 值调整要仔细，且要调整到所需的 pH 值后才能加缓冲溶液；可以向溶液中放入

一小片精密 pH 试纸，但不要将整片的 pH 试纸放入，否则会影响终点的观察。

b. 终点控制要恰当，若第一个终点过量，不但影响 Bi^{3+} 的测定结果，也会影响到 Pb^{2+} 的测定结果。

c. 滴定速度不宜过快。

d. 若溶液中存在铁、铜并含量较大时会影响测定，可加抗坏血酸掩蔽铁，加硫脲掩蔽铜，以达到消除干扰的目的。

思考题

1. 控制酸度，用 EDTA 标准溶液连续滴定法测定金属离子的条件是什么？

2. 在 Bi^{3+}、Pb^{2+} 混合溶液中进行连续滴定，是先滴定 Bi^{3+} 后滴定 Pb^{2+}，问能否将滴定顺序颠倒进行？为什么？

3. 二甲酚橙指示剂的使用 pH 条件是什么？

10.12 高锰酸钾标准滴定溶液的配制和标定

(1) 训练目的

① 掌握 $KMnO_4$ 标准溶液的配制、保存和标定方法；

② 掌握标定 $KMnO_4$ 标准溶液的原理和浓度的计算。

(2) 训练内容

① 高锰酸钾标准滴定溶液的配制

a. 试剂和仪器

试剂：$KMnO_4$，固体。

仪器：烧杯、托盘天平等。

b. 配制方法　高锰酸钾固体常含有少量杂质，如二氧化锰、氯化物、硫酸盐、硝酸盐等，同时高锰酸钾在保存等过程中，受光照易发生分解，不易制得纯物质，所以配制高锰酸钾标准溶液，应采用间接法配制，再标定其准确浓度。

c. 高锰酸钾称取量的确定　配制 1000mL $c(\frac{1}{5}KMnO_4)=0.1mol\cdot L^{-1}$ [或$c(KMnO_4)=0.02mol\cdot L^{-1}$] 溶液需要称取高锰酸钾试剂的质量按下式计算：

$$m=c(\frac{1}{5}KMnO_4)\times V\times 10^{-3}\times M(\frac{1}{5}KMnO_4)$$

或
$$m=c(KMnO_4)\times V\times 10^{-3}\times M(KMnO_4)$$

两个公式计算的结果应是相等的。

例如，配制 1000mL $c(\frac{1}{5}KMnO_4)=0.1mol\cdot L^{-1}$ [或 $c(KMnO_4)=0.02mol\cdot L^{-}$] 溶液，应称取高锰酸钾固体的质量为

$$m=c(\frac{1}{5}KMnO_4)\times V\times 10^{-3}\times M(\frac{1}{5}KMnO_4)=0.1\times 1\times 158/5\approx 3.2(g)$$

或
$$m=c(KMnO_4)\times V\times 10^{-3}\times M(KMnO_4)=0.02\times 1\times 158\approx 3.2(g)$$

考虑到高锰酸钾的纯度等因素，实际称量时可多称一些。

d. 配制过程　称取 3.3g 高锰酸钾，溶于 1000mL 水中，缓缓煮沸 15min，冷却后置于

暗处保存 2～3d。用G4玻璃砂芯漏斗或玻璃纤维过滤，除去 MnO_2 杂质，溶液保存于棕色试剂瓶中，待标定。

② $KMnO_4$ 标准滴定溶液的标定

a. 试剂和仪器

试剂：$Na_2C_2O_4$（基准试剂）；H_2SO_4，$3mol\cdot L^{-1}$。

仪器：锥形瓶、滴定管、分析天平等。

b. 标定过程　准确称取 0.15～0.2g 已于 105～110℃烘至恒重的基准物 $Na_2C_2O_4$，放入 250mL 锥形瓶中，加 30mL 蒸馏水使其溶解，加入 10mL $3mol\cdot L^{-1}$ H_2SO_4，加热到约 75～85℃（开始冒蒸气），趁热用待标定的高锰酸钾标准溶液滴定。开始滴定时，反应很慢，MnO_4^- 颜色消失很慢，可多摇动锥形瓶或加入二价锰离子作催化剂加速反应，待第一滴高锰酸钾的颜色消失后，再继续滴加高锰酸钾标准溶液，至溶液呈淡粉红色，并保持 30s 不褪色即为终点。记录消耗的高锰酸钾标准溶液的体积。同时做空白试验。

c. 高锰酸钾溶液的浓度计算

$$c(\frac{1}{5}KMnO_4)=\frac{m}{(V-V_0)\times M\left(\frac{1}{2}Na_2C_2O_4\right)\times 10^{-3}}$$

式中　m——称取基准 $Na_2C_2O_4$ 的质量，g；

V——滴定消耗高锰酸钾标准滴定溶液的体积，mL；

V_0——空白试验消耗高锰酸钾标准滴定溶液的体积，mL；

$M(\frac{1}{2}Na_2C_2O_4)$——$\frac{1}{2}Na_2C_2O_4$ 的摩尔质量，$g\cdot mol^{-1}$。

d. 注意事项

ⅰ. $KMnO_4$ 溶液见光易分解，要保存在棕色试剂瓶中，滴定时使用棕色酸式滴定管；

ⅱ. 刚滴定时，$KMnO_4$ 的颜色迟迟不消失，并不是终点，是因为初始反应速率较慢，当反应开始后生成的 Mn^{2+} 是反应的催化剂，促使反应快速进行；

ⅲ. 使用 $KMnO_4$ 溶液的滴定管要及时清洗。

选择基准物、确定终点及洗涤滴定管

1. 基准物如何选择？

标定高锰酸钾标准溶液可选择的基准草酸（$H_2C_2O_4\cdot 2H_2O$）、基准草酸钠（$Na_2C_2O_4$）、硫酸亚铁铵[$(NH_4)_2Fe(SO_4)_2\cdot 6H_2O$]和纯铁丝等。其中草酸钠使用最为方便，性质较为稳定，所以实验室中标定高锰酸钾溶液时，常选用草酸钠。

2. 如何确定滴定终点？

高锰酸钾自身的紫红色较深，对人眼的视觉比较敏感，对于无色溶液可以用高锰酸钾自身的颜色指示终点，但对其它有色的溶液不一定能作指示剂用，这是要注意的一个方面；另一方面，使用高锰酸钾自身指示剂指示终点时，终点颜色不宜过深，以淡淡的紫红色为好，否则将会产生较大的误差。

3. 使用 $KMnO_4$ 溶液后的滴定管极易挂珠，如何处理？

使用 $KMnO_4$ 溶液后挂水珠的滴定管，可用 $H_2C_2O_4$ 洗涤。

思　考　题

1. 配制 $KMnO_4$ 标准溶液时，为什么要煮沸一定时间？为什么要过滤？能否用滤纸过滤？

2. $KMnO_4$ 标准溶液应如何保存？为什么？

3. 用基准 $Na_2C_2O_4$ 标定 $KMnO_4$ 标准溶液浓度时，为什么使用硫酸溶液调整酸度而不使用盐酸或硝酸溶液？

4. 在酸性条件下，用 $KMnO_4$ 标准溶液滴定 $Na_2C_2O_4$ 时，滴定初期，紫色褪去很慢，之后褪色较快，为什么？

10.13　过氧化氢含量的测定

（1）训练目的

① 掌握用 $KMnO_4$ 法测定过氧化氢含量的方法；

② 学会易挥发液体样品的称量方法。

（2）训练内容

① 试剂和仪器

试剂：$KMnO_4$ 标准滴定溶液，$c\left(\frac{1}{5}KMnO_4\right)=0.1mol \cdot L^{-1}$；硫酸溶液，1＋15；双氧水试样。

仪器：容量瓶、移液管、锥形瓶、滴定管、分析天平等。

② 测定过程　用滴瓶以减量法准确称取 0.14～0.16g 的过氧化氢试样，置于一盛有 100mL 硫酸（1＋15）溶液的 250mL 锥形瓶中，用 $c\left(\frac{1}{5}KMnO_4\right)=0.1mol \cdot L^{-1}$ 标准滴定溶液滴定至溶液呈微红色，保持 30s 不褪色为终点，记录消耗 $KMnO_4$ 标准滴定溶液的体积 V，计算试样中过氧化氢的含量。

③ 结果计算

$$w(H_2O_2)=\frac{c\left(\frac{1}{5}KMnO_4\right)\times V(KMnO_4)\times M\left(\frac{1}{2}H_2O_2\right)\times 10^{-3}}{m_s}$$

式中　$c\left(\frac{1}{5}KMnO_4\right)$——$KMnO_4$ 标准滴定溶液的浓度，$mol \cdot L^{-1}$；

$V(KMnO_4)$——滴定消耗 $KMnO_4$ 标准滴定溶液的体积，mL；

$M\left(\frac{1}{2}H_2O_2\right)$——$\frac{1}{2}H_2O_2$ 的摩尔质量，$g \cdot mol^{-1}$；

m_s——试样的质量，g。

④ 注意事项

a. 在称取过氧化氢时，速度要快些，以避免过氧化氢的挥发损失；

b. 在容量瓶中要预先加入一定的蒸馏水，防止过氧化氢挥发；

c. 滴定速度不宜太快，防止滴定过量。

d. 若样品中含有稳定剂乙酰苯胺，也将消耗一定量的高锰酸钾，使测定结果偏高。如遇此情况，可改用碘量法或铈量法进行测定。

思 考 题

1. 量取过氧化氢样品时，为什么要用具塞锥形瓶？

2. $KMnO_4$ 法测定过氧化氢含量时，能否用硝酸、盐酸和醋酸控制酸度？为什么？

3. $KMnO_4$ 标准滴定溶液滴定过氧化氢试样时，若出现棕色浑浊物，这是什么原因引起的？如遇此现象，该如何处理？

10.14 绿矾中 $FeSO_4 \cdot 7H_2O$ 含量的测定

(1) 训练目的

① 掌握 $KMnO_4$ 法测定绿矾中 $FeSO_4 \cdot 7H_2O$ 含量的基本原理、操作方法和计算；

② 掌握 $KMnO_4$ 法滴定终点的确定。

(2) 训练内容

① 试剂和仪器

试剂：$KMnO_4$ 标准滴定溶液，$c\left(\frac{1}{5}KMnO_4\right)=0.1mol \cdot L^{-1}$；$H_2SO_4$ 溶液，$c\left(\frac{1}{2}H_2SO_4\right)=2mol \cdot L^{-1}$；浓磷酸；绿矾试样。

仪器：锥形瓶、滴定管、分析天平等。

② 测定过程　准确称取绿矾试样 0.6～0.7g，放于 250mL 锥形瓶中，加入 $c\left(\frac{1}{2}H_2SO_4\right)=2mol \cdot L^{-1}$ 的 H_2SO_4 溶液 15mL、浓磷酸 2mL 及煮沸并冷却的蒸馏水 50mL，轻摇使样品溶解，立即用 $c\left(\frac{1}{5}KMnO_4\right)=0.1mol \cdot L^{-1}$ 的 $KMnO_4$ 标准滴定溶液滴定至溶液呈淡粉红色并保持 30s 不褪为终点。记录消耗 $KMnO_4$ 标准滴定溶液的体积。平行测定三次。

③ 结果计算

$$w(FeSO_4 \cdot 7H_2O)=\frac{c\left(\frac{1}{5}KMnO_4\right)\times V(KMnO_4)\times 10^{-3}\times M(FeSO_4 \cdot 7H_2O)}{m_s}$$

式中　$c\left(\frac{1}{5}KMnO_4\right)$——$KMnO_4$ 标准滴定溶液的浓度，$mol \cdot L^{-1}$；

$V(KMnO_4)$——滴定消耗 $KMnO_4$ 标准滴定溶液的体积，mL；

$M(FeSO_4 \cdot 7H_2O)$——$FeSO_4 \cdot 7H_2O$ 的摩尔质量，$g \cdot mol^{-1}$；

m_s——试样的质量，g。

思 考 题

1. 以 $c\left(\frac{1}{5}KMnO_4\right)=0.1mol \cdot L^{-1}$ 的 $KMnO_4$ 标准滴定溶液测定 $FeSO_4 \cdot 7H_2O$ 的含量时，每份绿矾试样的称样量应为多少克？

2. 说明实验中加入硫酸和磷酸的作用？

10.15 重铬酸钾标准滴定溶液的配制

(1) 训练目的　掌握直接法配制 $K_2Cr_2O_7$ 标准溶液的方法。

(2) 训练内容

① 试剂和仪器

试剂：$K_2Cr_2O_7$ 基准试剂。

仪器：小烧杯、容量瓶、分析天平等。

② 配制方法　$K_2Cr_2O_7$ 较稳定，容易提纯，可用直接法配制标准溶液。将基准重铬酸钾在 140～150℃下烘干 1h，即可使用。

③ 重铬酸钾称取量的计算　根据配制 $K_2Cr_2O_7$ 标准溶液的浓度和体积按下式计算称取质量：

$$m=c\left(\frac{1}{6}K_2Cr_2O_7\right)\times V\times 10^{-3}\times M\left(\frac{1}{6}K_2Cr_2O_7\right)$$

如配制 250.00mL $c\left(\frac{1}{6}K_2Cr_2O_7\right)=0.1mol\cdot L^{-1}$ 的标准滴定溶液，应称取基准 $K_2Cr_2O_7$ 的质量是

$$m=0.1\times 0.25\times 49=1.2\ (g)$$

④ 配制过程　称取 1.2g (准至 0.0001g) 烘干的基准 $K_2Cr_2O_7$ 于小烧杯中，用适量的水溶解，定量转移至 250mL 容量瓶中，稀释至刻度，充分摇匀。根据称取的质量准确计算 $K_2Cr_2O_7$ 标准滴定溶液的浓度。

⑤ 溶液浓度的计算

$$c\left(\frac{1}{6}K_2Cr_2O_7\right)=\frac{m(K_2Cr_2O_7)\times 10^3}{M\left(\frac{1}{6}K_2Cr_2O_7\right)\times V}$$

式中　$m(K_2Cr_2O_7)$——称取 $K_2Cr_2O_7$ 的质量，g；

$M\left(\frac{1}{6}K_2Cr_2O_7\right)$——$\frac{1}{6}K_2Cr_2O_7$ 的摩尔质量，$g\cdot mol^{-1}$；

V——溶液的体积，mL。

⑥ 注意事项

a. 基准重铬酸钾在使用前要作烘干处理；

b. 溶解要完全；

c. 转移溶液时要防止溶液损失。

思考题

1. $K_2Cr_2O_7$ 标准溶液为什么可用直接法配制？直接法配制 $K_2Cr_2O_7$ 标准溶液时应注意哪些问题？

2. $c(K_2Cr_2O_7)$ 和 $c\left(\frac{1}{6}K_2Cr_2O_7\right)$ 之间有何关系？配制 $c(K_2Cr_2O_7)$ 和 $c\left(\frac{1}{6}K_2Cr_2O_7\right)$ 均为 $0.1000mol\cdot L^{-1}$ 的标准溶液，所需称取基准 $K_2Cr_2O_7$ 的质量是否相等？

3. 基准 $K_2Cr_2O_7$ 在保存过程中吸收了部分水分，用此试剂配制标准溶液时对浓度有无影响？若有影响，影响结果如何？

10.16 铁矿石中铁含量的测定

(1) 训练目的

① 掌握铁矿石试样的溶解方法；

② 掌握 $K_2Cr_2O_7$ 法测定铁矿石中铁含量的测定方法和有关计算；

③ 掌握二苯胺磺酸钠指示液的配制方法，能正确使用二苯胺磺酸钠指示液确定滴定终点。

(2) 训练内容

① 试剂和仪器

试剂：$K_2Cr_2O_7$ 标准溶液，$c\left(\frac{1}{6}K_2Cr_2O_7\right)=0.1mol\cdot L^{-1}$ 的标准滴定溶液；浓盐酸；$SnCl_2$ 溶液，10g $SnCl_2\cdot 2H_2O$ 溶于 10mL 浓盐酸中，用蒸馏水稀释至 100mL，加入几粒金属锡；$HgCl_2$ 饱和溶液，10g $HgCl_2$ 溶于 100mL 热水中，冷却后使用；H_2SO_4-H_3PO_4 混合酸，150mL 浓 H_2SO_4 缓缓注入 700mL 水中，并充分搅拌，冷却后再加入 150mL H_3PO_4，混匀；二苯胺磺酸钠指示液 $(5g\cdot L^{-1})$，称取 5g 二苯胺磺酸钠溶于 1000mL 水中；铁矿石试样。

仪器：锥形瓶、表面皿、滴定管、分析天平、电炉等。

② 测定过程

a. 试样的溶解　准确称取 0.15～0.2g 铁矿石试样，置于 250mL 锥形瓶中，用少量水润湿，加入浓 HCl 10mL，盖上表面皿，缓缓加热使之溶解（残渣为白色 SiO_2）。此时试液呈现橙黄色，用少量水吹洗表面皿和杯壁，加热近沸（煮沸时间不宜过长）。

b. 预还原　不断摇动锥形瓶并趁热滴加 $SnCl_2$ 溶液，直到溶液浅黄色褪去，溶液呈无色，再过量 1～2 滴 $SnCl_2$。加入 20mL 水，冷却，立即加入 10mL $HgCl_2$ 饱和溶液，此时就有白色丝状 Hg_2Cl_2 沉淀析出（若无沉淀或有灰黑色沉淀析出，应重做），放置 2～3min。

c. 滴定　将试液加水稀释至约 150mL，加入 15mL H_2SO_4-H_3PO_4 混合酸、二苯胺磺酸钠指示液 5～6 滴，立即用 $c\left(\frac{1}{6}K_2Cr_2O_7\right)=0.1mol\cdot L^{-1}$ 的 $K_2Cr_2O_7$ 标准滴定溶液滴定至呈紫色为终点，记录消耗 $K_2Cr_2O_7$ 标准溶液的体积 V，计算铁矿石中铁的含量。

③ 结果计算

$$w(\mathrm{Fe})=\frac{c\left(\frac{1}{6}K_2Cr_2O_7\right)\times V(K_2Cr_2O_7)\times M(\mathrm{Fe})\times 10^{-3}}{m_s}$$

式中　$c\left(\frac{1}{6}K_2Cr_2O_7\right)$——$K_2Cr_2O_7$ 标准滴定溶液的浓度，$mol\cdot L^{-1}$；

$V(K_2Cr_2O_7)$——滴定消耗 $K_2Cr_2O_7$ 标准滴定溶液的体积，mL；

$M(\mathrm{Fe})$——Fe 的摩尔质量，$g\cdot mol^{-1}$；

m_s——试样的质量，g。

④ 注意事项

a. 溶解试样前用少量水润湿试样，防止在操作及反应时放出的热使细小的试样粉末飞扬而损失；

b. 加热时要盖上表面皿，加热速度不易过快；

c. 用 $SnCl_2$ 还原时，用量要控制，防止加入量过多，否则用 $HgCl_2$ 氧化过量的 $SnCl_2$ 时将生成 Hg，而使实验失败。

无汞测铁法

因 $HgCl_2$ 有毒，会对环境造成污染，还有其它测定铁矿石中铁含量的方法吗？

有的，现在也可以用无汞测铁法来测定，具体方法如下。

1. 试剂和仪器

试剂：$K_2Cr_2O_7$ 标准溶液 $c\left(\frac{1}{6}K_2Cr_2O_7\right)=0.1mol \cdot L^{-1}$；$H_2SO_4$-$H_3PO_4$ 混合酸，150mL 浓 H_2SO_4 缓缓注入 700mL 水中，并充分搅拌，冷却后再加入 150mL H_3PO_4，混匀；浓 HNO_3；盐酸 1+3；$SnCl_2$ 溶液，$100g \cdot L^{-1}$（10g $SnCl_2 \cdot 2H_2O$ 溶于 10mL 浓盐酸中，用蒸馏水稀释至 100mL，加入几粒金属锡）；Na_2WO_4 溶液，$100g \cdot L^{-1}$；$TiCl_3$ 溶液，$15g \cdot L^{-1}$ [取 10mL $TiCl_3$ 原瓶装试剂，用（1+4）盐酸稀释至 100mL]；二苯胺磺酸钠指示液 $5g \cdot L^{-1}$；铁矿石试样。

仪器：锥形瓶、表面皿、滴定管、分析天平、电炉等。

2. 测定过程

准确称取 0.2～0.3g 试样置于 250mL 锥形瓶中，加入 10mL（1+1）H_2SO_4-H_3PO_4 混合酸、1mL 浓 HNO_3，置于电炉上加热至冒 SO_3 白烟。取下后稍冷，加入 30mL 热的（1+3）HCl 溶液，摇匀。趁热慢慢滴加 $SnCl_2$（$100g \cdot L^{-1}$）溶液，至溶液呈淡黄色（将大部分 Fe^{3+} 还原为 Fe^{2+}），加入 1mL Na_2WO_4 溶液（$100g \cdot L^{-1}$），滴加 $TiCl_3$ 溶液（$15g \cdot L^{-1}$）至钨蓝刚出现（溶液中出现深蓝色化合物），加入约 60mL 蒸馏水，充分摇动使钨蓝褪去（或放置 10～20s 后，滴加重铬酸钾标准溶液使钨蓝刚好褪尽）。然后加 4～5 滴二苯胺磺酸钠指示剂，立即用 $K_2Cr_2O_7$ 标准滴定溶液滴定至溶液呈稳定的紫红色为终点，记录消耗 $K_2Cr_2O_7$ 标准溶液的体积 V，并计算试样中铁的含量。

3. 结果计算（同前）

思　考　题

1. 铁矿石试样用酸分解前为什么要用少量水润湿样品？加酸溶解时为什么不能煮沸？
2. 用 $SnCl_2$ 还原 Fe^{3+} 时，过量的 $SnCl_2$ 为什么必须用 $HgCl_2$ 除去？
3. $HgCl_2$ 为什么要一次加入而不是逐滴加入？加入 $HgCl_2$ 后若出现灰黑色沉淀，应如何处理？
4. 滴定时加入硫-磷混酸起何作用？

*10.17　水中化学耗氧量的测定（$K_2Cr_2O_7$ 法）

（1）训练目的

① 掌握 $K_2Cr_2O_7$ 法测定水中化学耗氧量的原理和方法；

② 掌握化学耗氧量的计算方法。

(2) 训练内容

① 试剂和仪器

试剂：浓硫酸；硫酸银（固体）；试亚铁灵指示剂，称取 1.485g 试亚铁灵（$C_{12}H_9N_2H_2O$，邻菲罗林，二氮杂菲，1,9-二氮菲，）指示剂和 0.695g 硫酸亚铁（$FeSO_4 \cdot 7H_2O$）溶于蒸馏水中，稀释至 100mL。

$K_2Cr_2O_7$ 标准溶液，$c\left(\frac{1}{6}K_2Cr_2O_7\right)=0.25mol \cdot L^{-1}$（准确称取已在 105～110℃烘至恒重的基准重铬酸钾约 2.9g，于小烧杯中用蒸馏水溶解，然后转移至 250mL 容量瓶中，用蒸馏水稀释至刻度，摇匀）。

硫酸亚铁铵标准滴定溶液　$c[(NH_4)_2Fe(SO_4)_2]=0.25mol \cdot L^{-1}$　称取 98g 硫酸亚铁铵 $[(NH_4)_2Fe(SO_4)_2 \cdot 6H_2O]$ 溶于约 500mL 已加入 20mL 浓硫酸的蒸馏水中，冷却后用水稀释至 1000mL。装入试剂瓶中待标定。标定方法：准确移取 25.00mL $c\left(\frac{1}{6}K_2Cr_2O_7\right)=0.25mol \cdot L^{-1}$ 重铬酸钾标准溶液于 500mL 锥形瓶中，用蒸馏水稀释至 250mL，加 20mL 浓硫酸，冷却后，加 2～3 滴试亚铁灵指示液，用 $c[(NH_4)_2Fe(SO_4)_2]=0.25mol \cdot L^{-1}$ 硫酸亚铁铵标准滴定溶液滴定至溶液由橙黄到绿，由绿色刚变为红紫色为终点。记录消耗硫酸亚铁铵标准溶液的体积 V。

$$c[(NH_4)_2Fe(SO_4)_2]=c\left(\frac{1}{6}K_2Cr_2O_7\right)\times 25.00/V$$

式中　V——标定时消耗的硫酸亚铁铵标准溶液的体积，mL。

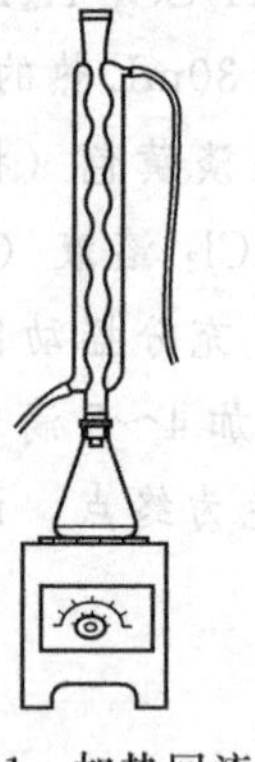

仪器：带回流管的锥形瓶、移液管、容量瓶、锥形瓶、滴定管、电炉等。

图 10-1　加热回流装置图

② 测定过程　准确移取 50.00mL 水试样（若试样太浓可用蒸馏水进行稀释），放入回流锥形瓶中。用移液管准确加入 25.00mL $c\left(\frac{1}{6}K_2Cr_2O_7\right)=0.25mol \cdot L^{-1}$ 的重铬酸钾标准滴定溶液，再加入 75mL 浓硫酸（缓缓加入并摇动混匀），加入 1g 硫酸银和几颗玻璃珠或几块沸石。

接上回流冷凝管（装置如图 10-1 所示），打开冷凝水，加热回流 2h，冷却后将回流锥形瓶中的溶液转入 500mL 锥形瓶中，用蒸馏水冲洗冷凝管和回流锥形瓶 3～4 次，洗涤液并入 500mL 锥形瓶中，冷却。用蒸馏水把溶液稀释至 350mL，加 2～3 滴试亚铁灵指示液。用 $0.25mol \cdot L^{-1}$ 硫酸亚铁铵标准滴定溶液滴定剩余的重铬酸钾至溶液由橙红色经黄绿到绿色再变到红紫色为终点。记录消耗硫酸亚铁铵标准滴定溶液的体积 V。

按照同一操作手续同时进行空白实验。

③ 结果计算

$$COD(mg \cdot L^{-1})=\frac{(V_{空}-V_{样})\times c[(NH_4)_2Fe(SO_4)_2]\times 8}{V}\times 1000$$

式中　$V_{空}$——空白试验消耗硫酸亚铁铵标准滴定溶液的体积，mL；

$V_{样}$——样品测定消耗硫酸亚铁铵标准滴定溶液的体积，mL；

$c[(NH_4)_2Fe(SO_4)_2]$——硫酸亚铁铵标准滴定溶液的浓度，$mol \cdot L^{-1}$；

8——$\left(\frac{1}{4}O_2\right)$的摩尔质量，$g \cdot mol^{-1}$；

V——所取水样的体积，mL。

④ 注意事项

a. 所加试剂的顺序不能错，硫酸最后加入，浓硫酸加入后一定要充分摇匀，否则在加热回流时会产生爆沸，试液会冲出冷凝管产生伤害事故；

b. 一定要加入沸石或几颗玻璃珠防止爆沸；

c. 加热温度要适当控制，以保持微沸为宜，加热速度过快也会产生事故。

d. 空白试验要和样品同时进行加热并控制同样的加热时间。

思　考　题

1. 配制硫酸亚铁铵标准溶液时，应注意什么问题？

2. 水试样在加热回流时，若发现试液已呈绿色，问是何原因？若实验中遇到这一现象，该如何处理？

3. 加入硫酸后为什么一定要摇匀？

4. 邻菲罗林和 Fe^{2+} 生成的络合物为橙红色，而水中化学耗氧量的测定中滴定终点的颜色是红紫色，这是为什么？

10.18　硫代硫酸钠标准滴定溶液的配制和标定

(1) 训练目的

① 掌握 $Na_2S_2O_3$ 标准滴定溶液的配制和标定方法；

② 掌握淀粉指示液的配制方法，能正确使用淀粉指示液确定碘量法的滴定终点。

(2) 训练内容

① 配制 $5g \cdot L^{-1}$淀粉指示液

a. 试剂和仪器

试剂：可溶性淀粉。

仪器：烧杯、试剂瓶、托盘天平、电炉等。

b. 配制方法　称取 0.5g 可溶性淀粉于烧杯中，加少量水将淀粉调成糊状，在搅拌下加入到 100mL 刚煮沸的水中，并煮沸约 2min，加入少量 HgI_2，搅拌均匀后，放置在滴瓶或小试剂瓶中备用。

② 配制 $c(Na_2S_2O_3)=0.1mol \cdot L^{-1}$的硫代硫酸钠标准溶液

a. 试剂和仪器

试剂：$Na_2S_2O_3 \cdot 5H_2O$，固体；无水 Na_2CO_3，固体。

仪器：烧杯、架盘天平等。

b. 配制方法　市售硫代硫酸钠 $Na_2S_2O_3 \cdot 5H_2O$ 一般都含有少量杂质，如 Na_2SO_3、Na_2SO_4、Na_2CO_3、NaCl、S 等，并易风化，不易制得纯物质，所以，不能用直接法配制，而应用间接法配制，然后用重铬酸钾基准物（或重铬酸钾标准溶液）进行标定。

硫代硫酸钠溶液易发生水解，其水溶液不稳定，在配制时要加入碳酸钠防止其水解。

c. 硫代硫酸钠用量的确定　配制 1L $c(Na_2S_2O_3)=0.1mol \cdot L^{-1}$需称取硫代硫酸钠的质量按下式计算：

$$m=c(Na_2S_2O_3)\times V\times M(Na_2S_2O_3\cdot 2H_2O)=0.1\times 1\times 248\approx 25\ (g)$$

若选用无水硫代硫酸钠时，$M(Na_2S_2O_3)=158g\cdot mol^{-1}$，结果为16g。

d. 配制过程　称取硫代硫酸钠26g（或无水硫代硫酸钠16g）溶于加入适量固体无水碳酸钠的1000mL水中，缓缓煮沸10min，冷却，放置两周，若有沉淀，过滤后进行标定。

③ 硫代硫酸钠标准滴定溶液的标定

a. 试剂和仪器

试剂：$Na_2S_2O_3$ 标准溶液，$c(Na_2S_2O_3)=0.1mol\cdot L^{-1}$；$K_2Cr_2O_7$，基准物质；KI，固体；$H_2SO_4$ 溶液，20%；淀粉指示液，$5g\cdot L^{-1}$。

仪器：烧杯、碘量瓶、滴定管、架盘天平、分析天平等。

b. 标定过程

ⅰ. 基准物用量的确定：标定 $0.1mol\cdot L^{-1}$ 硫代硫酸钠标准溶液所需的基准重铬酸钾的质量按下式计算：

$$m=c(Na_2S_2O_3)\times V\times M\left(\frac{1}{6}K_2Cr_2O_7\right)=0.1\times 25\times 10^{-3}\times 49\approx 0.12\ (g)$$

若要保证称量误差不大于0.1%，称样量应在0.2g以上。称取0.12g左右的物品时，称量误差较大。

ⅱ. 标定过程：准确称取于120℃烘至恒重的基准物 $K_2Cr_2O_7$ 0.12～0.15g［或移取 $c\left(\frac{1}{6}K_2Cr_2O_7\right)=0.1mol\cdot L^{-1}$ 的标准溶液25.00mL］于碘量瓶中，加25mL煮沸并冷却的蒸馏水，溶解后，加2g固体KI及20mL 20% H_2SO_4，盖上瓶塞摇匀后，用少量KI溶液或蒸馏水封口，于暗处放置10min，取出后用水冲洗瓶塞及瓶内壁，加150mL煮沸并冷却的蒸馏水，用待标定的硫代硫酸钠标准溶液滴定至近终点时（溶液为浅黄绿色），加入3mL淀粉指示液，继续滴定至溶液由蓝色变为亮绿色为终点。记录消耗的硫代硫酸钠标准溶液的体积。同时作空白试验。

c. 硫代硫酸钠标准溶液浓度的计算

$$c(Na_2S_2O_3)=\frac{m}{(V-V_0)\times 10^{-3}\times M\left(\frac{1}{6}K_2Cr_2O_7\right)}$$

式中　$c(Na_2S_2O_3)$——硫代硫酸钠标准滴定溶液的浓度，$mol\cdot L^{-1}$；

m——基准重铬酸钾的质量，g；

$M\left(\frac{1}{6}K_2Cr_2O_7\right)$——$\left(\frac{1}{6}K_2Cr_2O_7\right)$的摩尔质量，$g\cdot mol^{-1}$；

V——滴定时消耗 $Na_2S_2O_3$ 标准滴定溶液的体积，mL。

V_0——空白试验消耗 $Na_2S_2O_3$ 标准滴定溶液的体积，mL。

当用 $c\left(\frac{1}{6}K_2Cr_2O_7\right)=0.1mol\cdot L^{-1}$ 的 $K_2Cr_2O_7$ 标准溶液标定时，硫代硫酸钠标准溶液的浓度计算如下：

$$c(Na_2S_2O_3)=\frac{c\left(\frac{1}{6}K_2Cr_2O_7\right)V(K_2Cr_2O_7)}{V(Na_2S_2O_3)}$$

式中　$c(Na_2S_2O_3)$——硫代硫酸钠标准滴定溶液的浓度，$mol\cdot L^{-1}$；

$c\left(\frac{1}{6}K_2Cr_2O_7\right)$——重铬酸钾标准溶液的浓度，$mol \cdot L^{-1}$；

$V(K_2Cr_2O_7)$——重铬酸钾标准溶液的体积，mL；

$V(Na_2S_2O_3)$——滴定时消耗 $Na_2S_2O_3$ 标准滴定溶液的体积，mL。

d. 注意事项

ⅰ. 配制硫代硫酸钠要使用新煮沸的水，去除 CO_2 及消除微生物的影响；

ⅱ. 加少量的碳酸钠防止硫代硫酸钠水解；

ⅲ. 硫代硫酸钠溶液配制后至少要放置一周后才能进行标定，否则有部分不稳定的还原性物质的存在而影响其浓度；

ⅳ. 硫代硫酸钠标准溶液应保存在棕色试剂瓶中；

ⅴ. 酸度控制要适当，酸度不能过大，否则空气中的氧气将会氧化 I^- 为 I_2 而产生误差；

ⅵ. 生成碘的反应要在碘量瓶中进行，且要在暗处放置，使反应进行完全，碘量瓶要用 KI 溶液或蒸馏水封口，防止碘的挥发损失。

ⅶ. 可用盐酸或稀硫酸调整酸度，不能用浓硫酸及硝酸，浓硫酸及硝酸能氧化 I^- 为 I_2 而引起较大的测定误差。

思 考 题

1. $Na_2S_2O_3$ 标准溶液采用什么方法配制？为什么？
2. $Na_2S_2O_3$ 滴定 I_2 的反应应在什么条件下进行？为什么？
3. 用基准 $K_2Cr_2O_7$ 标定 $Na_2S_2O_3$ 标准溶液时，为什么要加入 KI？为何反应要在碘量瓶中进行？
4. 淀粉指示液为何要在近终点时加入？加入过早对测定结果有何影响？
5. 用基准 $K_2Cr_2O_7$ 标定 $Na_2S_2O_3$ 标准溶液时，为什么终点颜色不是无色而是绿色？
6. $Na_2S_2O_3$ 标准溶液在保存时若变浑浊，问这是何原因？

10.19 I_2 标准滴定溶液的配制和标定

(1) 训练目的

① 掌握 I_2 标准滴定溶液的配制和标定方法；

② 掌握标定 I_2 标准滴定溶液时的浓度计算。

(2) 训练内容

① 碘标准滴定溶液的配制

a. 试剂和仪器

试剂：碘，固体；KI，固体。

仪器：烧杯、研钵、量杯、试剂瓶等。

b. 配制方法　碘不易制得基准物质，所以，碘标准溶液一般采用间接法配制，再通过标定确定其准确浓度。碘微溶于水（每升水中约溶 0.3g），易溶于 KI 溶液中，所以在配制碘标准溶液时，应加入一定量的 KI，一方面提高碘的溶解度，另一方面可保持碘溶液的稳定性，防止碘的挥发而影响其浓度。

c. 碘用量的确定　配制 1L $c\left(\frac{1}{2}I_2\right)=0.1mol \cdot L^{-1}$ 需要称取固体碘试剂的质量按下式计算：

$$m = c\left(\frac{1}{2}I_2\right) \times V \times M\left(\frac{1}{2}I_2\right)$$
$$= 0.1 \times 1 \times 254/2$$
$$\approx 13\ (g)$$

d. 配制过程　称取固体碘片 13g 和 KI 37g 于研钵中，加少量水研磨，使碘充分溶解，将溶液倒入棕色试剂瓶中，如此反复操作直至碘全部溶解为止。转入试剂瓶中，用蒸馏水清洗研钵，并将洗液全部倒入试剂瓶中，稀释至 1000mL，摇匀后贴上标签待标定。

② 碘标准滴定溶液的标定

a. 试剂和仪器

试剂：I_2 标准溶液，$c\left(\frac{1}{2}I_2\right) = 0.1mol \cdot L^{-1}$；$Na_2S_2O_3$ 标准滴定溶液，$c(Na_2S_2O_3) = 0.1mol \cdot L^{-1}$ 或基准 As_2O_3；淀粉指示液 $5g \cdot L^{-1}$。

仪器：移液管、碘量瓶、滴定管等。

b. 标定过程　用移液管移取已知浓度的 $Na_2S_2O_3$ 标准溶液 25.00mL 于碘量瓶中，加 150mL 水、3mL 淀粉指示剂，用碘标准滴定溶液滴定至溶液恰呈蓝色为终点，记录消耗碘标准溶液的体积 V。

c. 碘标准滴定溶液浓度的计算

$$c\left(\frac{1}{2}I_2\right) = \frac{c(Na_2S_2O_3) \times V(Na_2S_2O_3)}{V(I_2)}$$

式中　$c(Na_2S_2O_3)$——硫代硫酸钠标准滴定溶液的浓度，$mol \cdot L^{-1}$；

$V(Na_2S_2O_3)$——硫代硫酸钠标准滴定溶液的体积，mL；

$V(I_2)$——滴定消耗碘标准滴定溶液的体积，mL。

d. 注意事项

ⅰ. 碘标准溶液要保存在棕色试剂瓶中，滴定时选用棕色酸式滴定管，碘与乳胶管会发生化学反应；

ⅱ. 配制碘标准溶液时，要有过量的 KI 存在，可增加 I_2 的溶解度，同时能增加碘溶液的稳定性；

ⅲ. 碘标准溶液也可以用基准 As_2O_3 进行标定，但 As_2O_3 是剧毒品，使用时须注意安全。

思考题

1. 配制 I_2 标准溶液时为什么要加入一定量的 KI?
2. 用 I_2 标准溶液标定 $Na_2S_2O_3$ 标准溶液时，应控制什么条件？能否在酸性条件下进行？
3. I_2 标准溶液为何不能长时间保存，一般要求在临使用前标定？

10.20 硫酸铜含量的测定

（1）训练目的

① 掌握间接碘量法测定硫酸铜含量的原理和方法；

② 掌握硫酸铜含量的计算方法。

(2) 训练内容

① 试剂和仪器

试剂：H_2SO_4，$1mol \cdot L^{-1}$；KI溶液，$100g \cdot L^{-1}$；KSCN溶液，$100g \cdot L^{-1}$；淀粉溶液，$5g \cdot L^{-1}$；NH_4HF_2 溶液，$200g \cdot L^{-1}$；$Na_2S_2O_3$ 标准滴定溶液，$c(Na_2S_2O_3)=0.1mol \cdot L^{-1}$；胆矾（$CuSO_4 \cdot 5H_2O$）试样。

仪器：碘量瓶、滴定管、分析天平等。

② 测定过程　准确称取胆矾试样0.5～0.6g置于碘量瓶中，加 $1mol \cdot L^{-1}$ H_2SO_4 5mL、蒸馏水100mL使其溶解，加10mL NH_4HF_2 溶液，再加10mL KI溶液，盖上瓶塞，摇匀，放置3min，用 $c(Na_2S_2O_3)=0.1mol \cdot L^{-1}$ 硫代硫酸钠标准滴定溶液滴定至呈黄色，加入3mL淀粉指示剂，继续用硫代硫酸钠标准溶液滴定至浅蓝色，再加10mL KSCN溶液，摇匀，溶液颜色略转深，再继续用硫代硫酸钠标准溶液滴定至浅蓝色刚好消失为终点，此时溶液为米色CuSCN悬浮液。记录消耗硫代硫酸钠标准溶液的体积。

③ 结果计算

$$w(CuSO_4 \cdot 5H_2O)=\frac{c(Na_2S_2O_3)\times V(Na_2S_2O_3)\times M(CuSO_4 \cdot 5H_2O)\times 10^{-3}}{m_s}$$

式中　$c(Na_2S_2O_3)$——硫代硫酸钠标准滴定溶液的浓度，$mol \cdot L^{-1}$；

$V(Na_2S_2O_3)$——滴定时消耗硫代硫酸钠标准滴定溶液的体积，mL；

$M(CuSO_4 \cdot 5H_2O)$——$CuSO_4 \cdot 5H_2O$ 的摩尔质量，$g \cdot mol^{-1}$；

m_s——试样的质量，g。

④ 注意事项

a. 调整酸度要适当，且只能使用稀硫酸，不能用盐酸；

b. KSCN要在近终点时加入；

c. 样品中如有 Fe^{3+} 时可加入 NH_4HF_2 掩蔽之；

d. 使用 NH_4HF_2 时要注意安全，防止 NH_4HF_2 与皮肤接触。

加入足量碘化钾和硫氰酸钾的作用

(1) 在测定胆矾含量的过程中为什么要加入足量KI?

① 还原 Cu^{2+}，析出等物质的量的 I_2；

② 溶解析出的 I_2 形成络合物 I_3^-，防止 I_2 挥发；

③ 使 Cu^+ 成为CuI沉淀，以利于反应进行到底。

(2) 加入KSCN有什么作用?

① 使CuI沉淀转化成溶解度更小的CuSCN沉淀，溶液中 Cu^+ 浓度减小，有利于氧化还原反应的进行，同时在转化过程中将包藏在CuI沉淀中的 I_2 释放出来，防止结果偏低；

② 使CuI沉淀中的 I^- 再生，提高了 I^- 的浓度。

思考题

1. 测定铜含量时，加入KI为何要过量？加入KSCN起何作用？为什么要在临近终点时加入？
2. 加 NH_4HF_2 的作用是什么？
3. 测定中为什么用硫酸调整酸度，而不使用盐酸调整酸度？

10.21　维生素C含量的测定

（1）训练目的

① 掌握直接碘量法测定维生素C的基本原理和方法；

② 掌握直接碘量法滴定终点的判断方法。

（2）训练内容

① 试剂和仪器

试剂：维生素C试样；I_2标准滴定溶液，$c\left(\frac{1}{2}I_2\right)=0.1mol\cdot L^{-1}$；淀粉指示液，$5g\cdot L^{-1}$；醋酸溶液（$2mol\cdot L^{-1}$）：取冰醋酸60mL，用蒸馏水稀释至500mL。

仪器：棕色试剂瓶、锥形瓶、滴定管、分析天平等。

② 测定过程　准确称取维生素C试样0.2g（若试样为粒状或片状各取一粒或一片），放于锥形瓶中，加入新煮沸过的冷蒸馏水100mL、醋酸溶液10mL，轻摇使之溶解。加淀粉指示剂2mL，立即用I_2标准滴定溶液滴定至溶液恰呈蓝色30s不褪为终点，平行测定三次，同时作空白。

③ 计算

$$w(Vc)=\frac{c\left(\frac{1}{2}I_2\right)[V(I_2)-V_0]\times10^{-3}M\left(\frac{1}{2}Vc\right)}{m_s}\times100\%$$

式中　$c\left(\frac{1}{2}I_2\right)$——$I_2$标准滴定溶液的浓度，$mol\cdot L^{-1}$；

$V(I_2)$——滴定时消耗I_2标准滴定溶液的体积，mL；

V_0——空白实验滴定时消耗I_2标准滴定溶液的体积，mL；

$M\left(\frac{1}{2}Vc\right)$——$\frac{1}{2}Vc$的摩尔质量，$g\cdot mol^{-1}$；

m_s——称取维生素C试样的质量，g。

思考题

1. 测定维生素C含量时，溶解试样为什么要用新煮沸并冷却的蒸馏水？
2. 测定维生素C含量时，为什么要在醋酸酸性溶液中进行？

10.22　硝酸银标准滴定溶液的配制和标定

（1）训练目的

① 掌握$AgNO_3$标准滴定溶液的配制和标定方法；

② 掌握标定$AgNO_3$标准滴定溶液的浓度计算。

（2）训练内容

① 配制$50g\cdot L^{-1}$铬酸钾指示液　称取50g K_2CrO_4溶于1L蒸馏水中，摇匀，转移至试剂瓶中，贴上标签备用。

② 配制$c(AgNO_3)=0.1mol\cdot L^{-1}$的硝酸银标准滴定溶液

a. 试剂和仪器

试剂：$AgNO_3$，固体。

仪器：烧杯、棕色试剂瓶、架盘天平等。

b. 配制方法　$AgNO_3$ 标准溶液可以用基准试剂直接配制，但一般的 $AgNO_3$ 固体常含有杂质如金属银、氧化银、游离硝酸、亚硝酸盐等。因此，实验室在配制 $AgNO_3$ 标准溶液时，通常采用间接法配制，再通过标定确定其准确浓度。

配制 $AgNO_3$ 标准溶液对蒸馏水的要求较高（尤其是直接法配制），蒸馏水中不能含有 Cl^-，所以在配制 $AgNO_3$ 标准溶液时对所用的蒸馏水要进行 Cl^- 检验，符合标准的蒸馏水才能使用。

c. 硝酸银用量的确定　配制 $c(AgNO_3)=0.1mol \cdot L^{-1}$ 的 $AgNO_3$ 标准溶液所需 $AgNO_3$ 的质量按下式计算：

$$m=c(AgNO_3)\times V\times 10^{-3}\times M(AgNO_3)$$

如配制 1L 0.1mol·L^{-1} $AgNO_3$ 标准溶液应称取 $AgNO_3$ 固体的质量为：

$$m=0.1\times 1\times 170=17\ (g)$$

d. 配制过程　称取 17g 固体硝酸银，溶于 1000mL 不含氯离子的蒸馏水，搅拌均匀，转移至 1000mL 棕色试剂瓶中保存，在保存时要避免光照，待标定后使用。

③ $c(AgNO_3)=0.1mol \cdot L^{-1}$ 的硝酸银标准滴定溶液的标定

a. 试剂和仪器

试剂：K_2CrO_4 指示液，50g·L^{-1}；NaCl，基准试剂。

仪器：锥形瓶、滴定管、分析天平等。

b. 标定过程　准确称取在 500～600℃灼烧至恒重的基准氯化钠 0.12～0.15g，放入锥形瓶中，加入 50mL 不含氯离子的蒸馏水溶解，加 2mL K_2CrO_4 指示液，用 $AgNO_3$ 标准溶液滴定至溶液出现砖红色为终点，记录消耗 $AgNO_3$ 标准溶液的体积。同时做空白试验。

c. $AgNO_3$ 标准滴定溶液浓度的计算

$$c(AgNO_3)=\frac{m(NaCl)\times 10^3}{(V-V_0)\times M(NaCl)}$$

式中　$m(NaCl)$——称取基准氯化钠的质量，g；

$M(NaCl)$——氯化钠的摩尔质量，g·mol^{-1}；

V——滴定消耗 $AgNO_3$ 标准滴定溶液的体积，mL；

V_0——空白试验消耗 $AgNO_3$ 标准滴定溶液的体积，mL。

d. 注意事项

ⅰ. 硝酸银是贵重试剂，要注意节约；

ⅱ. 硝酸银对蛋白质有凝固作用，要防止和皮肤接触，不小心接触皮肤时，会在皮肤上留下黑斑；

ⅲ. 在近终点时要多振荡；

ⅳ. 硝酸银溶液要保存在棕色试剂瓶中，避免光照，滴定时使用棕色酸式滴定管。

思　考　题

1. 莫尔法在滴定过程中为什么要充分摇动溶液？如果摇动不充分，对测定结果有何影响？
2. 指示剂 K_2CrO_4 的用量对测定结果有无影响？为什么？

10.23 水中氯含量的测定

(1) 训练目的

① 掌握莫尔法测定水中氯含量的方法；

② 掌握莫尔法测定水中氯含量的计算方法。

(2) 训练内容

① 试剂和仪器

试剂：$AgNO_3$ 标准滴定溶液，$c(AgNO_3)=0.02mol \cdot L^{-1}$；$K_2CrO_4$ 指示液，$50g \cdot L^{-1}$；水试样（自来水或天然水，如河水、井水）。

仪器：移液管、锥形瓶、滴定管等。

② 测定过程　准确吸取水样 100.00mL 放入锥形瓶中，加 2mL K_2CrO_4 指示液，在充分摇动下，用 $c(AgNO_3)=0.02mol \cdot L^{-1}$的 $AgNO_3$ 标准滴定溶液滴定至溶液中出现砖红色沉淀为终点，记录消耗 $AgNO_3$ 标准溶液的体积。

③ 结果计算

$$\rho Cl(mg \cdot L^{-1})=\frac{c(AgNO_3)\times V(AgNO_3)\times M(Cl)}{V_{样}}\times 1000$$

式中　$c(AgNO_3)$——$AgNO_3$ 标准滴定溶液的浓度，$mol \cdot L^{-1}$；

$V(AgNO_3)$——滴定消耗 $AgNO_3$ 标准溶液的体积，L；

$M(Cl)$——Cl 的摩尔质量，$g \cdot mol^{-1}$；

$V_{样}$——水样体积，mL。

④ 注意事项

a. 对水中氯离子含量的测定，取样时可以用量筒量取体积；

b. 控制终点颜色不能太深；

c. 此法不适合有色水试样中的氯离子含量测定，如果要用此法，应在滴定前用活性炭吸附脱色；

d. 水样中如果含有 SO_3^{2-}，它能与 Ag^+ 作用生成 Ag_2SO_3 而使测定结果偏高，可在滴定前用 H_2O_2 氧化 SO_3^{2-} 生成 SO_4^{2-} 消除对结果的影响。

$$SO_3^{2-}+H_2O_2 = SO_4^{2-}+H_2O$$

思考题

1. 水中氯离子的测定中，何种离子会干扰测定？如何消除？
2. 莫尔法应控制怎样的测定条件？能否在较强的酸性条件下进行？

10.24 硫氰酸铵标准滴定溶液的配制和标定

(1) 训练目的

① 掌握 NH_4SCN 标准溶液的配制和标定方法；

② 掌握标定 NH_4SCN 标准溶液的浓度计算。

(2) 训练内容

① 配制铁铵矾 $(NH_4)Fe(SO_4)_2 \cdot 12H_2O$ 指示液 $400g \cdot L^{-1}$。

称取 40g 铁铵矾 $(NH_4)Fe(SO_4)_2$ 溶于适量蒸馏水中，加适量浓硫酸至溶液澄清透明，加水至 100mL，保存于试剂瓶或滴瓶中备用。

② $c(NH_4SCN)=0.1mol \cdot L^{-1}$ 的硫氰酸铵标准溶液的配制

a. 试剂和仪器

试剂：NH_4SCN 固体。

仪器：烧杯、试剂瓶、架盘天平等。

b. 配制方法　硫氰酸铵一般不易制得基准物质，常含有硫酸盐、氯化物等杂质，所以实验室中配制 NH_4SCN 标准溶液采用间接法配制，待标定后确定其准确浓度。

c. 硫氰酸铵用量的确定　配制 $c(NH_4SCN)=0.1mol \cdot L^{-1}$ 的 NH_4SCN 标准溶液 1L 所需 NH_4SCN 固体的质量按下式计算：

$$m=c(NH_4SCN) \times V \times M(NH_4SCN)=0.1 \times 1 \times 76 \approx 8(g)$$

d. 配制过程　称取约 8g 固体 NH_4SCN 溶于 1000mL 蒸馏水中，转移至试剂瓶中，摇匀，贴上标签待标定。

③ $c(NH_4SCN)=0.1mol \cdot L^{-1}$ 的硫氰酸铵标准滴定溶液的标定

a. 试剂和仪器

试剂：NH_4SCN 标准溶液，$c(NH_4SCN)=0.1mol \cdot L^{-1}$；铁铵矾指示液，$400g \cdot L^{-1}$；$AgNO_3$ 标准溶液，$c(AgNO_3)=0.1mol \cdot L^{-1}$；$HNO_3$ 溶液，$4mol \cdot L^{-1}$。

仪器：移液管、锥形瓶、滴定管、分析天平等。

b. 标定过程

ⅰ. 基准物用量的确定：用基准硝酸银来标定硫氰酸铵时，应称取硝酸银的质量按下式估算：

$$m=c(NH_4SCN) \times V(NH_4SCN) \times M(AgNO_3)=0.1 \times 0.025 \times 170 \approx 0.43(g)$$

实际称量时可确定在 0.4～0.5g。

ⅱ. 标定过程：准确称取 0.5g 于浓硫酸干燥器中干燥至恒重的基准硝酸银，溶于 100mL 不含氯离子的蒸馏水中 [或准确移取 25.00mL $c(AgNO_3)=0.1mol \cdot L^{-1}$ $AgNO_3$ 标准溶液，加入约 75mL 不含氯离子的蒸馏水]，加入 10mL HNO_3、2mL 铁铵矾指示液，在摇动下用 NH_4SCN 标准溶液滴定至溶液呈浅红色并保持 30s 不褪为终点，记录消耗 NH_4SCN 标准溶液的体积。

c. NH_4SCN 标准溶液浓度的计算

$$c(NH_4SCN)=\frac{m(AgNO_3) \times 10^3}{V(NH_4SCN) \times M(AgNO_3)} \quad 或 \quad c(NH_4SCN)=\frac{c(AgNO_3) \times V(AgNO_3)}{V(NH_4SCN)}$$

式中　$m(AgNO_3)$——基准 $AgNO_3$ 的质量，g；

$M(AgNO_3)$——$AgNO_3$ 的摩尔质量，$g \cdot mol^{-1}$；

$V(NH_4SCN)$——滴定消耗 NH_4SCN 标准滴定溶液的体积，mL。

d. 注意事项

ⅰ. 滴定时要充分摇动，防止 AgSCN 吸附 Ag^+，而终点提前，导致误差；

ⅱ. 滴定要在酸性条件下进行，但酸度不能过高；

ⅲ. 调整酸度应使用 HNO_3，不能使用 HCl 和 H_2SO_4；

ⅳ. 滴定时，溶液中的 Ag^+ 常被 AgSCN 沉淀吸附，导致化学计量点前即出现

$[Fe(SCN)]^{2+}$的红色，误认为滴定终点已到达，因此，在化学计量点前必须充分摇动以防止沉淀凝聚，减少吸附。

思 考 题

1. 标定 NH_4SCN 标准溶液应在什么条件下进行？能不能在强酸性条件下进行标定？为什么？
2. 在终点前为何要充分摇动？
3. 调整酸度时对酸有无要求？为什么？

10.25 烧碱中氯化物含量的测定

（1）训练目的

① 掌握佛尔哈德法测定氯离子的方法；

② 掌握佛尔哈德法测定氯离子含量的计算。

（2）训练内容

① 试剂和仪器

试剂：$AgNO_3$ 标准溶液，$c(AgNO_3)=0.1mol\cdot L^{-1}$；$NH_4SCN$ 标准溶液，$c(NH_4SCN)=0.1mol\cdot L^{-1}$；铁铵矾 $[(NH_4)Fe(SO_4)_2\cdot 12H_2O]$ 指示液，$400g\cdot L^{-1}$；酚酞指示液，$10g\cdot L^{-1}$；HNO_3（浓）；HNO_3，$4mol\cdot L^{-1}$；邻苯二甲酸二丁酯（或硝基苯）；烧碱试样。

仪器：移液管、容量瓶、吸量管、锥形瓶、滴定管等。

② 测定过程　准确移取烧碱溶液25.00mL，放入100mL容量瓶中，以酚酞为指示剂，用 HNO_3（浓）中和至红色消失，再用水稀释至刻度，摇匀。准确移取该溶液10.00mL放入锥形瓶中，加入4mL HNO_3（$4mol\cdot L^{-1}$），在充分摇动下，自滴定管中准确加入40.00mL $AgNO_3$ 标准溶液，再加铁铵矾指示剂2mL、邻苯二甲酸二丁酯（或硝基苯）5mL，用力摇动使AgCl沉淀凝聚，并被邻苯二甲酸二丁酯所覆盖，以 NH_4SCN 标准溶液滴定至溶液中呈现淡红色，并在轻微摇动下不再消失为终点，记录消耗 NH_4SCN 标准溶液的体积。

③ 结果计算

$$\rho NaCl(g\cdot L^{-1})=\frac{[c(AgNO_3)\times V(AgNO_3)-c(NH_4SCN)\times V(NH_4SCN)]\times M(NaCl)}{V_{样}\times\frac{10.00}{100.0}}$$

式中　$c(AgNO_3)$——$AgNO_3$ 标准滴定溶液的浓度，$mol\cdot L^{-1}$；

$V(AgNO_3)$——$AgNO_3$ 标准滴定溶液的体积，mL；

$c(NH_4SCN)$——NH_4SCN 标准滴定溶液的浓度，$mol\cdot L^{-1}$；

$V(NH_4SCN)$——NH_4SCN 标准滴定溶液的体积，mL；

$M(NaCl)$——NaCl的摩尔质量，$g\cdot mol^{-1}$；

$V_{样}$——烧碱试样的体积，mL。

④ 注意事项

a. 中和试液中的NaOH要用 HNO_3，不能用HCl或 H_2SO_4，但 HNO_3 不能过量太多；

b. $AgNO_3$ 标准溶液要边摇动边加入；

c. 加入硝基苯或邻苯二甲酸二丁酯后要充分摇动，但在近终点时不能用力摇动。

思 考 题

1. 用佛尔哈德法测定 Cl^- 的条件是什么？是否可以碱性溶液中进行？为什么？
2. 测定中加硝基苯的目的是什么？若测定 Br^- 或 I^-，是否也要加硝基苯？
3. 在本实验中，为什么要轻微摇动而不是充分摇动？

*10.26 溴化钾含量的测定

(1) 训练目的

① 掌握法扬司法测定溴化钾含量的方法；

② 掌握法扬司法测定溴化钾含量的计算方法。

(2) 训练内容

① 配制 $2g \cdot L^{-1}$ 曙红指示液

a. 试剂和仪器

试剂：曙红，固体；乙醇，95%。

仪器：烧杯、滴瓶、量筒、架盘天平等。

b. 配制方法 0.2g 曙红溶于 100mL 95%乙醇溶液中。

② 溴化钾含量的测定

a. 试剂和仪器

试剂：$AgNO_3$ 标准溶液，$c(AgNO_3)=0.1mol \cdot L^{-1}$；曙红指示液，$2g \cdot L^{-1}$；HAc，$1mol \cdot L^{-1}$ KBr 试样。

仪器：锥形瓶、滴定管、分析天平等。

b. 测定过程 准确称取溴化钾试样 0.4g，置于锥形瓶中，用约 50mL 水溶解，加入 10mL HAc 溶液及 2～3 滴曙红指示液，用 $AgNO_3$ 标准滴定溶液滴定至溶液由黄色变为玫瑰红为终点。记录消耗 $AgNO_3$ 标准滴定溶液的体积。

c. 结果计算

$$w(KBr)=\frac{c(AgNO_3)\times V(AgNO_3)\times M(KBr)\times 10^{-3}}{m_s}$$

式中 $c(AgNO_3)$——$AgNO_3$ 标准滴定溶液的浓度，$mol \cdot L^{-1}$；

$V(AgNO_3)$——$AgNO_3$ 标准滴定溶液的体积，mL；

$M(KBr)$——KBr 的摩尔质量，$g \cdot mol^{-1}$；

m_s——样品的质量，g。

d. 注意事项

ⅰ. 酸度不能太高，调节酸度应使用弱酸，如 HAc 比较好；

ⅱ. 在终点变色不敏锐时，可加入糊精或增加样品量；

ⅲ. 滴定时要不断振荡，防止沉淀沉降。

思 考 题

1. 吸附指示剂的选择应符合什么条件？

2. 曙红指示剂的使用条件是什么？
3. 调整酸度时为什么使用醋酸？能否使用硝酸？为什么？

10.27 氯化钡中钡含量的测定

（1）训练目的

① 掌握重量法测定 $BaCl_2 \cdot 2H_2O$ 中 Ba 含量的方法；

② 进一步巩固沉淀分离的基本操作技术；

③ 掌握晶型沉淀的沉淀条件及沉淀的洗涤和灼烧方法。

（2）训练内容

① 马福炉的使用　马福炉是实验中进行高温处理的设备，其操作方法如下。

a. 旋转温控仪下端调零螺钉，调整机械零点。数字显示式的温控装置按说明书进行调节。

b. 检查各处接线及变压器，确认无误后，旋转温控仪上的控温螺钉，将控温指针调至所需温度的位置。

c. 接通电源，打开控制器上的电源开关，此时绿灯亮，表示电流接通，电流表即有读数产生，温控仪上指示温度的指针（上指针）偏离零点，逐渐上升，此现象表示电炉和温控仪均在正常工作。

d. 在炉温升到所需的工作温度时，即指示温度的指针上升到和控温指针相遇时，红灯亮，表示电炉断电，停止加热，炉温恒定。

e. 灼烧完毕，应切断电源，但不能立即打开炉门，以免炉膛因突然受冷而碎裂。

② $BaCl_2 \cdot 2H_2O$ 中 Ba 含量的测定

a. 试剂和仪器

试剂：HCl，$2mol \cdot L^{-1}$；H_2SO_4，$1mol \cdot L^{-1}$；HNO_3，$2mol \cdot L^{-1}$；$AgNO_3$，$0.1mol \cdot L^{-1}$；NH_4NO_3，$10g \cdot L^{-1}$；$BaCl_2 \cdot 2H_2O$ 试样。

仪器：称量瓶、烧杯、表面皿、小试管、量筒、玻璃棒、滴管、长颈漏斗、干燥器、定量滤纸（慢速）、瓷坩埚、分析天平、电炉、马福炉等。

b. 测定过程

ⅰ. 试样的称取和溶解　准确称取 0.4～0.6g 试样，放入洗净的 250mL 烧杯中，加 100mL 蒸馏水溶解。加入 $2mol \cdot L^{-1}$ HCl 溶液 3～5mL，盖上表面皿，低温加热至近沸（不使溶液沸腾），使样品完全溶解。

另取 $1mol \cdot L^{-1}$ H_2SO_4 溶液 3mL，置于小烧杯中，用 30mL 蒸馏水稀释，加热至近沸。

ⅱ. 沉淀和陈化　取下试样烧杯，用蒸馏水冲洗表面皿，取下盛硫酸溶液的小烧杯，用胶帽滴管将热硫酸溶液加入到试样溶液中（开始时约每分钟加入 2～3 滴，待有较多沉淀析出时可稍快些），同时用玻璃棒不断搅拌试液，但搅拌时玻璃棒不得碰撞烧杯壁及杯底。至只剩下数滴硫酸溶液后，用洗瓶冲洗玻璃棒和烧杯上部边缘，把附着在上面的沉淀微粒冲下去。用表面皿盖好烧杯，静置数分钟。

当沉淀沉积于烧杯底部时，将剩余的硫酸溶液沿烧杯壁注入已澄清的溶液中，检验沉淀是否完全（若上层的清液中不出现混浊，表明 Ba^{2+} 已沉淀完全；若有混浊现象，必须继续滴加硫酸溶液，直至沉淀完全为止）。沉淀完全后，将玻璃棒移靠于烧杯口（不要取出玻璃棒），盖上表面皿。放置过夜进行陈化（时间不得少于12h）。或将烧杯置于水浴上加热1h，并不断搅拌，以代替陈化。

ⅲ. 沉淀的过滤和洗涤

过滤装置　重量分析中，对沉淀的过滤一般要选用慢速定量滤纸，将滤纸折叠好后放在长颈漏斗中（试验能否做成水柱）。将漏斗放在漏斗架上，漏斗下放一洁净的400mL烧杯接收滤液，漏斗颈斜边长的一方贴紧烧杯内壁。

过滤和洗涤　采用倾泻法进行过滤，先将沉淀上层的清液倾在滤纸上，用配制好的洗涤液（配制300～400mL稀硫酸溶液，方法是取2mL 1mol·L^{-1} H_2SO_4用蒸馏水稀释至100mL）10～15mL洗涤烧杯中的沉淀（加入洗涤液后用玻璃棒搅拌），澄清后再将上层清液倾入漏斗中过滤，重复三次；最后一次洗涤后，将沉淀全部倾至滤纸上，继续用少量稀硫酸溶液洗涤滤纸上的沉淀5～6次，使沉淀集中在滤纸圆锥体的底部。

洗涤效果的检验　用洁净的小试管（或表面皿）接收最后的滤液少许，加2滴稀硝酸和1滴硝酸银溶液，观察是否有氯化银白色沉淀出现（应洗涤至无Cl^-），若有，要继续用稀硫酸溶液洗涤，若没有，则表示洗涤干净。再用稀NH_4NO_3溶液洗涤1～2次，以除去残留的H_2SO_4。

ⅳ. 灼烧恒重　取洁净干燥的瓷坩埚放入马福炉中，在800～850℃灼烧至恒重，准确称取并记录坩埚的质量。将沉淀小心包好，放入已恒重的坩埚中，先在电炉上加热进行烘干和灰化；然后将沉淀和坩埚送入马福炉中，在800～850℃下灼烧20min，取出并冷却至稍高于室温，放入干燥器中继续冷却至室温后，称取并记录质量；再将沉淀和坩埚送入马福炉中，在800～850℃下灼烧15min，同前法冷却后称重，若两次质量几乎相等（两次质量之差不超过0.0002g），表示沉淀已恒重，或相差较大，则要继续灼烧，直至恒重。

c. 结果计算

$$w(\mathrm{Ba})=\frac{(m_2-m_1)\times\dfrac{M(\mathrm{Ba})}{M(\mathrm{BaSO_4})}}{m_s}$$

式中　m_2——灼烧至恒重后坩埚和$BaSO_4$的质量，g；

m_1——灼烧至恒重后空坩埚的质量，g；

m_2-m_1——$BaSO_4$的质量，g；

m_s——试样的质量，g；

$M(\mathrm{Ba})$——Ba的摩尔质量，g·mol^{-1}；

$M(\mathrm{BaSO_4})$——$BaSO_4$的摩尔质量，g·mol^{-1}。

d. 注意事项

ⅰ. 加入沉淀剂时要慢且要不断搅拌；

ⅱ. 陈化时要用表面皿盖在烧杯上，以免灰尘进入；

ⅲ. 洗涤应少量多次；

ⅳ. 沉淀不能过早倾倒在滤纸上，以免影响过滤速度；

ⅴ. 烧杯中的沉淀应转移尽，不能沾附在烧杯壁上，若有沾附在烧杯壁的沉淀应用滤纸擦尽；

ⅵ. 灰化时温度不能太高，防止滤纸燃烧；

ⅶ. 灼烧时，要保持坩埚的清洁，最好在坩埚外套一 50mL 的洁净坩埚，以免在灼烧过程中沾附灰尘使质量增加。

思 考 题

1. 在实验操作中如何获得较理想的晶形沉淀？
2. 陈化的作用是什么？可通过什么方式替代陈化？无定形沉淀是否也要陈化？
3. 在对 $BaSO_4$ 进行洗涤时，若用蒸馏水代替稀硫酸，对沉淀有何影响？
4. 选择沉淀洗涤液有何要求？
5. 使用洗涤液对沉淀进行洗涤的原则是什么？
6. 对 $BaSO_4$ 沉淀进行灼烧前为什么要先进行灰化？灰化时应注意哪些事项？

附　　录

附录一　实验记录表

附表 1-1　标准滴定溶液的标定记录

班级____________姓名____________学号____________成绩____________

标准溶液的名称________________________浓度______________________

基准物名称____

指示剂名称____

测定记录：

编　号	1#	2#	3#	4#
倾出基准物前质量/g				
倾出基准物后质量/g				
基准物质量/g				
消耗标准滴定溶液体积/mL				
标准滴定溶液浓度/$mol \cdot L^{-1}$				
平均浓度/$mol \cdot L^{-1}$				
计算公式				
相对平均偏差				

附表 1-2　液体样品测定记录（一）

班级____________姓名____________学号____________成绩____________

实验名称____

分析方法名称____

指示剂名称______________________标准溶液浓度____________________

测定记录：

编　号	1#	2#	3#
样品和滴瓶质量/g			
滴出样品后样品和滴瓶质量/g			
样品质量/g			
消耗标准滴定溶液体积/mL			
样品含量/%			
平均含量/%			
计算公式			
相对平均偏差			

附表 1-3　液体样品测定记录（二）

班级____________姓名____________学号____________成绩____________

实验名称____

分析方法名称____

指示剂名称____________________标准溶液浓度____________________

测定记录：

编　号	1#	2#	3#
水样体积/mL			
消耗标准滴定溶液体积/mL			
样品含量/$g \cdot L^{-1}$			
平均含量/$g \cdot L^{-1}$			
计算公式			
相对平均偏差/%			

附表 1-4　固体样品测定记录

班级____________姓名____________学号____________成绩____________

实验名称____

分析方法名称____

指示剂名称____________________标准溶液浓度____________________

测定记录：

编　号	1#	2#	3#
样品和称量瓶质量/g			
倾出样品后样品和称量瓶质量/g			
样品质量/g			
消耗标准滴定溶液体积/mL			
样品含量/%			
平均含量/%			
计算公式			
相对平均偏差/%			

附录二　弱酸弱碱的电离平衡常数 K

弱　　酸			
名　称	化 学 式	K_a	pK_a
亚砷酸	H_3AsO_3	6.0×10^{-10}	9.22
砷酸	H_3AsO_4	$6.3\times10^{-3}(K_1)$	2.20
		$1.0\times10^{-7}(K_2)$	7.00
		$3.2\times10^{-12}(K_3)$	11.50

续表

弱酸			
名称	化学式	K_a	pK_a
硼酸	K_3BO_3	$5.8\times10^{-10}(K_1)$	9.24
		$1.8\times10^{-13}(K_2)$	12.74
		$1.6\times10^{-14}(K_3)$	13.80
碳酸	H_2CO_3	$4.2\times10^{-7}(K_1)$	6.38
	(CO_2+H_2O)	$5.6\times10^{-11}(K_2)$	10.25
铬酸	$HCrO_4^-$	$3.2\times10^{-7}(K_2)$	6.50
氢氰酸	HCN	6.2×10^{-10}	9.21
氢氟酸	HF	6.6×10^{-4}	3.18
亚硝酸	HNO_2	5.1×10^{-4}	3.29
磷酸	H_3PO_4	$7.6\times10^{-3}(K_1)$	2.12
		$6.3\times10^{-8}(K_2)$	7.20
		$4.4\times10^{-13}(K_3)$	12.36
焦磷酸	$H_4P_2O_7$	$3.0\times10^{-2}(K_1)$	1.52
		$4.4\times10^{-3}(K_2)$	2.36
		$2.5\times10^{-7}(K_3)$	6.60
		$5.6\times10^{-10}(K_4)$	9.25
亚磷酸	H_3PO_3	$5.0\times10^{-2}(K_1)$	1.30
		$2.5\times10^{-7}(K_2)$	6.60
氢硫酸	H_2S	$1.3\times10^{-7}(K_1)$	6.88
		$7.1\times10^{-15}(K_2)$	14.15
硫酸	H_2SO_4	$1.0\times10^{-2}(K_2)$	1.99
亚硫酸	H_2SO_3	$1.3\times10^{-2}(K_1)$	1.90
	(SO_2+H_2O)	$6.3\times10^{-8}(K_2)$	7.20
偏硅酸	H_2SiO_3	$1.7\times10^{-10}(K_1)$	9.77
		$1.6\times10^{-12}(K_2)$	11.8
硫氰酸	HSCN	1.4×10^{-1}	0.85
甲酸	HCOOH	1.8×10^{-4}	3.74
乙酸	CH_3COOH	1.8×10^{-5}	4.74
一氯乙酸	$CH_2ClCOOH$	1.4×10^{-3}	2.86
二氯乙酸	$CHCl_2COOH$	5.0×10^{-2}	1.30
三氯乙酸	CCl_3COOH	2.3×10^{-1}	0.64
氨基乙酸盐	$^+NH_3CH_2COOH$	$4.5\times10^{-3}(K_1)$	2.35
	$^+NH_3CH_2COO$	$2.5\times10^{-10}(K_2)$	9.60
抗坏血酸	O—C—C(OH)—C(OH)—CH—CHOH（O 与 CH 成环；CHOH 上连 CH_2OH）	$5.0\times10^{-5}(K_1)$	4.30
		$1.5\times10^{-10}(K_2)$	9.80
乳酸	$CH_3CHOHCOOH$	1.4×10^{-4}	3.86
苯甲酸	C_6H_5COOH	6.2×10^{-5}	4.21
草酸	COOH—COOH	$5.9\times10^{-2}(K_1)$	1.22
		$6.4\times10^{-5}(K_2)$	4.19

续表

弱酸			
名称	化学式	K_a	pK_a
d-酒石酸	CH(OH)COOH | CH(OH)COOH	$9.1\times10^{-4}(K_1)$ $4.3\times10^{-5}(K_2)$	3.04 4.37
柠檬酸	CH_2COOH | C(OH)COOH | CH_2COOH	$7.4\times10^{-4}(K_1)$ $1.7\times10^{-5}(K_2)$ $4.0\times10^{-7}(K_3)$	3.13 4.76 6.40
苯酚	C_6H_5OH	1.1×10^{-10}	9.95
乙二胺四乙酸	H_6—$EDTA^{2+}$	1×10^{-1}	1.0
	H_5—$EDTA^{+}$	3×10^{-2}	1.6
	H_4—EDTA	1×10^{-2}	2.0
	H_3—$EDTA^{-}$	2.1×10^{-3}	2.67
	H_2—$EDTA^{2-}$	6.9×10^{-7}	6.16
	H—$EDTA^{3-}$	5.5×10^{-11}	10.26
邻苯二甲酸	$C_6H_4(COOH)_2$（邻位）	$1.1\times10^{-3}(K_1)$ $3.9\times10^{-6}(K_2)$	2.95 5.41
氨水	$NH_3\cdot H_2O$	1.8×10^{-5}	4.74
联氨	H_2NNH_2	$3.0\times10^{-6}(K_1)$ $7.6\times10^{-15}(K_2)$	5.52 14.12
羟胺	NH_2OH	9.1×10^{-9}	8.04
甲胺	CH_3NH_2	4.2×10^{-4}	3.38
乙胺	$C_2H_5NH_2$	5.6×10^{-4}	3.25
二甲胺	$(CH_3)_2NH$	1.2×10^{-4}	3.93
二乙胺	$(C_2H_5)_2NH$	1.3×10^{-3}	2.89
乙醇胺	$HOCH_2CH_2NH_2$	3.2×10^{-5}	4.50
三乙醇胺	$(HOCH_2CH_2)_3N$	5.8×10^{-7}	6.24
六亚甲基四胺	$(CH_2)_6N_4$	1.4×10^{-9}	8.85
乙二胺	$H_2NCH_2CH_2NH_2$	$8.5\times10^{-5}(K_1)$ $7.1\times10^{-8}(K_2)$	4.07 7.15
吡啶	C_5H_5N	1.7×10^{-9}	8.77
苯胺	$C_6H_5NH_2$	4.2×10^{-10}	9.38
尿素	$CO(NH_2)_2$	1.5×10^{-14}	13.82

附录三 常用酸碱溶液的相对密度和浓度

酸						
相对密度（15℃）	HCl浓度		HNO_3浓度		H_2SO_4浓度	
	g/100g	$mol\cdot L^{-1}$	g/100g	$mol\cdot L^{-1}$	g/100g	$mol\cdot L^{-1}$
1.02	4.13	1.15	3.70	0.6	3.1	0.3
1.05	10.2	2.9	9.0	1.5	7.4	0.8
1.10	20.0	6.0	17.1	3.0	14.4	1.6
1.15	29.6	9.3	24.8	4.5	20.9	2.5
1.19	37.2	12.2	30.9	5.8	26.0	3.2

续表

相对密度(15℃)	HCl浓度 g/100g	HCl浓度 $mol\cdot L^{-1}$	HNO_3浓度 g/100g	HNO_3浓度 $mol\cdot L^{-1}$	H_2SO_4浓度 g/100g	H_2SO_4浓度 $mol\cdot L^{-1}$
酸						
1.20			32.3	6.2	27.3	3.4
1.25			39.8	7.9	33.4	4.3
1.30			47.5	9.8	39.2	5.2
1.35			55.8	12.0	44.8	6.2
1.40			65.3	14.5	50.1	7.2
1.42			69.8	15.7	52.2	7.6
1.45					55.0	8.2
1.50					59.8	9.2
1.55					64.3	10.2
1.60					68.7	11.2
1.65					73.0	12.3
1.70					77.2	13.4
1.84					95.6	18.0

相对密度(15℃)	氨水浓度 g/100g	氨水浓度 $mol\cdot L^{-1}$	NaOH浓度 g/100g	NaOH浓度 $mol\cdot L^{-1}$	KOH浓度 g/100g	KOH浓度 $mol\cdot L^{-1}$
碱						
0.88	35.0	18.0				
0.90	28.3	15.0				
0.91	25.0	13.4				
0.92	21.8	11.8				
0.94	15.6	8.6				
0.96	9.9	5.6				
0.98	4.8	2.8				
1.05			4.5	1.25	5.5	1.0
1.10			9.0	2.5	10.9	2.1
1.15			13.5	3.9	16.1	3.3
1.20			18.0	5.4	21.2	4.5
1.25			22.5	7.0	26.1	5.8
1.30			27.0	8.8	30.9	7.2
1.35			31.8	10.7	35.5	8.5

附录四　常见配离子的稳定常数 $K_稳$ (298K)

(18～25℃，I=0.1)

金属离子	EDTA	DCTA	DTPA	EGTA	HEDTA
Ag^+	7.32			6.88	6.71
Al^{3+}	16.3	19.5	18.6	13.9	14.3
Ba^{2+}	7.86	8.69	8.87	8.41	6.3
Be^{2+}	9.2	11.51			
Bi^{3+}	27.94	32.3	35.6		22.3
Ca^{2+}	10.69	13.20	10.83	10.97	8.3
Cd^{2+}	16.46	19.93	19.2	16.7	13.3
Ce^{3+}					
Co^{2+}	16.31	19.62	19.27	12.39	14.6

续表

金属离子	EDTA	DCTA	DTPA	EGTA	HEDTA
Co^{3+}	36				37.4
Cr^{3+}	23.4				
Cu^{2+}	18.80	22.00	21.55	17.71	17.6
Fe^{2+}	14.32	19.0	16.5	11.87	12.3
Fe^{3+}	25.1	30.1	28.0	20.5	19.8
Ga^{3+}	20.3	23.2	25.54		16.9
Hg^{2+}	21.7	25.00	26.70	23.2	20.30
In^{3+}	25.0	28.8	29.0		20.2
Li^{+}	2.79				
Mg^{2+}	8.7	11.02	9.30	5.21	7.0
Mn^{2+}	13.87	17.48	15.60	12.28	10.9
Mo(Ⅴ)	约28				
Na^{+}	1.66				
Ni^{2+}	18.62	20.3	20.32	13.55	17.3
Pb^{2+}	18.04	20.38	18.80	14.71	15.7
Pd^{2+}	18.5				
Sc^{3+}	23.1	26.1	24.5	18.2	
Sn^{2+}	22.11				
Sr^{2+}	8.73	10.59	9.77	8.5	6.9
Th^{4+}	23.2	25.6	28.78		
TiO^{2+}	17.3				
Tl^{3+}	37.8	38.3			
U^{4+}	25.8	27.6	7.69		
VO^{2+}	18.8	20.1			
Y^{3+}	18.09	19.85	22.13	17.16	14.78
Zn^{2+}	16.5	19.37	18.40	12.7	14.7
Zr^{4+}	29.5		35.8		
稀土元素	16～20	17～22	19		13～16

注：EDTA为乙二胺四乙酸；

DCTA为1,2-二氨基环己烷四乙酸；

DTPA为二乙基三胺五乙酸；

EGTA为乙二醇二乙醚三胺四乙酸；

HEDTA为*N*-*β*-羟基乙基乙二胺三乙酸。

附录五　常见难溶电解质的溶度积 K_{sp}（298K）

难溶化合物	K_{sp}	pK_{sp}	难溶化合物	K_{sp}	pK_{sp}
$Al(OH)_3$	1.3×10^{-33}	32.9	$Ag_2C_2O_4$	3.5×10^{-11}	10.46
Al-8-羟基喹啉	1.0×10^{-29}	29.0	Ag_3PO_4	1.4×10^{-16}	15.84
Ag_3AsO_4	1.0×10^{-22}	22.0	Ag_2SO_4	1.4×10^{-5}	4.84
AgBr	5.0×10^{-13}	12.30	Ag_2S	2.0×10^{-49}	48.7
Ag_2CO_3	8.1×10^{-12}	11.09	AgSCN	1.0×10^{-12}	12.0
AgCl	1.8×10^{-10}	9.75	$BaCO_3$	5.1×10^{-9}	8.29
Ag_2CrO_4	2.0×10^{-12}	11.71	$BaCrO_4$	1.2×10^{-10}	9.93
AgCN	1.2×10^{-16}	15.92	BaF_2	1.0×10^{-6}	6.0
AgOH	2.0×10^{-8}	7.71	$BaC_2O_4\cdot H_2O$	2.3×10^{-8}	7.64
AgI	9.3×10^{-17}	16.03	$BaSO_4$	1.1×10^{-10}	9.96

续表

难溶化合物	K_{sp}	pK_{sp}	难溶化合物	K_{sp}	pK_{sp}
$Bi(OH)_3$	4.0×10^{-31}	30.4	$Hg(OH)_2$	3.0×10^{-26}	25.52
$BiOOH_4$	4.0×10^{-10}	9.4	HgS 红色	4.0×10^{-53}	52.4
BiI_3	8.1×10^{-19}	18.09	黑色	2.0×10^{-52}	51.7
BiOCl	1.8×10^{-31}	30.75	$MgNH_4PO_4$	2.0×10^{-13}	12.7
$BiPO_4$	1.3×10^{-23}	22.89	$MgCO_3$	3.5×10^{-8}	7.46
Bi_2S_3	1.0×10^{-97}	97.0	MgF_2	6.4×10^{-9}	8.19
$CaCO_3$	2.9×10^{-9}	8.54	$Mg(OH)_2$	1.8×10^{-11}	10.74
CaF_2	2.7×10^{-11}	10.57	$MnCO_3$	1.8×10^{-11}	10.74
$CaC_2O_4\cdot H_2O$	2.0×10^{-9}	8.70	$Mn(OH)_2$	1.9×10^{-13}	12.72
$Ca_3(PO_4)_2$	2.0×10^{-29}	28.7	MnS 无定形	2.0×10^{-10}	9.7
$CaSO_4$	9.1×10^{-6}	5.04	晶形	2.0×10^{-13}	12.7
$CaWO_4$	8.7×10^{-9}	8.06	$NiCO_3$	6.6×10^{-9}	8.18
$CdCO_3$	5.2×10^{-12}	11.28	$Ni(OH)_2$ 新析出	2.0×10^{-15}	14.7
$Cd_2[Fe(CN)_6]$	3.2×10^{-17}	16.49	$Ni_3(PO_4)_3$	5.0×10^{-31}	30.3
$Cd(OH)_2$ 新析出	2.5×10^{-14}	13.6	α-NiS	3.0×10^{-19}	18.5
$CdC_2O_4\cdot 3H_2O$	9.1×10^{-8}	7.04	β-NiS	1.0×10^{-24}	24.0
CdS	8.0×10^{-27}	26.10	γ-NiS	2.0×10^{-26}	25.7
$CoCO_3$	1.4×10^{-13}	12.84	$PbCO_3$	7.4×10^{-14}	13.13
$Co_2[Fe(CN)_6]$	1.8×10^{-15}	14.74	$PbCl_2$	1.6×10^{-5}	4.79
$Co(OH)_2$ 新析出	2.0×10^{-15}	14.7	PbClF	2.4×10^{-9}	8.62
$Co(OH)_3$	2.0×10^{-44}	43.7	$PbCrO_4$	2.8×10^{-13}	12.55
$Co[Hg(SCN)_4]$	1.5×10^{-6}	5.82	PbF_2	2.7×10^{-8}	7.57
α-CoS	4.0×10^{-21}	20.4	$Pb(OH)_2$	1.2×10^{-15}	14.93
β-CoS	2.0×10^{-25}	24.7	PbI_2	7.1×10^{-9}	8.15
$Co_3(PO_4)_2$	2.0×10^{-35}	34.7	$PbMoO_4$	1.0×10^{-13}	13.0
$Cr(OH)_3$	6.0×10^{-31}	30.2	$Pb_3(PO_4)_2$	8.0×10^{-43}	42.10
$CrPO_4\cdot 4H_2O$	2.4×10^{-23}	22.6	$PbSO_4$	1.6×10^{-8}	7.79
CuBr	5.2×10^{-9}	8.28	PbS	1.0×10^{-28}	27.9
CuCl	1.2×10^{-6}	5.92	$Pb(OH)_4$	3.0×10^{-66}	65.5
CuCN	3.2×10^{-20}	19.49	$Sb(OH)_3$	4.0×10^{-42}	41.4
CuI	1.1×10^{-12}	11.96	Sb_2S_3	2.0×10^{-93}	92.8
CuOH	1.0×10^{-14}	14.0	$Sn(OH)_2$	1.4×10^{-28}	27.85
Cu_2S	2.0×10^{-48}	47.7	SnS	1.0×10^{-25}	25.0
CuSCN	4.8×10^{-15}	14.32	$Sn(OH)_4$	1.0×10^{-56}	56.0
$CuCO_3$	1.4×10^{-10}	9.86	SnS_2	2.0×10^{-27}	26.7
$Cu(OH)_2$	2.2×10^{-20}	19.66	$SrCO_3$	1.1×10^{-10}	9.96
CuS	6.0×10^{-36}	35.2	$SrCrO_4$	2.2×10^{-5}	4.65
$FeCO_3$	3.2×10^{-11}	10.50	SrF_2	2.4×10^{-9}	8.61
$Fe(OH)_2$	8.0×10^{-16}	15.1	$SrC_2O_4\cdot H_2O$	1.6×10^{-7}	6.80
FeS	6.0×10^{-18}	17.2	$Sr_3(PO_4)_2$	4.1×10^{-28}	27.39
$Fe(OH)_3$	4.0×10^{-38}	37.4	$SrSO_4$	3.2×10^{-7}	6.49
$FePO_4$	1.3×10^{-22}	21.89	$Ti(OH)_3$	1.0×10^{-40}	40.0
Hg_2Br_2	5.8×10^{-23}	22.24	$TiO(OH)_2$	1.0×10^{-29}	29.0
Hg_2CO_3	8.9×10^{-17}	16.05	$ZnCO_3$	1.4×10^{-11}	10.84
Hg_2Cl_2	1.3×10^{-18}	17.88	$Zn_2[Fe(CN)_6]$	4.1×10^{-16}	15.39
$Hg_2(OH)_2$	2.0×10^{-24}	23.7	$Zn(OH)_2$	1.2×10^{-17}	16.92
Hg_2I_2	4.5×10^{-29}	28.35	$Zn_3(PO_4)_2$	9.1×10^{-33}	32.04
Hg_2SO_4	7.4×10^{-7}	6.13	ZnS	2.5×10^{-22}	21.6
Hg_2S	1.0×10^{-47}	47.0	Zn-8-羟基喹啉	5.0×10^{-25}	24.3

附录六　标准电极电位 $\varphi^{\ominus}$（298K）

半　反　应	$\varphi^{\ominus}$/V	半　反　应	$\varphi^{\ominus}$/V
$F_2+2H^++2e^-=2HF$	3.06	$Sn^{2+}+2e^-=Sn$	−0.136
$O_3+2H^++2e^-=O_2+H_2O$	2.07	$AgI+e^-=Ag+I^-$	−0.152
$S_2O_8^{2}+2e^-=2SO_4^{2}$	2.01	Mo(Ⅲ)$+3e^-=Mo$	−0.2
$NaBiO_3+2e^-\ 6H^+=Na^++Bi^{3+}+3H_2O$	1.80	$Ni^{2+}+2e^-=Ni$	−0.246
$H_2O_2+2H^++2e^-=2H_2O$	1.77	$H_3PO_4+2H^++2e^-=H_3PO_3+H_2O$	−0.276
$MnO_4+4H^++3e^-=MnO_2+2H_2O$	1.695	$Co^{2+}+2e^-=Co$	−0.277
$PbO_2+SO_4^{2-}+4H^++2e^-=PbSO_4+2H_2O$	1.685	$Tl^++e^-=Tl$	−0.3360
$HClO_2+2H^++2e^-=HClO+H_2O$	1.64	$PbSO_4+2e^-=Pb+SO_4^{2-}$	−0.3553
$HClO+H^++e^-=\frac{1}{2}Cl_2+H_2O$	1.63	$As+3H^++3e^-=AsH_3$	−0.38
$Ce^{4+}+e^-=Ce^{3+}$	1.61	$Cd^{2+}+2e^-=Cd$	−0.403
$H_5IO_6+H^++2e^-=IO_3^-+3H_2O$	1.60	$Cr^{3+}+e^-=Cr^{2+}$	−0.41
$HBrO+H^++e^-=\frac{1}{2}Br_2+H_2O$	1.59	$Fe^{2+}+2e^-=Fe$	−0.440
$BrO_3^-+6H^++5e^-=\frac{1}{2}Br_2+3H_2O$	1.52	$S+2e^-=S^{2-}$	−0.48
$MnO_4^-+8H^++5e^-=Mn^{2+}+4H_2O$	1.51	$2CO_2+2H^++2e^-=H_2C_2O_4$	−0.49
Au(Ⅲ)$+3e^-=Au$	1.50	$Sb+3H^++3e^-=SbH_3$	−0.51
$HClO+H^++2e^-=Cl^-+H_2O$	1.49	$HPbO_2^-+H_2O+2e^-=Pb+3OH^-$	−0.54
$ClO_3^-+6H^++5e^-=\frac{1}{2}Cl_2+3H_2O$	1.47	$2SO_3^{2-}+3H_2O+4e^-=S_2O_3^{2-}+6OH^-$	−0.58
$PbO_2+4H^++2e^-=Pb^{2+}+2H_2O$	1.455	$SO_3^{2-}+3H_2O+4e^-=S+6OH^-$	−0.66
$HIO+H^++e^-=\frac{1}{2}I_2+H_2O$	1.45	$AsO_4^{3-}+2H_2O+3e^-=AgO_2^-+4OH^-$	−0.67
$ClO_3^-+6H^++6e^-=Cl^-+3H_2O$	1.45	$Ag_2S+2e^-=2Ag+S^{2-}$	−0.71
$BrO_3^-+6H^++6e^-=Br^-+3H_2O$	1.44	$AsO_4^{3-}+2H_2O+2e^-=AsO_2^-+4OH^-$	−0.71
$AgO+H^++e^-=\frac{1}{2}Ag_2O+\frac{1}{2}H_2O$	1.41	$H_3BO_3+3H^++3e^-=B+3H_2O$	−0.73
$Cl_2+2e^-=2Cl^-$	1.3583	$Cr^{3+}+3e^-=Cr$	−0.74
$ClO_4^-+8H^++7e^-=\frac{1}{2}Cl_2+4H_2O$	1.34	$Zn^{2+}+2e^-=Zn$	−0.7628
$Cr_2O_7^{2-}+14H^++6e^-=2Cr^{3+}+7H_2O$	1.33	$HSnO_2^-+H_2O+2e^-=Sn+3OH^-$	−0.79
$2HNO_2+4H^++4e^-=N_2O+3H_2O$	1.2	$2H_2O+2e^-=H_2+2OH^-$	−0.8277
$MnO_2+4H^++2e^-=Mn^{2+}+2H_2O$	1.23	$P+3H_2O+3e^-=PH_3(g)+3OH^-$	−0.87
$O_2+4H^++4e^-=2H_2O$	1.229	$SO_4^{2-}+H_2O+2e^-=SO_3^{2-}+2OH^-$	−0.92
$IO_3^-+6H^++5e^-=\frac{1}{2}I_2+3H_2O$	1.20	$Mn^{2+}+2e^-=Mn$	−1.18
$ClO_4^-+2H^++2e^-=ClO_3^-+H_2O$	1.19	$ZnO_2^{2-}+2H_2O+2e^-=Zn+4OH^-$	−1.216
$Ag_2O+2H^++2e^-=2Ag+H_2O$	1.17	$Al^{3+}+3e^-=Al$	−1.66
$Br_2(aq)+2e^-=2Br^-$	1.087	$Ce^{3+}+3e^-=Ce$	−2.335
$NO_2+H^++e^-=HNO_2$	1.07	$H_2AlO_3^-+H_2O+3e^-=Al+4OH^-$	−2.35
$Br_3^-+2e^-=3Br^-$	1.05	$Mg^{2+}+2e^-=Mg$	−2.375
$NO_2+2H^++2e^-=NO+H_2O$	1.03	$Na^++e^-=Na$	−2.711
$HNO_2+H^++e^-=NO+H_2O$	1.00	$Ca^{2+}+2e^-=Ca$	−2.87
$VO_2^++2H^++e^-=VO^{2+}+H_2O$	1.00	$Sr^{2+}+2e^-=Sr$	−2.89
$HIO+H^++2e^-=I^-+H_2O$	0.99	$Ba^{2+}+2e^-=Ba$	−2.90
$NO_3^-+3H^++2e^-=HNO_2+H_2O$	0.94	$Cs^++e^-=Cs$	−2.923
$ClO^-+H_2O+2e^-=Cl^-+2OH^-$	0.89	$K^++e^-=K$	−2.924
$H_2O_2+2e^-=2OH^-$	0.88	$Rb^++e^-=Rb$	−2.925
$Cu^{2+}+I^-+e^-=CuI$	0.86	$Li^++e^-=Li$	−3.045
$Fe^{3+}+3e^-=Fe$	−0.036	$Hg^{2+}+2e^-=Hg$	0.845
$Ag_2S+2H^++2e^-=2Ag+H_2S$	−0.0366	$NO_3^-+2H^++e^-=NO_2+H_2O$	0.80
$Hg_2I_2+2e^-=2Hg+2I^-$	−0.0405	$Ag^++e^-=Ag$	0.7995
$O_2+H_2O+2e^-=HO_2^-+OH^-$	−0.076	$Hg_2^{2+}+2e^-=2Hg$	0.793
$Pb^{2+}+2e^-=Pb$	−0.126	$Fe^{3+}+e^-=Fe^{2+}$	0.771

续表

半 反 应	$\varphi^{\ominus}$/V	半 反 应	$\varphi^{\ominus}$/V
$BrO_3^- + H_2O + e^- \longrightarrow Br^- + 2OH^-$	0.76	$BiO^+ + 2H^+ + 3e^- \longrightarrow Bi + H_2O$	0.32
$O_2 + 2H^+ + 2e^- \longrightarrow H_2O_2$	0.682	$PbO_2 + H_2O + 2e^- \longrightarrow PbO + 2OH$	0.28
$AsO_2^- + 2H_2O + 3e^- \longrightarrow As + 4OH^-$	0.68	$Hg_2Cl_2 + 2e^- \longrightarrow 2Hg + 2Cl^-$	0.2676
$2HgCl_2 + 2e^- \longrightarrow Hg_2Cl_2 + 2Cl^-$	0.63	$IO_3^- + 3H^+ + 3e^- \longrightarrow I^- + 6OH^-$	0.26
$Hg_2SO_4 + 2e^- \longrightarrow 2Hg + SO_4^{2-}$	0.6151	$HAsO_2 + 3H^+ + 3e^- \longrightarrow As + 2H_2O$	0.248
$MnO_4^- + 2H_2O + 3e^- \longrightarrow MnO_2 + 4OH^-$	0.588	$AgCl(g) + e^- \longrightarrow Ag + Cl^-$	0.224
$MnO_4^- + e^- \longrightarrow MnO_4^{2-}$	0.564	$Co(OH)_3 + e^- \longrightarrow Co(OH)^2 + OH^-$	0.17
$H_3AsO_4 + 2H^+ + 2e^- \longrightarrow HAsO_2 + 2H_2O$	0.559	$SO_4^{2-} + 4H^+ + 2e^- \longrightarrow H_2SO_3 + H_2O$	0.17
$UO_2^+ + 4H^+ + e^- \longrightarrow U^{4+} + 2H_2O$	0.55	$Cu^{2+} + e^- \longrightarrow Cu^+$	0.17
$I_2 + 2e^- \longrightarrow 2I^-$	0.535	$Sn^{4+} + 2e^- \longrightarrow Sn^{2+}$	0.154
$Cu^+ + e^- \longrightarrow Cu$	0.52	$S + 2H^+ + 2e^- \longrightarrow H_2S$	0.141
$IO + H_2O + 2e^- \longrightarrow I^- + 2OH^-$	0.49	$Hg_2Br_2 + 2e^- \longrightarrow 2Hg + 2Br^-$	0.1395
$HgCl_4^{2-} + 2e^- \longrightarrow Hg + 4Cl^-$	0.48	$TiO^{2+} + 2H^+ + e^- \longrightarrow Ti^{3+} + H_2O$	0.1
$O_2 + 2H_2O + 2e^- \longrightarrow 4OH^-$	0.401	$S_4O_6^{2-} + 2e^- \longrightarrow S_2O_3^{2-}$	0.09
$H_2SO_3 + H^+ + 2e^- \longrightarrow \frac{1}{2}S_2O_2^{2-} + \frac{1}{2}H_2O$	0.40	$AgBr + e^- \longrightarrow Ag + Br^-$	0.071
$Fe(CN)_6^{3-} + e^- \longrightarrow Fe(CN)_6^{4-}$	0.36	$UO_2^{2+} + e^- \longrightarrow UO_2^+$	0.052
$Ag_2O + H_2O + 2e^- \longrightarrow 2Ag + 2OH^-$	0.342	$NO_3^- + H_2O + 2e^- \longrightarrow NO_2^- + 2OH^-$	0.01
$Cu^{2+} + 2e^- \longrightarrow Cu$	0.337	$2H^+ + 2e^- \longrightarrow H_2$	0.000
$VO^{2+} + 2H^+ + e^- \longrightarrow V^{3+} + H_2O$	0.337	$AgCN + e^- \longrightarrow Ag + CN^-$	−0.02
$UO_2^{2+} + 4H^+ + e^- \longrightarrow U^{4+} + 2H_2O$	0.334	$2WO_3 + 2H^+ + 2e^- \longrightarrow W_2O_5 + H_2O$	−0.03

附录七　氧化还原电对的条件电极电位 φ'（298K）

半 反 应	φ'/V	介 质
$Ag(II) + e^- \longrightarrow Ag^+$	1.927	$4mol \cdot L^{-1} HNO_3$
	2.00	$4mol \cdot L^{-1} HClO_4$
$Ag^+ + e^- \longrightarrow Ag$	0.792	$1mol \cdot L^{-1} HClO_4$
	0.228	$1mol \cdot L^{-1} HCl$
	0.59	$1mol \cdot L^{-1} NaOH$
$H_3AsO_4 + 2H^+ + 2e^- \longrightarrow H_3AsO_3 + H_2O$	0.577	$1mol \cdot L^{-1} HCl \cdot HClO_4$
	0.07	$1mol \cdot L^{-1} NaOH$
	−0.16	$5mol \cdot L^{-1} NaOH$
$Au^{3+} + 2e^- \longrightarrow Au^+$	1.27	$0.5mol \cdot L^{-1} H_2SO_4$（氧化金饱和）
	1.26	$1mol \cdot L^{-1} HNO_3$（氧化金饱和）
	0.93	$1mol \cdot L^{-1} HCl$
$Au^{3+} + 3e^- \longrightarrow Au$	0.30	$7\sim8mol \cdot L^{-1} NaOH$
$Bi^{3+} + 3e^- \longrightarrow Bi$	−0.05	$5mol \cdot L^{-1} HCl$
	0.00	$1mol \cdot L^{-1} HCl$
$Cd^{2+} + 2e^- \longrightarrow Cd$	−0.8	$8mol \cdot L^{-1} KOH$
	−0.9	CN^- 配合物
$Ce^{4+} + e^- \longrightarrow Ce^{3+}$	1.70	$1mol \cdot L^{-1} HClO_4$
	1.71	$2mol \cdot L^{-1} HClO_4$
	1.75	$4mol \cdot L^{-1} HClO_4$
	1.82	$6mol \cdot L^{-1} HClO_4$
	1.87	$8mol \cdot L^{-1} HClO_4$
	1.61	$1mol \cdot L^{-1} HNO_3$

续表

半　反　应	φ'/V	介　质
$Ce^{4+}+e^{-}$══Ce^{3+}	1.62	2mol · L^{-1} HNO_3
	1.61	4mol · L^{-1} HNO_3
	1.56	8mol · L^{-1} HNO_3
	1.44	1mol · L^{-1} H_2SO_4 · 2mol · L^{-1} H_2SO_4
	1.43	2mol · L^{-1} H_2SO_4
	1.42	4mol · L^{-1} H_2SO_4
	1.28	1mol · L^{-1} HCl
$Co^{3+}+e^{-}$══Co^{2+}	1.84	3mol · L^{-1} HNO_3
$[Co(en)_3]^{3+}+e^{-}$══$[Co(en)_3]^{2+}$	−0.2	0.1mol · L^{-1} KNO_3＋0.1mol · L^{-1} 乙二胺
$Cr^{3+}+e^{-}$══Cr^{2+}	−0.40	5mol · L^{-1} HCl
$Cr_2O_7^{2-}+14H^{+}+6e^{-}$══$2Cr^{3+}+7H_2O$	0.93	0.1mol · L^{-1} HCl
	0.97	0.5mol · L^{-1} HCl
	1.00	1mol · L^{-1} HCl
	1.09	
	1.05	2mol · L^{-1} HCl
	1.08	3mol · L^{-1} HCl
	1.15	4mol · L^{-1} HCl
	0.92	0.1mol · L^{-1} H_2SO_4
	1.08	0.5mol · L^{-1} H_2SO_4
	1.10	2mol · L^{-1} H_2SO_4
	1.15	4mol · L^{-1} H_2SO_4
$Cr_2O_7^{2-}+14H^{+}+6e^{-}$══$2Cr^{3+}+7H_2O$	1.30	6mol · L^{-1} H_2SO_4
	1.34	8mol · L^{-1} H_2SO_4
	0.84	0.1mol · L^{-1} $HClO_4$
	1.10	0.2mol · L^{-1} $HClO_4$
	1.025	1mol · L^{-1} $HClO_4$
	1.27	1mol · L^{-1} HNO_3
$CrO_4^{2-}+2H_2O+3e^{-}$══$CrO_2^{-}+4OH^{-}$	−0.12	1mol · L^{-1} NaOH
$Cu^{2+}+e^{-}$══Cu^{+}	−0.09	pH＝14
$Fe^{3+}+e^{-}$══Fe^{2+}	0.73	0.1mol · L^{-1} HCl
	0.72	0.5mol · L^{-1} HCl
	0.70	1mol · L^{-1} HCl
	0.69	2mol · L^{-1} HCl
	0.68	3mol · L^{-1} HCl
	0.68	0.2mol · L^{-1} H_2SO_4
	0.68	0.5mol · L^{-1} H_2SO_4
	0.68	4mol · L^{-1} H_2SO_4
	0.68	8mol · L^{-1} H_2SO_4
	0.735	0.1mol · L^{-1} $HClO_4$
	0.732	1mol · L^{-1} $HClO_4$
	0.46	2mol · L^{-1} H_3PO_4
	0.52	5mol · L^{-1} H_3PO_4
	0.70	1mol · L^{-1} HNO_3
	−0.7	pH＝14
	0.51	1mol · L^{-1} HCl＋0.25mol · L^{-1} H_3PO_4
$Fe(EDTA)^{-}+e^{-}$══$Fe(EDTA)^{2-}$	0.12	0.1mol · L^{-1} EDTA，pH4～6
$Fe(CN)_6^{3-}+e^{-}$══$Fe(CN)_6^{4-}$	0.56	0.1mol · L^{-1} HCl
	0.41	pH4～13
	0.70	1mol · L^{-1} HCl

续表

半　　反　　应	φ'/V	介　　质
$Fe(CN)_6^{3-} + e^- \rightleftharpoons Fe(CN)_6^{4-}$	0.72	$1mol \cdot L^{-1}HClO_4$
	0.72	$0.5mol \cdot L^{-1}H_2SO_4$
	0.46	$0.01mol \cdot L^{-1}NaOH$
	0.52	$5mol \cdot L^{-1}NaOH$
$I_3^- + 2e^- \rightleftharpoons 3I^-$	0.5446	$0.5mol \cdot L^{-1}H_2SO_4$
I_2(水)$+2e^- \rightleftharpoons 2I^-$	0.6276	$0.5mol \cdot L^{-1}H_2SO_4$
$Hg_2^{2+} + 2e^- \rightleftharpoons 2Hg$	0.33	$0.1mol \cdot L^{-1}KCl$
	0.28	$1mol \cdot L^{-1}KCl$
	0.25	饱和 KCl
	0.66	$4mol \cdot L^{-1}HClO_4$
	0.274	$1mol \cdot L^{-1}HCl$
$2Hg^{2+} + 2e^- \rightleftharpoons Hg_2^{2+}$	0.28	$1mol \cdot L^{-1}HCl$
$In^{3+} + 3e^- \rightleftharpoons In$	−0.3	$1mol \cdot L^{-1}HCl$
	−8	$1mol \cdot L^{-1}KOH$
	−0.47	$1mol \cdot L^{-1}Na_2CO_3$
$MnO_4^- + 8H^+ + 5e^- \rightleftharpoons Mn^{2+} + 4H_2O$	1.45	$1mol \cdot L^{-1}HClO_4$
$SnCl_6^{2-} + 2e^- \rightleftharpoons SnCl_4^{2-} + 2Cl^-$	0.14	$1mol \cdot L^{-1}HCl$
	0.10	$5mol \cdot L^{-1}HCl$
	0.07	$0.1mol \cdot L^{-1}HCl$
	0.40	$4.5mol \cdot L^{-1}H_2SO_4$
$Sn^{2+} + 2e^- \rightleftharpoons Sn$	−0.20	$1mol \cdot L^{-1}HCl \cdot H_2SO_4$
	−0.16	$1mol \cdot L^{-1}HClO_4$
Sb(Ⅴ)$+2e^- \rightleftharpoons$Sb(Ⅲ)	0.75	$3.5mol \cdot L^{-1}HCl$
$Mo^{4+} + e^- \rightleftharpoons Mo^{3+}$	0.1	$4mol \cdot L^{-1}H_2SO_4$
$Mo^{6+} + e^- \rightleftharpoons Mo^{5+}$	0.53	$2mol \cdot L^{-1}HCl$
$Tl^+ + e^- \rightleftharpoons Tl$	−0.551	$1mol \cdot L^{-1}HCl$
Tl(Ⅲ)$+2e^- \rightleftharpoons$Tl(Ⅰ)	1.23～1.26	$1mol \cdot L^{-1}HNO_3$
	1.21	$0.05mol \cdot L^{-1}$, $0.5mol \cdot L^{-1}H_2SO_4$
	0.78	$0.6mol \cdot L^{-1}HCl$
U(Ⅳ)$+e^- \rightleftharpoons$U(Ⅲ)	−0.63	$1mol \cdot L^{-1}HCl, HClO_4$
	−0.85	$0.5mol \cdot L^{-1}H_2SO_4$
$VO_2^+ + 2H^+ + e^- \rightleftharpoons VO^{2+} + H_2O$	1.30	$9mol \cdot L^{-1}HClO_4$, $4mol \cdot L^{-1}H_2SO_4$
	−0.74	pH=14
$Zn^{2+} + 2e^- \rightleftharpoons Zn$	−1.36	CN^-配合物

附录八　化合物的相对分子质量

化　合　物	相对分子质量	化　合　物	相对分子质量
Ag_3AsO_4	462.52	Al_2O_3	101.96
AgBr	187.77	$Al(OH)_3$	78.00
AgCl	143.32	$Al_2(SO_4)_3$	342.14
AgCN	133.89	$Al_2(SO_4)_3 \cdot 18H_2O$	666.41
AgSCN	165.95	As_2O_3	197.84
$AgCr_2O_4$	331.73	As_2O_5	229.84
AgI	234.77	As_2S_3	246.02
$AgNO_3$	169.87	$BaCO_3$	197.34
$AlCl_3$	133.34	BaC_2O_4	225.35
$AlCl_3 \cdot 6H_2O$	241.43	$BaCl_2$	208.24
$Al(NO_3)_3$	213.00	$BaCl_2 \cdot 2H_2O$	244.27
$Al(NO_3)_3 \cdot 9H_2O$	375.13	$BaCrO_4$	253.32

续表

化合物	相对分子质量	化合物	相对分子质量
BaO	153.33	$Fe(NO_3)_3$	241.86
$Ba(OH)_2$	171.34	$Fe(NO_3)_3 \cdot 9H_2O$	404.00
$BaSO_4$	233.39	FeO	71.85
$BiCl_3$	315.34	Fe_2O_3	159.69
$BiOCl$	260.43	Fe_3O_4	231.54
CO_2	44.01	$Fe(OH)_3$	106.87
CaO	56.08	FeS	87.91
$CaCO_3$	100.09	Fe_2S_3	207.87
CaC_2O_4	128.10	$FeSO_4$	151.91
$CaCl_2$	110.99	$FeSO_4 \cdot 7H_2O$	278.01
$CaCl_2 \cdot 6H_2O$	219.08	$FeSO_4 \cdot (NH_4)_2SO_4 \cdot 6H_2O$	392.13
$Ca(NO_3)_2 \cdot 4H_2O$	236.15	H_3AsO_3	125.94
$Ca(OH)_2$	74.10	H_3AsO_4	141.94
$Ca_3(PO_4)_2$	310.18	H_3BO_3	61.83
$CaSO_4$	136.14	HBr	80.91
$CdCO_3$	172.42	HCN	27.03
$CdCl_2$	183.32	$HCOOH$	46.03
CdS	144.47	CH_3COOH	60.05
$Ce(SO_4)_2$	332.24	H_2CO_3	62.03
$Ce(SO_4)_2 \cdot 4H_2O$	404.30	$H_2C_2O_4$	90.04
$CoCl_2$	129.84	$H_2C_2O_4 \cdot 2H_2O$	126.07
$CoCl_2 \cdot 6H_2O$	237.93	HCl	36.46
$Co(NO_3)_2$	182.94	HF	20.01
$Co(NO_3)_2 \cdot 6H_2O$	291.03	HI	127.91
CoS	90.99	HIO_3	175.91
$CoSO_4$	154.99	HNO_3	63.01
$CoSO_4 \cdot 7H_2O$	281.10	HNO_2	47.01
$CO(NH_2)_2$	60.06	H_2O	18.015
$CrCl_3$	158.36	H_2O_2	34.02
$CrCl_3 \cdot 6H_2O$	266.45	H_3PO_4	98.00
$Cr(NO_3)_3$	238.01	H_2S	34.08
Cr_2O_3	151.99	H_2SO_3	82.07
$CuCl$	99.00	H_2SO_4	98.07
$CuCl_2$	134.45	$Hg(CN)_2$	252.63
$CuCl_2 \cdot 2H_2O$	170.48	$HgCl_2$	271.50
$CuCNS$	121.62	Hg_2Cl_2	472.09
CuI	190.45	HgI_2	454.40
$Cu(NO_3)_2$	187.56	$Hg_2(NO_3)_2$	525.19
$Cu(NO_3)_2 \cdot 3H_2O$	241.60	$Hg_2(NO_3)_2 \cdot 2H_2O$	561.22
CuO	79.55	$Hg(NO_3)_2$	324.60
Cu_2O	143.09	HgO	216.59
CuS	95.61	HgS	232.65
$CuSO_4$	159.60	$HgSO_4$	296.65
$CuSO_4 \cdot 5H_2O$	249.68	Hg_2SO_4	497.24
$FeCl_2$	126.75	$KAl(SO_4)_2 \cdot 12H_2O$	474.38
$FeCl_2 \cdot 4H_2O$	198.81	KBr	119.00
$FeCl_3$	162.21	$KBrO_3$	167.00
$FeCl_3 \cdot 6H_2O$	270.30	KCl	74.55
$FeNH_4(SO_4)_2 \cdot 12H_2O$	482.18	$KClO_3$	122.55

续表

化　合　物	相对分子质量	化　合　物	相对分子质量
$KClO_4$	138.55	NH_4CNS	76.12
KCN	65.12	NH_4HCO_3	79.06
$KCNS$	97.18	$(NH_4)_2MoO_4$	196.01
K_2CO_3	138.21	NH_4NO_3	80.04
K_2CrO_4	194.19	$(NH_4)_2HPO_4$	132.06
$K_2Cr_2O_7$	294.18	$(NH_4)_2S$	68.14
$K_3[Fe(CN)_6]$	329.25	$(NH_4)_2SO_4$	132.13
$K_4[Fe(CN)_6]$	368.35	NH_4VO_3	116.98
$KFe(SO_4)_2 \cdot 12H_2O$	503.24	Na_3AsO_3	191.89
$KHC_2O_4 \cdot H_2O$	146.14	$Na_2B_4O_7$	201.22
$KHC_2O_4 \cdot H_2C_2O_4 \cdot 2H_2O$	254.19	$Na_2B_4O_7 \cdot 10H_2O$	381.37
$KHC_4H_4O_6$	188.18	$NaBiO_3$	279.97
$KHSO_4$	136.16	$NaCN$	49.01
KI	166.00	$NaCNS$	81.07
KIO_3	214.00	Na_2CO_3	105.99
$KIO_3 \cdot HIO_3$	389.91	$Na_2CO_3 \cdot 10H_2O$	286.14
$KMnO_4$	158.03	$Na_2C_2O_4$	134.00
$KNaC_4H_4O_6 \cdot 4H_2O$	282.22	CH_3COONa	82.03
KNO_3	101.10	$CH_3COONa \cdot 3H_2O$	136.08
KNO_2	85.10	$NaCl$	58.44
K_2O	94.20	$NaClO$	74.44
KOH	56.11	$NaHCO_3$	84.01
K_2SO_4	174.25	$Na_2HPO_4 \cdot 12H_2O$	358.14
$MgCO_3$	84.31	$Na_2H_2Y_2 \cdot 2H_2O$	372.24
$MgCl_2$	95.21	$NaNO_2$	69.00
$MgCl_2 \cdot 6H_2O$	203.30	$NaNO_3$	85.00
MgC_2O_4	112.33	Na_2O	61.98
$Mg(NO_3)_2 \cdot 6H_2O$	256.41	Na_2O_2	77.98
$MgNH_4PO_4$	137.32	$NaOH$	40.00
MgO	40.30	Na_3PO_4	163.94
$Mg(OH)_2$	58.32	Na_2S	78.04
$Mg_2P_2O_7$	222.55	$Na_2S \cdot 9H_2O$	240.18
$MgSO_4 \cdot 7H_2O$	246.67	Na_2SO_3	126.04
$MnCO_3$	114.95	Na_2SO_4	142.04
$MnCl_2 \cdot 4H_2O$	197.91	$Na_2S_2O_3$	158.10
$Mn(NO_3)_2 \cdot 6H_2O$	287.04	$Na_2S_2O_3 \cdot 5H_2O$	248.17
MnO	70.94	$NiCl_2 \cdot 6H_2O$	237.70
MnO_2	86.94	NiO	74.70
MnS	87.00	$Ni(NO_3)_2 \cdot 6H_2O$	290.80
$MnSO_4$	151.00	NiS	90.76
$MnSO_4 \cdot 4H_2O$	223.06	$NiSO_4 \cdot 7H_2O$	280.86
NO	30.01	$NiC_8H_{14}N_4O_4$	288.92
NO_2	46.01	P_2O_5	141.95
NH_3	17.03	$PbCO_3$	267.21
CH_3COONH_4	77.08	PbC_2O_4	295.22
NH_4Cl	53.49	$PbCl_2$	278.11
$(NH_4)_2CO_3$	96.06	$PbCrO_4$	323.19
$(NH_4)_2C_2O_4$	124.10	$Pb(CH_3COO)_2$	325.29
$(NH_4)_2C_2O_4 \cdot H_2O$	142.11	$Pb(CH_3COO)_2 \cdot 3H_2O$	379.34

续表

化合物	相对分子质量	化合物	相对分子质量
PbI_2	461.01	SnS_2	150.75
$Pb(NO_3)_2$	331.21	$SrCO_3$	147.63
PbO	223.20	SrC_2O_4	175.61
PbO_2	239.20	$SrCrO_4$	203.61
$Pb_3(PO_4)_2$	811.54	$Sr(NO_3)_2$	211.63
PbS	239.26	$Sr(NO_3)_2 \cdot 4H_2O$	283.69
$PbSO_4$	303.26	$SrSO_4$	183.68
SO_3	80.06	$UO_2(CH_3COO)_2 \cdot 2H_2O$	424.15
SO_2	64.06	$ZnCO_3$	125.39
$SbCl_3$	228.11	ZnC_2O_4	153.40
$SbCl_5$	299.02	$ZnCl_2$	136.29
Sb_2O_3	291.50	$Zn(CH_3COO)_2$	183.47
Sb_2S_3	339.68	$Zn(CH_3COO)_2 \cdot 2H_2O$	219.50
SiF_4	104.08	$Zn(NO_3)_2$	189.39
SiO_2	60.08	$Zn(NO_3)_2 \cdot 6H_2O$	297.48
$SnCl_2$	189.60	ZnO	81.38
$SnCl_2 \cdot 2H_2O$	225.63	ZnS	97.44
$SnCl_4$	260.50	$ZnSO_4$	161.44
$SnCl_4 \cdot 5H_2O$	350.58	$ZnSO_4 \cdot 7H_2O$	287.55
SnO_2	150.69		

附录九　元素相对原子质量

元素	符号	相对原子质量	元素	符号	相对原子质量	元素	符号	相对原子质量
银	Ag	107.8682	镓	Ga	69.723	镍	Ni	58.6934
铝	Al	26.981539	钆	Gd	157.25	镎	Np	237.0482
氩	Ar	39.948	锗	Ge	72.61	氧	O	15.9994
砷	As	74.92159	氢	H	1.00794	锇	Os	190.23
金	Au	196.96654	氦	He	4.002602	磷	P	30.973762
硼	B	10.811	铪	Hf	178.49	铅	Pb	207.2
钡	Ba	137.327	汞	Hg	200.59	钯	Pd	106.42
铍	Be	9.012182	钬	Ho	164.93032	镨	Pr	140.90765
铋	Bi	208.98037	碘	I	126.90447	铂	Pt	195.08
溴	Br	79.904	铟	In	114.818	镭	Ra	226.0254
碳	C	12.011	铱	Ir	192.217	铷	Rb	85.4678
钙	Ca	40.078	钾	K	39.0983	铼	Re	186.207
镉	Cd	112.411	氪	Kr	83.80	铑	Rh	102.90550
铈	Ce	140.115	镧	La	138.9055	钌	Ru	101.07
氯	Cl	35.4527	锂	Li	6.941	硫	S	32.066
钴	Co	58.93320	镥	Lu	174.967	锑	Sb	121.760
铬	Cr	51.9961	镁	Mg	24.3050	钪	Sc	44.955910
铯	Cs	132.90543	锰	Mn	54.93805	硒	Se	78.96
铜	Cu	63.546	钼	Mo	95.94	硅	Si	28.0855
镝	Dy	162.50	氮	N	14.00674	钐	Sm	150.36
铒	Er	167.26	钠	Na	22.989768	锡	Sn	118.710
铕	Eu	151.965	铌	Nb	92.90638	锶	Sr	87.62
氟	F	18.9984032	钕	Nd	144.24	钽	Ta	180.9479
铁	Fe	55.845	氖	Ne	20.1797	铽	Tb	158.92534

续表

元素	符号	相对原子质量	元素	符号	相对原子质量	元素	符号	相对原子质量
碲	Te	127.60	铀	U	238.0289	钇	Y	88.90585
钍	Th	232.0381	钒	V	50.9415	镱	Yb	173.04
钛	Ti	47.867	钨	W	183.84	锌	Zn	65.39
铊	Tl	204.3833	氙	Xe	131.29	锆	Zr	91.224
铥	Tm	168.93421						

附录十　不同标准溶液浓度的温度补正值（以 $mL \cdot L^{-1}$计）

（1000mL 溶液由 t℃换算为 20℃时的校正值/mL）

温度/℃	水和 0.05mol·L⁻¹以下的各种水溶液	0.1mol·L⁻¹和 0.2mol·L⁻¹各种水溶液	$c(HCl)=0.5mol \cdot L^{-1}$	$c(HCl)=1mol \cdot L^{-1}$	$c(\frac{1}{2}H_2SO_4)=0.5mol \cdot L^{-1}$ $c(NaOH)=0.5mol \cdot L^{-1}$	$c(\frac{1}{2}H_2SO_4)=1mol \cdot L^{-1}$ $c(NaOH)=1mol \cdot L^{-1}$
5	+1.38	+1.7	+1.9	+2.3	+2.4	+3.6
6	+1.38	+1.7	+1.9	+2.2	+2.3	+3.4
7	+1.36	+1.6	+1.8	+2.2	+2.2	+3.2
8	+1.33	+1.6	+1.8	+2.1	+2.2	+3.0
9	+1.29	+1.5	+1.7	+2.0	+2.1	+2.7
10	+1.23	+1.5	+1.6	+1.9	+2.0	+2.5
11	+1.17	+1.4	+1.5	+1.8	+1.8	+2.3
12	+1.10	+1.3	+1.4	+1.6	+1.7	+2.0
13	+0.99	+1.1	+1.2	+1.4	+1.5	+1.8
14	+0.88	+1.0	+1.1	+1.2	+1.3	+1.6
15	+0.77	+0.9	+0.9	+1.0	+1.1	1.3
16	+0.64	+0.7	+0.8	+0.8	+0.9	+1.1
17	+0.50	+0.6	+0.6	+0.6	+0.7	+0.8
18	+0.34	+0.4	+0.4	+0.4	+0.5	+0.6
19	+0.18	+0.2	+0.2	+0.2	+0.2	+0.3
20	0.00	0.0	0.0	0.0	0.0	0.0
21	−0.18	−0.2	−0.2	−0.2	−0.2	−0.3
22	−0.38	−0.4	−0.4	−0.5	−0.5	−0.6
23	−0.58	−0.6	−0.7	−0.7	−0.8	−0.9
24	−0.80	−0.9	−0.9	−1.0	−1.0	−1.2
25	−1.03	−1.1	−1.1	−1.2	−1.3	−1.5
26	−1.26	−1.4	−1.4	−1.4	−1.5	−1.8
27	−1.51	−1.7	−1.7	−1.7	−1.8	−2.1
28	−1.76	−2.0	−2.0	−2.0	−2.1	−2.4
29	−2.01	−2.3	−2.3	−2.3	−2.4	−2.8
30	−2.30	−2.5	−2.5	−2.6	−2.8	−3.2
31	−2.58	−2.7	−2.7	−2.9	−3.1	−3.5
32	−2.86	−3.0	−3.0	−3.2	−3.4	−3.9
33	−3.04	−3.2	−3.3	−3.5	−3.7	−4.2
34	−3.47	−3.7	−3.6	−3.8	−4.1	−4.6
35	−3.78	−4.0	−4.0	−4.1	−4.4	−5.0
36	−4.10	−4.3	−4.3	−4.4	−4.7	−5.3

注：1. 本表数值是以 20℃为标准温度以实测法测出。

2. 表中带有“+”“−”号的数值是以 20℃为分界，室温低于 20℃的补正值为“+”，室温高于 20℃的补正值为“−”。

3. 本表的用法：如 1L$\left[c\left(\frac{1}{2}H_2SO_4\right)=1mol \cdot L^{-1}\right]$硫酸溶液由 25℃换算为 20℃时，其体积补正值为−1.5mL，则在 20℃时的体积为 $V_{20}=1000-1.5=998.5mL$；若在 25℃时体积为 40mL，则换算为 20℃时的体积为 $V_{20}=(40-40\times1.5/1000)=39.94mL$。

附录十一　化学分析中级工操作技能考核评分细则

项　目		操　作　要　求		分值	扣分	得分
(1)准备工作2分		工作服穿戴	穿	0.5		
			未穿			
		玻璃器皿洗涤	挂水珠	1.0		
			不挂水珠			
		滴定管放置	正放	0.5		
			倒放			
(2)称量操作10分	天平调试	清扫	做	0.5		
			否			
		调水平	调	0.5		
			否			
		调零点	调	0.5		
			否			
	干燥器的使用	开启方法	正确	0.5		
			不正确			
		取称量瓶方法	正确	0.5		
			不正确			
	称量操作	称量瓶放置	称盘中央	0.5		
			不在中央			
		加减砝码时天平开关	开	0.5		
			关			
	称量操作	开关天平动作	轻、缓、匀	0.5		
			重			
		砝码选择与放置	正确	0.5		
			不正确			
		试样倾倒方法	正确	0.5		
			不正确			
	称量读数		空位读数	0.5		
			还原读数			
	称量原始记录		及时	0.5		
			不及时			
	试样称量范围		在±10%内	1.0		
			在±10%外			
	失败的称量		有	1.0		
			无			
	称量瓶是否放回原处		是	0.5		
			否			
	零点是否再调		是	0.5		
			否			
	天平罩是否罩好		是	0.5		
			否			
	称量时间		规定时间内	0.5		
			超过20%			

续表

<table>
<tr><th>项目</th><th colspan="3">操作要求</th><th>分值</th><th>扣分</th><th>得分</th></tr>
<tr><td rowspan="4">(3)试样溶解1分</td><td colspan="2" rowspan="2">溶剂加入</td><td>沿杯壁加入</td><td rowspan="2">0.5</td><td rowspan="2"></td><td rowspan="2"></td></tr>
<tr><td>直接加入</td></tr>
<tr><td colspan="2" rowspan="2">加盖表面皿或摇动溶解试样</td><td>规范</td><td rowspan="2">0.5</td><td rowspan="2"></td><td rowspan="2"></td></tr>
<tr><td>不规范</td></tr>
<tr><td rowspan="4">(4)稀释1分</td><td rowspan="4">试样稀释</td><td rowspan="2">是否超过刻度</td><td>超过</td><td rowspan="2">0.5</td><td rowspan="2"></td><td rowspan="2"></td></tr>
<tr><td>不超过</td></tr>
<tr><td rowspan="2">定容前后摇匀动作</td><td>正确</td><td rowspan="2">0.5</td><td rowspan="2"></td><td rowspan="2"></td></tr>
<tr><td>错误</td></tr>
<tr><td rowspan="10">(5)试液转移3分</td><td colspan="2" rowspan="2">移液管的润洗次数</td><td>达3次</td><td rowspan="2">0.5</td><td rowspan="2"></td><td rowspan="2"></td></tr>
<tr><td>少于3次</td></tr>
<tr><td colspan="2" rowspan="2">移液管的润洗方法</td><td>正确</td><td rowspan="2">0.5</td><td rowspan="2"></td><td rowspan="2"></td></tr>
<tr><td>错误</td></tr>
<tr><td colspan="2" rowspan="2">移液管的使用方法</td><td>正确</td><td rowspan="2">0.5</td><td rowspan="2"></td><td rowspan="2"></td></tr>
<tr><td>错误</td></tr>
<tr><td colspan="2" rowspan="2">吸液前摇匀否</td><td>摇</td><td rowspan="2">0.5</td><td rowspan="2"></td><td rowspan="2"></td></tr>
<tr><td>不摇</td></tr>
<tr><td colspan="2" rowspan="2">失败的转移</td><td>有</td><td rowspan="2">1.0</td><td rowspan="2"></td><td rowspan="2"></td></tr>
<tr><td>无</td></tr>
<tr><td rowspan="26">(6)滴定操作10分</td><td colspan="2" rowspan="2">滴定管的润洗次数</td><td>达3次</td><td rowspan="2">0.5</td><td rowspan="2"></td><td rowspan="2"></td></tr>
<tr><td>少于3次</td></tr>
<tr><td colspan="2" rowspan="2">润洗方法</td><td>正确</td><td rowspan="2">0.5</td><td rowspan="2"></td><td rowspan="2"></td></tr>
<tr><td>不正确</td></tr>
<tr><td colspan="2" rowspan="2">排气泡</td><td>排</td><td rowspan="2">0.5</td><td rowspan="2"></td><td rowspan="2"></td></tr>
<tr><td>否</td></tr>
<tr><td colspan="2" rowspan="2">静止30s后调节零刻度</td><td>正确</td><td rowspan="2">0.5</td><td rowspan="2"></td><td rowspan="2"></td></tr>
<tr><td>不正确</td></tr>
<tr><td colspan="2" rowspan="2">滴定速度(6～8mL・min^{-1})</td><td>正确</td><td rowspan="2">1.0</td><td rowspan="2"></td><td rowspan="2"></td></tr>
<tr><td>太快</td></tr>
<tr><td colspan="2" rowspan="2">滴定时滴定管的握持方法</td><td>正确</td><td rowspan="2">0.5</td><td rowspan="2"></td><td rowspan="2"></td></tr>
<tr><td>不正确</td></tr>
<tr><td colspan="2" rowspan="2">摇瓶动作</td><td>规范</td><td rowspan="2">0.5</td><td rowspan="2"></td><td rowspan="2"></td></tr>
<tr><td>不规范</td></tr>
<tr><td colspan="2" rowspan="2">控制1/2、1/4滴技术</td><td>熟练</td><td rowspan="2">1.0</td><td rowspan="2"></td><td rowspan="2"></td></tr>
<tr><td>不熟练</td></tr>
<tr><td colspan="2" rowspan="2">终点判断</td><td>正确</td><td rowspan="2">1.0</td><td rowspan="2"></td><td rowspan="2"></td></tr>
<tr><td>不正确</td></tr>
<tr><td colspan="2" rowspan="2">读数前残液处理</td><td>正确</td><td rowspan="2">0.5</td><td rowspan="2"></td><td rowspan="2"></td></tr>
<tr><td>不正确</td></tr>
<tr><td colspan="2" rowspan="2">读数时滴定管握持方法</td><td>正确</td><td rowspan="2">0.5</td><td rowspan="2"></td><td rowspan="2"></td></tr>
<tr><td>不正确</td></tr>
<tr><td colspan="2" rowspan="2">读数方法</td><td>正确</td><td rowspan="2">1.0</td><td rowspan="2"></td><td rowspan="2"></td></tr>
<tr><td>不正确</td></tr>
<tr><td colspan="2" rowspan="2">失败的滴定</td><td>有</td><td rowspan="2">2.0</td><td rowspan="2"></td><td rowspan="2"></td></tr>
<tr><td>无</td></tr>
</table>

续表

项　目	操　作　要　求		分值	扣分	得分
(7)文明操作3分	操作台面布置	整齐整洁	1.0		
		差			
	残液处理	倒入残液杯	1.0		
		随意倒			
	实验后玻璃器皿洗涤	洗涤	1.0		
		未洗涤			
(8)计算10分	计算方法	正确	3.0		
		错误			
	计算结果	正确	3.0		
		不正确			
	有效数字修约及运算规则	规范	2.0		
		不规范			
	温度及体积校正系数	用	1.0		
		不用			
	正确使用法定计量单位	是	1.0		
		否			
原始记录2分	要求及时 真实 准确 清晰 整洁	规范正确	2.0		
		一般	1.0		
		差	0		
报告单填写2分		规范正确	2.0		
		一般	1.0		
		差	0		
分析结果50分		精密度	30		
		准确度	20		
完成时间6分		规定时间内	6.0		
		超过10％	3.0		
		超过20％	0		
合　计　总　分			100		

参 考 文 献

[1] 刘珍主编．化验员读本．第 4 版．北京：化学工业出版社，2004．

[2] 武汉大学主编．化学分析．第 5 版．北京：高等教育出版社，2007．

[3] 武汉大学主编．分析化学实验．第 4 版．北京：高等教育出版社，2001．

[4] 董元彦主编．无机及分析化学．第 2 版．北京：科学出版社，2009．

[5] 王佛松等主编．展望 21 世纪的化学．北京：化学工业出版社，2001．

[6] 夏玉宇主编．化验员实用手册．第 2 版．北京：化学工业出版社，2005．

[7] 分析化学术语．GB/T 14666—2003．

[8] 化学试剂基础标准．GB/T 601—2002，GB/T 602—2002．

[9] 于世林，苗凤琴编．分析化学．第 2 版．北京：化学工业出版社，2006．

[10] 苗凤琴，于世林编．分析化学实验．第 2 版．北京：化学工业出版社，2006．

[11] 李慎安编．量和单位规范化使用问答．北京：中国计量出版社，1998．

[12] 张小康主编．化学分析基本操作．第 2 版．北京：化学工业出版社，2006．

[13] 黄晓云主编．无机物化学分析．北京：化学工业出版社，2000．

[14] 姜洪文主编．分析化学．第 3 版．北京：化学工业出版社，2009．

[15] 李楚芝主编．分析化学实验．第 2 版．北京：化学工业出版社，2006．

[16] 刘瑞雪主编．化验员习题集．第 2 版．北京：化学工业出版社，2006．

[17] 高职高专化学教材编写组编．分析化学．第 2 版．北京：高等教育出版社，2002．